整合主题的学科知识网络构建与演化分析

王曰芬　关　鹏　著

科学出版社
北　京

内 容 简 介

数据密集型科学范式的发展，促使科学研究的交互关联日益复杂，衍生的知识网络更加错综。学科知识网络体现着知识单元节点之间各种显在或者隐含关系的连接状态及程度，反映出科学活动要素相互作用的特点和规律。为了不断完善学科知识网络理论和应用体系，并为科学预测与知识服务提供更加丰富的方法论支撑，本书围绕着整合主题的学科知识网络构建与应用，开展跨学科、创新性的理论探索和实践应用的综合性研究，重点解决学科领域主题挖掘与优化、主题与其他知识节点之间语义关联度的有效测量、网络构建体系和演化机理等问题。

本书适用于从事知识服务、科研管理行业或者机构的研究人员或者实践操作人员；信息管理、知识管理、图书情报等专业或者方向的本科生和研究生等。

图书在版编目（CIP）数据

整合主题的学科知识网络构建与演化分析 / 王曰芬，关鹏著.
—北京：科学出版社，2018.5

ISBN 978-7-03-057609-5

Ⅰ. ①整… Ⅱ. ①王… ②关… Ⅲ. ①知识管理–研究 Ⅳ.①G302

中国版本图书馆 CIP 数据核字（2018）第 119825 号

责任编辑：惠 雪 沈 旭 胡 凯 / 责任校对：彭 涛
责任印制：吴兆东 / 封面设计：许 瑞

科学出版社 出版
北京东黄城根北街 16 号
邮政编码：100717
http://www.sciencep.com
北京厚诚则铭印刷科技有限公司印刷
科学出版社发行 各地新华书店经销
*
2018 年 5 月第 一 版 开本：720 × 1000 1/16
2024 年10月第三次印刷 印张：16 3/4
字数：332 000

定价：119.00 元

（如有印装质量问题，我社负责调换）

前　言

进入 21 世纪以来，新技术革命与新经济形态的快速崛起，促使科技领域的发展及其服务业面临着新的机遇和挑战。

首先，从科学研究和技术发展新态势来看，以信息技术为牵引的网络化、数字化与知识化日益渗透到经济社会生活各个领域，推动世界进入到以知识为基础、以信息产业为主导的新经济时代。科学研究中基于大数据的知识含量与技术工具的应用成为影响其发展的主要因素，使研究工作处于数据密集型的第四范式中①。同时，科学技术系统与人类社会发展系统、经济系统、生态系统等其他系统交织处于多元化、多层次的综合的复杂大系统中，科学研究活动日趋社会化、规模化与全球化，学科间、门类间的交叉与融合日益普遍，深刻影响着科学研究活动要素之间的关联与繁衍，使科学技术发展呈现出交叉性、复杂性和多样性特征及其新的生长变化状态。那么，在新的发展态势下，基于对事物本质的掌握与洞察的需求，科学技术发展的关联和脉络如何更加系统地得以反映和揭示，科学技术发展的新规律与新趋向如何更加充分地得以阐释与预测，是科学学研究与管理（为了更有效地决策）面临的问题；基于科学研究活动中用户参与或者关注的需求，在海量庞杂的科学记录中如何萃取出潜在的、有用的隐性知识，在多源异构的数据源中如何发现不同学科或者技术领域的知识结构及其关联，如何通过知识获取科学技术发展的特点、规律与趋势，是知识管理与服务领域（为了更好地服务科研用户）面临的挑战。

其次，从科学学管理和知识服务的理论与方法不断发展来看，在研究科学发展与预测领域前沿的过程中，学科知识网络体现着知识单元之间各种显在或者隐含关系的连接状态，由知识单元节点及其关系构成的学科知识网络的生长与演化可以反映科学活动特点和规律。在知识单元节点中，主题是识别与探测热点主题、新兴主题以及前沿主题的重要测度，与其他知识单元交互关联，具有影响科学发展历程与趋向的作用。但是，主题一般是通过词的聚类或群组来表征的，是隐性的知识分子，需要从知识内容中挖掘提取出来。由于缺少有效度量主题与其他学科知识节点之间关联强度的方法，导致难以构建以主题为节点的学科知识网络，更难以进行深化分析。如今，以作者、机构、引文等显性

---

① 实验科学为研究工作的第一范式；归纳总结为研究工作的第二范式；计算机仿真为研究工作的第三范式；数据密集型科学发现为研究工作的第四范式。

知识单元为节点构建知识网络的研究已经涌现出不少成果，随着研究的深入，尤其是在主题挖掘、深度学习与仿真等技术方法不断应用的支撑下，如何扩展到隐性知识单元，有效解决以主题为知识节点的语义关联与网络构建问题，这不仅是使显隐性知识单元之间建立多维关联形成完整学科知识网络理论和应用体系的需要，而且是为科学预测与知识服务提供更加丰富方法论支撑的需求。

因此，在需求牵引与技术推动下，为了不断地完善科学技术发展特点与规律揭示及预测的理论与方法，为了更加有力地支撑科学学研究、知识管理与知识服务，本书在国家自然科学基金项目的支撑下，围绕整合主题的学科知识网络的构建与演化分析，沿着“理论研究—网络构建—演化分析—建模仿真”的基本思路展开研究。重点解决学科领域主题挖掘与优化、学科主题与其他知识节点之间语义关联度的有效测量、整合主题的学科知识网络构建的体系结构与流程、整合主题的不同学科知识网络演化机理等问题。作为多年研究成果的汇集，研究内容和创新点主要包含在以下几个方面。

一、主要的研究内容

（1）为了完善学科知识网络的理论与方法体系，从理论基础、概念界定、网络构建和演化机理四个部分进行了系统的总结与提炼。主要包括：在理论基础上，系统梳理科学学、文本挖掘和网络科学三个相关学科的基本理论；在概念界定上，对学科知识、学科知识网络等概念进行界定，明确内涵、类型和基本特征；在网络构建上，引入动态社会网络建模方法——元矩阵网络描述法，通过科学家、知识单元、文献和学术机构四种不同要素之间的复杂关联，构建了体现学科发展脉络的知识网络；在网络演化机理上，对学科知识网络演化的基本驱动及其作用进行分析，包括节点变化的基本驱动事件和连接变化的基本驱动行为，并对演化驱动作用及其影响进行理论解释。

（2）为了优化主题表示方法和主题模型，对现有的学科主题挖掘方法进行了对比与改进。首先，明确主题内涵，并通过对比分析探讨适合学科知识网络建模的主题表示方法；其次，对典型概率主题模型 LDA 在最优主题数目选取、语料库构建以及主题抽取效果评价等方面进行改进研究，使其更加适用于学科领域主题挖掘；最后，进一步深化主题挖掘方法，提出基于生命周期理论和 AT 主题模型的作者-研究主题挖掘及演化分析框架，以揭示学科主题以及作者研究主题随学科发展的演化规律，进而厘清与把握学科发展脉络。

（3）为了测度主题与其他学科知识节点之间的语义关联，并探究整合主题的学科知识网络的构建和结构演化分析框架，分别从一模结构、二模结构和整合作者-研究主题的合作网络三个层面入手，提出学科知识网络中主题影响力和作者-主题关联影响力概念及度量方法，并研究了整合主题的学科知识网络构建方法。首先，在对整合主题的一模学科知识网络的构建和分析中，提出主题影响力度量指标，实证研究表明该指标可作为主题强度指标的有力补充，可挖掘出在学科发展中起到桥梁和纽带作用的关键主题。同时，通过对网络拓扑结构的演化分析，显示该类型学科知识网络具有典型的小世界网络特点；其次，在对整合主题的二模学科知识网络的构建中，在分析现有研究方法的特点与局限性基础上，保留了作者、主题两类节点的原始信息，并提出作者-主题关联影响力度量方法，实证结果表明该指标可作为学者学术影响力和社会影响力指标的有力补充，可挖掘研究活跃程度高、研究范围广、潜在合作空间大的重要学者；最后，基于论文合著关系和共同研究主题关系构建了整合作者-研究主题的学科知识合作网络，以揭示作者之间以共同研究主题为基础的科研合作动机对合作网络的作用机制和演化规律，网络结构演化分析表明该网络的结构属性具有明显的演化规律。

（4）为了研究整合作者研究主题的学科知识合作网络演化机制和演化模型，将主题相似性、复杂网络、仿真实验与知识创新等理论方法结合进行了系统地研究。首先，提出学科知识合作网络动态演化建模的基本框架，基于实证研究提出研究主题相似性是学科知识合作的基本机制；其次，基于研究主题相似性的节点连接机制，构建了学科知识合作网络演化模型（简称 RTBA 网络演化模型），并通过仿真实验以及与真实合作网络属性的对比分析，验证了模型的可行性和有效性；最后，基于 RTBA 网络演化模型和 NWS 小世界模型，对学科知识合作网络中的知识扩散现象进行仿真建模研究。该模型提出学科知识合作网络的知识扩散主要受知识溢出和知识创新这两个过程的影响，并据此构建知识扩散机制。通过知识扩散效果评价指标的对比分析，得出如下结论：网络的拓扑结构对知识扩散效果造成影响，RTBA 网络结构优于其他网络结构（规则网络、小世界网络、随机网络）；知识溢出和知识创新对知识扩散的影响机制不同，知识溢出效应主要影响知识扩散前期，对不同的网络结构比较敏感，而知识创新主要影响知识扩散后期，对网络结构不敏感。

二、主要的创新点

（1）对 LDA 主题模型进行优化，提升了主题抽取效果

在学科领域主题挖掘方面，针对当前 LDA 主题模型在最优主题数目确定、语料库构建和主题抽取效果评价三个方面存在的问题，分别提出改进和优化方

法：在主题数目确定方面，提出基于困惑度和主题相似度的最优主题数确定方法。实证研究表明，本书提出的方法比单纯使用困惑度指标效果要好。在语料库构建方面，针对科技文献数据，提出语料库构建方案。在主题抽取效果评价方面，构建了基于查准率、查全率、F值以及信息熵的定量评价指标。

（2）基于主题与其他知识节点的关联强度提出整合主题的学科知识网络构建方法

整合主题的学科知识网络构建需要以主题挖掘为基础，以主题与其他学科知识节点之间的关联强度计算为网络构建方法。本书在分别提出学科知识网络中主题影响力和作者-主题关联影响力概念及度量方法的基础上，首先，计算主题在文档中的共现强度，以此构建主题-主题关联的一模学科知识网络，并分析网络的结构演化趋势；其次，抽取作者-主题关联矩阵，以此构建作者-主题关联的二模学科知识网络，并分析网络的结构演化趋势；最后，通过计算作者之间拥有的共同研究主题及论文合著情况来确定作者之间的合作强度，以此构建整合作者研究主题的学科知识合作网络，并分析网络的结构演化趋势。

（3）提出整合作者-研究主题的学科知识合作网络演化模型

不同于仅通过度择优机制的学科知识合作网络演化模型，本书考虑到学科知识合作网络特有性质，将研究主题相似性机制引入到合作网络的演化建模中。在模型构建过程中，每一个新加入的节点都依据自身与其他作者的研究主题相似性构建一个研究兴趣社区，在该研究兴趣社区中新节点根据度择优机制选择合作者，从而构建更加接近实际情况的学科知识合作网络演化模型（以下简称RTBA网络演化模型）。

（4）提出基于多Agent系统建模的合作网络知识扩散模型

学科知识合作网络已经成为学科知识扩散的重要途径。由于缺少有效的学科知识合作网络演化模型，所以当前对知识扩散研究，还主要停留在利用历时数据的实证分析阶段，缺少知识扩散机制及其知识扩散影响因素的相关研究。本书基于RTBA网络演化模型，通过多Agent系统仿真建模的方法提出一个知识扩散模型。该模型提出了知识溢出效应和个体知识创新能力为主要影响因素的知识扩散机制，并探讨了不同网络结构和因素对学科知识扩散效果的影响。

学科知识网络建模与演化研究是一个复杂的系统工程，涉及多个学科理论与方法的交叉融合。本书从整合主题的视角来挖掘和度量学科研究主题与其他学科知识单元之间的隐性语义关联，探索整合主题的学科知识网络构建方法与网络结构演化分析模型。在揭示隐性学科知识结构以及网络演化规律方面进行了一些研究，还有很多工作需要进一步深入开展，不足和有争议之处在所难免，恳请专家和读者们批评指正、不吝赐教。

本书研究得到国家自然科学基金项目“新研究领域科学文献传播网络生长及对传播效果影响研究”（编号：71373124）的资助。同时，在研究过程中参考了国内外学者的大量研究成果，并得到了许多专家的指导，在此一并表示衷心的感谢！

作　者

2018 年 3 月于金陵

目录

第1章 绪　　论

大数据环境下，科学知识的生产、传播、组织与利用越来越表现出数字化和网络化特征。科学研究中基于大数据的知识含量与技术工具的应用成为影响其发展的主要因素，使研究工作处于数据密集型的第四范式（data-intensive scientific discovery）中。在学科知识挖掘与知识服务领域，基于数字化的文献资源，以单“篇”科学论文为单位、多点揭示信息特征与内容、多种链接关系交互的立体网状节点式的学科知识网络（discipline knowledge network）发展十分迅速，逐渐成为该领域的新兴研究前沿。目前已经涌现出一批具有代表性的学科知识网络。例如，基于关键词与关键词之间的共现关系构建的共词网络，基于学者之间论文合著关系构建的科学合作网络，基于论文引用关系构建的引文网络等。

学科知识网络是由学科知识节点及知识关联构成的网络，具有复杂网络的典型特征，如涌现性、层次性和演化性。其一，不同于学科知识节点之间的简单线性累加，知识节点之间的交互和语义关联使学科领域的潜在知识结构得以揭示，从而使学科知识系统涌现出新的特性，即新知识的发现。其二，网络为构建异质学科知识节点之间的语义关联提供了途径，使学科知识节点之间形成不同层次的知识网络，从而可以挖掘更深层次、更多视角、更广维度的学科语义结构。其三，随着学科领域的不断发展，学科知识节点以及节点之间的关联时刻发生变化，从而使学科知识网络结构表现出一定的演化规律，而这些规律是揭示学科领域发展脉络、预测学科发展趋势的重要决策支持。虽然学科知识网络的研究还处于探索阶段，相关理论和方法还不成熟，但是已有研究成果对学科知识创新服务的支撑作用显而易见。因此，学科知识网络正逐渐成为知识挖掘和知识服务的新兴理论与方法。

在信息化技术的支撑下，为促进数字化网络文献资源的开发与利用，包括计算机科学、图书情报学、管理学在内的诸多学科学者都致力于学科知识网络的相关研究，产生了一系列具有重要意义的理论与方法，将传统的“提供型知识服务”推向更深层次的基于语义关联挖掘的“分析预测型知识服务”，如共现分析、引文分析、知识图谱、社会网络分析、复杂网络等。近几年，学者围绕共词网络、合作网络和引文网络等几种典型的学科知识网络展开了深入的研究，取得了丰富的成果。然而，当前学科知识网络的研究无论是在理论上还是在研究方法上都还存在一些明显的不足，主要表现在：一是，学科知识网络的基本概念还不统一，基本特征还不明晰。学科知识网络的构建还未形成统一的框架体系，构成要素以及要素之间的语义关联揭示还不全面。二是，主题作为学科知识节点，其内涵和表示方式还不明确，也缺少揭示主题与其他学科知识节点之间语义关联的方法。三是，学科知识网络的研究范围还需要进一步拓展。当前的研究主要着眼于同质学科知识网络，如关键词与关键词之间、作者与作者之间、文献与文献之间等，而对于异质学科知识节点之间的网络研究还比较欠缺，特别是整合主题的异质网络，如作者与主题、机构与主题等；四是，学科知识网络的演化建模还需要进一步深化。当前的研究主要着眼于对历时动态数据建立的网络进行结构演化分析，并总结其基本演化规律，然而对引起网络演化的动力机制和演化模型研究较为欠缺。

针对当前学科知识网络研究发展的趋向与存在的不足，本书提出需要重点关注的几个问题：如何根据学科知识节点之间的语义关联系统地构建学科知识网络？主题作为重要的学科知识节点，如何度量与其他学科知识节点之间的关联强度，如何构建整合主题的学科知识网络？推动学科知识网络演化的内在动力机制是什么，如何科学构建学科知识网络的演化模型？这些问题一方面牵引本书的研究目标和研究内容，另一方面与当前科学研究的新范式、知识创新环境以及知识服务新模式相关。

1.1 研究背景

1）大数据的兴起促使科学研究的交互关联错综复杂

进入 21 世纪后，随着信息技术和互联网技术的不断发展，人类的数据化能力显著增强，人类已置身于浩瀚的数据海洋中。2012 年 2 月 11 日，美国《纽约时报》发表了一篇主题为“大数据时代”的专栏文章，明确提出大数据时代的来临，大数据也由此变成一个火遍全球的热词。如今，依托海量数据状态以及云级别的数据处理能力，大数据正以其海量（volume）、瞬刻（velocity）、全息（variety）、价值低密（value）、虚实莫辨（veracity）的特征逐渐改变着科学、社会、经济与生活的方方面面，带来了一场思维上、产业上、管理上的大变革。要有效利用大数据的价值就必须进行数据的去冗分类、去粗取精，进行系列化的集成、关联与转化，以支持社会活动、经济活动与科学研究的创新决策。

在科学技术创新领域，大数据的兴起使科学研究在数据、对象、主体以及模式等方面都面临着深刻变革，各种要素之间的交互关联形成错综复杂的科学研究知识生态系统。在研究数据方面，得益于科学研究第三范式(计算机仿真)，大量原生科学研究数据产生于建模仿真、模拟和传播过程中。然而，除了有限的能够出现在正式出版的学术文献外，海量研究数据由于多源异构、缺乏语义关联而未能有效整合，导致无法被重用，造成资源浪费。而要实现基于科学数据的、开放协同的研究新范式，破除数据孤岛、实现数据语义层面的整合已经成为必然趋势；在研究对象方面，第四范式使科学研究不再局限于某一种知识形态或研究领域，而是以数据为基础、以问题为导向，呈现出多学科、多领域、多平台交叉融合的大科学研究范式。在不同学科领域知识的交互和演化过程中，知识的“因果关系”已经不再重要，取而代之的是知识间的潜在“语义关联”和新知识的突然“涌现”；在研究主体方面，各自为战、兴趣主导、文献交流为主的“小科学”时代终将成为历史，取而代之的是集体性、协同性和跨学科性的“大科学”时代。数据和任务驱动的研究范式使个人独创越来越艰难，科学家之间的合作交流模式借助互联网技术实现了从纸质到数字化、从面对面到虚拟社交的转化，进一步推动了主体协同的科研创新模式。

此外，科学创新的弱领域趋势与创新工作者的有限理性形成了现代科学研究创新的基本矛盾。科学创新工作者的有限隐性知识已不足以支撑复杂创新问题，科学创新的大规模协作模式也对知识资源保障体系提出了新的要求。

因此，借助于数据科学、复杂网络科学、知识可视化等新兴技术与方法，通过研究知识网络生成特点、模型构建与演化机理，探索大数据兴起带来的科学研究活动的交互关系及其规律，揭示科学创新的知识和语义经络，并为知识服务提供分析知识演化的脉络、衍生、嬗变、关联要素等的理论和方法支撑，是数据密集型科学研究范式发展的需求。

2）科学知识网络的演化促使科技发展态势呈现新的变化

网络化、数字化和知识化的趋向，使科学技术发展以知识为基础、以信息技术为支撑，由数据、信息与知识建立的科学技术领域之间的连接日益突破原有的科学活动藩篱，由基于数据关联而提取出的一系列知识特征建构了更加多元且复杂的科学知识网络，从而带来科技发展在研究主体的参与模式、研究主题的选择范围、研究空间的跨越区域、研究时间的延伸广度等方面的变化。因此，需要从海量科学数据中找出规律、挖掘潜藏在大量已有知识之间的特征和语义关联，探究科学知识网络形成的过程、模式与演化，进而揭示科学技术发展的特点与规律，为科技创新提供前沿性、关键性的技术预测和辅助决策。

传统的科学知识网络构建方法主要依靠人工操作，通过文献主题标引规则建立文献的手工式检索工具、计算机检索系统，以及文献、情报分析工具等。这种知识网络组织方法以人工标引的主题词为中心节点，构建基于文献著录信息的科学知识网络，主要表征知识的外部特征，尚未深入到知识间的语义关联层面。在信息技术和数字化出版欠发达时代，基于外部特征的科学知识网络能够为科技创新提供基础性的服务，研究者通过文献主题标引可以检索到与之相关的作者、文献等信息，并通过人工解读服务于科技创新。可见，基于文献著录信息的科学知识网络只能提供基础的、浅层的、单一要素的知识服务，如作者之间、主题词之间和文献之间等，由于揭示语义信息还不够深入，知识网络深层次挖掘的水平不高。

随着信息技术和数字化出版的快速发展，研究者发现通过主题词检索获取的文献量呈指数增长，而人工标引和人工判断带来的弊端也日益显现，科学知识网络的组织方式再一次面临深刻变革。借助于计算机技术和网络技术，深入到知识内容层次的知识网络表达与组织悄然兴起，特别是中文文本分词、概念术语识别、文本自动处理、文本内容挖掘、本体、知识库、信息可视化、个性化推荐等核心技术的支撑，使科学知识之间的语义关联得以构建，打通了文献著录信息知识节点和文献内容层面知识节点之间的关联路径，实现了科学知识网络以外部特征知识节点为主到兼顾语义内容知识节点的演化。过去由人工主导的科学知识网络转化为大数据技术支撑的、由多维知识节点关联的科学知识网络，这种演化使科技发展态势呈现出新的变化趋势。

一方面，科学知识网络的这种演化使得跨学科的、跨地域的、大规模的科研合作成为可能，使得跨越时间、空间、物理障碍的资源共享与协同工作成为可能，这将改变科学家从事科研活动的方法和模式，极大地促进交流合作，加快科学知识的演化进程。无论从组织方式、资助方式还是从科研行为上，科学知识的互联互通和网络演化使传统的科研活动和知识生产模式呈现出新的交叉、融合与渗透特征，不仅促进了不同领域、不同学科科学家的深度整合和精细分化，还促进了知识创新内容和形式的多样化。另一方面，随着新一代科学知识网络带来知识获取、知识交互、语义关联的便易，知识服务为科技创新提供前沿性、预测性知识成为可能。随着主题挖掘技术的不断成熟，利用关键词、摘要、文献内容等特征单元对相关学科领域进行主题挖掘和主题演化分析，不仅可以发现学科领域研究热点、识别研究前沿，结合与其他学科知识节点之间的语义关联，还可以构建更高层次的学科知识网络，对学科发展演化过程中的关键节点进行识别，对学科发展预测具有重要的辅助决策作用。

3）科学技术新的发展促使知识创新与服务探索更有效的理论和方法

科学技术发展到现阶段，在经济社会转型升级的强烈需求、知识和技术体系的内生驱动、大数据和信息技术支撑下，一方面，科学技术与经济、社会、文化、教育活动深度融合，使科研创新与决策活动越来越多地包含社会经济等因素的制约和选择，呈现出复杂化、系统化、动态化、网络化等特征；另一方面，各类科研对象（数据、文献、设施、过程、机构、人员、政策等）正日益数字化、网络化，一个按照科研生命周期、充分支持各类数字化信息对象、支持多种网络化知识组织与传播形态、支持知识的创造、交流、分析、组织、保存全过程的综合数字科研信息环境已经发展和形成，并日益成为科研本身的基础环境[1]。

由此带来了科技创新活动中用户需求行为的根本变化：对信息或知识的需求不再停留于对信息的获取和序化，而需要从海量信息中获得能够体现科学技术演化的脉络、衍生、嬗变、关联要素等的知识，尤其需要的是对未知知识的探索、计算和发现；关注于如何捕获和析取解决所面临科技创新问题的知识内容，并将这些知识内容创新、集成为相应的解决方案，进而将这些知识固化在新的技术、产品、服务和管理机制中；关注于如何借助于开放共享的数字化网络化平台达成合作与交互的科技创新环境，进而完成集成化的科技创新任务。因此，处于科学研究与创新活动中的用户，不仅需要一个面向科技创新流程的知识服务过程，而且需要基于内容关联与挖掘的多样化、个性化的知识服务产品，尤其是能够体现学科前沿知识和动态演化知识的服务。

同时，在知识服务模式探索方面，随着科学数据的激增，传统的文献检索功能正在向知识服务转型，例如：CNKI（http://www.cnki.net/）在信息采集、整序的基础上，尝试着利用频次统计、共现聚类、术语提取、文本挖掘、可视化等方法对文献的作者、机构、关键词、引文等特征进行分析，为用户提供科学领域的研究热点及其变化状况，以及核心作者群与重点科研机构。清华-微软“学术大数据项目”的学者大数据挖掘项目 AMiner（http://aminer.org/）利用数据挖掘和社会网络分析与挖掘技术，提供研究者语义信息抽取、面向话题的专家搜索、权威机构搜索、话题发现和趋势分析、基于话题的社会影响力分析、研究者社会网络关系识别等众多功能。中国科学院综合科技资源集成登记系统（http://irsr.llas.ac.cn）提供了软件、资源集、文本集合、数据集、事件、图像/多媒体、交互资源、科研装备/仪器设备等相关资源信息的导航。美国科技论文在线（https://www.science.gov/index.html）除检索及外部特征统计服务外，也提供与检索主题相关的 Wikipedia 结果以及将新闻聚合并通过 Twitter 传递。可见，当前知识服务领域正积极利用大数据、数据挖掘、社会网络分析等新兴技术努力实现知识之间的关联挖掘，构建学科全景知识网络，以支撑复杂的知识创新。但是，现有的这些知识服务过程与产品，与支撑用户在科研创新与决策过程中所需的知识产品相比，还存在着揭示知识内容的层次不够深入、链接的知识点间关联性不强、无法准确刻画学科领域研究主题及其演化规律、无法提供前瞻性技术预测等局限。

因此，科学技术新的发展促使知识创新与服务必须探索新的理论与方法，为知识服务行业奠定未来发展的基石，以支撑揭示科学技术发展态势、服务国家创新战略实施。

1.2 研究意义

从整合主题的视角出发对学科知识进行网络构建和分析，其意义不仅在于从语义关联和动态演化的视角对已有学科知识网络理论与方法进行拓展及深入，更重要的是通过“基于数据密集型的网络研究范式”可为“面向学科知识创新的知识服务”提供新的理论研究视角和新的方法工具，更加有效地揭示科学研究的新态势和科学技术发展的新趋势，使其适应新经济和大数据环境下知识创新服务的迫切需求。

1.2.1 理论意义

1）有利于深度揭示学科领域知识结构与演化，促进科学知识有效吸收与转化

从学科领域角度看，任何一个学科领域的兴起与发展，都以一定的相互关联的知识体系结构为支撑，并以科学知识的吸收与转化为基本条件。因此，在对学科领域知识进行组织和管理的过程中，如果能够尽可能地揭示和呈现资源背后的知识结构与知识关联，则可为研究者和管理者更好地洞悉学科领域知识及其演变提供支持。学科知识系统是一个复杂的、时变的动态系统，当前的方法在揭示知识发展的动态演化过程及洞察知识的创新领域和发展趋势上遇到瓶颈。学科知识网络是基于数据密集型的网络研究范式下知识挖掘的新兴理论与方法，不同知识节点之间的关联及演化为构建学科领域全景知识图谱提供可能，更加有利于研究者开展知识创新活动。而学科领域主题挖掘与主题演化分析则为学科知识语义演化提供方法与路径，所以将主题整合到学科知识网络建模与演化分析中，以语义关联的视角深度揭示学科领域知识结构与演化，可有力支撑学科知识创新服务，促进科学知识有效吸收和转化。

2）有利于扩展网络科学理论与方法的应用范围，完善面向学科知识创新的知识服务方法体系

科学研究与科学技术发展过程的多元化和网络化，使得知识创新处于复杂的生态系统中。用于解决社会、经济和科学问题的复杂性科学兴起于21世纪，大量的研究证实生命系统、社会系统、知识系统都属于复杂系统。因此，借助于复杂系统理论从系统内部单元关联角度研究知识创新正成为知识服务领域的

共识。如今，数据驱动的网络研究范式为复杂系统的研究提供了一个新的视角，并正在成长为新的学科（网络科学）。本书的研究是在网络科学的理论和方法指导下，构建一套整合主题的、具有系统性与整体性及协同性的学科知识网络演化研究框架：通过融合文本挖掘、科学计量学、网络科学等理论和方法，研究学科知识网络的结构演化机制和演化模型，发现推动学科创新的内在动力机制，提高学科知识创新和扩散的效率；挖掘学科领域主题，构建整合主题的学科知识网络，将主题之间以及主题与其他知识节点之间的语义关联和演化用于学科领域关键技术和前沿引领技术的探测，用于核心科学家的识别，为科学知识创新和科技创新用户提供前瞻性知识服务，从而完善面向学科知识创新的知识服务方法体系。

3）有利于推动科学计量学学科的进一步发展，深化知识网络的相关理论与方法

知识网络是科学计量学的新兴研究领域，引发学术界与社会的广泛关注，相关的理论与方法正在成为研究的热点。本书将从三个方面对知识网络的相关理论与方法进行深化：其一，引入动态社会网络构建方法（元矩阵网络描述法）提出学科知识网络构建的流程与体系框架；其二，将主题视为中观层次的学科知识节点，并利用主题与其他学科知识节点之间的关联提出了整合主题的学科知识网络构建方法，扩大知识网络的研究深度和广度；其三，将复杂网络中的网络演化建模方法应用到学科知识网络的演化中，探究学科知识网络的形成机制。这三个方面通过网络构建、网络演化和仿真建模的研究思路，以构建系统、全面的学科知识网络建模与演化分析框架，将理论与应用相结合，仿真与实证相结合，以深入扩展知识网络的理论和方法体系。

1.2.2 实践意义

1）有利于厘清学科发展脉络与预测新生长点，促进学科领域知识的挖掘与创新

在网络化、数字化和知识化的科学技术发展环境下，科技数据和文献越来越呈现出海量、异构、多源化等大数据特征。例如，当科研人员通过不同的数据库搜索某一学科领域的科学文献时，至少可以获取如期刊论文、会议论文、科技报告、专利，甚至社交媒体、Web 文本等不同形式的大量交叉重复的科学文献。这样就会使科学研究者对知识的获取和使用从过去的“一种混沌”（知识供给匮乏同时有效知识不足）走向今天的“另一种混沌”（知识供给过载但是有效知识不足），为了更加有效了解与把握学科发展的脉络与新的研究热点，人们迫切希望从多元异构数据或者文献中获取系统化的知识支撑。而以往的文献计量分析仅从共时的、静态的、孤立的角度对文献数据进行统计分析，已经

不能适用海量数据下的学科研究与知识转化及创新的需求。因此，本书重点对整合主题视角下的学科知识网络的演化进行研究，力求从历时的、动态的、关联的角度对学科文献数据进行挖掘。整合主题的学科知识网络研究可以发现学科发展的动力机制、厘清学科发展的演化脉络、挖掘学科领域研究热点和前沿、挖掘基于主题的学科领域知识要素演化趋势，能够促进学科知识的转化与创新。

2）有利于提高学科知识管理效能，促进知识服务能力的提升

海量科技文献资源给学科知识管理带来诸多困难和挑战。目前现有的科技计量方法虽然能够利用频次统计、共现聚类、术语提取、文本挖掘、可视化等方法对文献的作者、机构、关键词、引文等特征进行分析，为用户提供科学领域的研究热点及其变化状况，以及核心作者群与重点科研机构，但是还存在着基于科技文献资源的知识发现机制探索不足、揭示知识内容的维度不够丰富、链接的知识点间关联性不强，以及无法将各种网络资源有机聚合等局限。本书通过对学科知识网络生成特点与规律的探索来不断优化学科知识组织和挖掘分析的方法，通过构建学科知识节点之间的语义关联，从多维度、多视角描述和聚合学科领域知识，深度挖掘蕴含于大量显性信息中的隐性知识，使知识管理的效能得到发挥，促进知识服务能力的提升。

3）有利于提升科研管理辅助决策水平，促进学科发展规划的科学性

当科技管理工作者制定针对某一学科领域的科技政策时，需要准确把握该学科领域的研究热点和研究趋势，而面对这些海量、异构、多源的科学数据和文献，依靠传统方法，科技工作者很难快速捕获到某一学科领域的研究主题、研究热点和研究趋势。因此，本书将学科主题演化整合在学科知识网络的演化研究中，为科技管理工作者提供全面的学科知识演化规律，一方面通过结构演化研究揭示推动学科发展的内在动力机制，另一方面通过主题演化提供学科发展过程中的研究热点交替、前沿技术探测等知识，使科技工作者与管理机构全面掌握学科发展动态，科学合理地制定学科发展规划。

1.3 国内外研究现状分析

本书从整合主题的视角对学科知识网络进行建模和分析，其研究内容和目标是借助于学科知识网络和科学计量等理论，运用主题挖掘、复杂网络等方法，研究学科领域主题的表示与抽取，进而将抽取出的主题整合到学科知识网络的构建中，研究一模和二模学科知识网络的构建模式与演化机理。因此，研究涉及多个学科领域理论与方法的交叉应用，主要可从以下三个方面进行归纳：一

是学科领域主题挖掘相关研究；二是学科知识网络相关研究；三是复杂网络建模与演化分析相关研究。三者与本书研究目标之间的逻辑关系如图 1-1 所示。

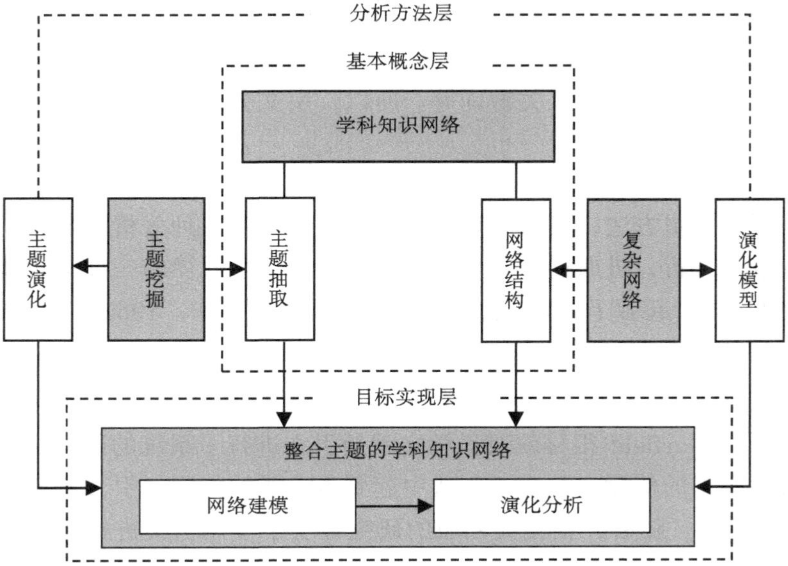

图 1-1　相关研究综述与本书研究目标之间的逻辑关系

从图 1-1 中可以看出，三个相关领域的研究分别为本书研究目标提供基本概念和分析方法两个方面的支撑。基本概念层由学科知识网络的基本理论和概念、主题挖掘中的主题抽取理论以及复杂网络中的网络结构分析理论三部分构成，为整合主题的学科知识网络建模提供理论和概念支撑。分析方法层由主题挖掘中的主题演化方法和复杂网络中的演化模型研究构成，为整合主题的学科知识网络的演化分析提供技术和方法支撑。基本概念层和分析方法层共同构成了本书研究的基本理论和方法。

1.3.1　学科领域主题挖掘的相关研究

学科领域主题挖掘与科学研究热点发现和前沿探测直接相关。科学研究前沿代表了科学发展的难点、热点以及发展趋势，从浩瀚的科技信息中探测研究前沿是科技创新的关键任务之一[2]。目前相关研究主要涉及主题挖掘和主题演化两个方面，由于主题挖掘的方法不同，主题在外在特征及语义表现形式方面也存在较大差异。学科主题挖掘主要基于两种不同的范式：一是文献计量法，二是主题模型方法。

1）基于文献计量法的主题挖掘

文献计量法是文献计量学方法论的核心，以文献计量学的基本理论为依托，支撑着人们探索与解决有关文献信息计量与分析的各种问题[3]。基于文献计量学的学科主题挖掘聚焦于科学文献与研究前沿、新兴趋势、研究热点等相关联的文献计量特征，如引文、关键词等。所以，引文分析和共词分析是最主流的方法。

引文分析（citation analysis）是利用数学及统计学的方法和比较、归纳、抽象、概括等逻辑方法，对科学期刊、论文、著者等各种分析对象的引证与被引证现象进行分析，进而揭示其中的数量特征和内在规律的一种文献计量分析方法[4]。引文分析起源于 Price 和 Garfield 的奠基性工作。1965 年，Price 观察到科学家似乎倾向于引用最新发表的文章，并将其称为即时因子（immediacy factor）。Price 认为某个领域的研究前沿是由科学家积极引用的文章所体现的[5]。SCI 的创始人 Garfield 很早就对科学文献的引文进行了系统的研究，认为科学引文在科学知识的传播、共现、创造中起到很重要的作用，引文可以反映知识间的传承关系[6]。随后，在相关领域的研究证实了使用引文进行科学评价的有效性，并提出了科学引文索引（SCI）[7]。SCI 的发明使引文分析方法逐步建立了完善的引文分析方法体系，主要由共被引分析[8]和文献耦合分析方法[9]。当两篇文献（作者）同时被三篇文献引用，我们就称这两篇作品（作者）存在共被引关系；经常一起被引用的文献（作者），则表示他们在研究主题的概念、理论或方法上是相关的[10]。所以，共被引分析的主要形式是文献共被引分析和作者共被引分析，如：美国科技信息研究所（Institute for Scientific Information，ISI）利用共引方法在科学前沿探测中做了大量的工作。在 ISI 的基本科学指标库（essential science indicators，ESI）中对高被引论文进行同被引聚类处理，将内容联系密切的高被引论文收敛为若干簇，对每簇内部的论文进行半自动处理，得到了相关前沿领域[11]。邱均平、张晓培利用作者共被引分析方法对国内知识管理领域的 CSSCI 期刊文献进行分析，并挖掘高影响力作者及其所关注的主流领域及热点问题[12]。

引文分析法在主题挖掘方面的主要缺陷是无法自动对筛选出的引文进行主题分析，需借助引文中的关键词或者作者对主题做进一步的分析和挖掘。目前，也有学者对此问题进行了相关研究，如祝清松、冷伏海提出了一种基于引文主路径文献共被引的主题演化分析方法，利用引文主路径分析进行演化路径识别，利用共被引分析和领域术语识别进行演化主题识别[13]。同时，关键词和共现词语等文本信息构成了对引文信息的重要补充。随着引文数据库的不断完善和文本挖掘技术的发展，一些新的引文分析方法被提出来，Sugiyama 等把引文分析分为两种类型：基于引文著录的传统引文分析（引文著录分析）和基于全文信息的引用内容分析[14]。赵蓉英、王建品认为引用内容分析寻求从全文的角度来修补和改进引文著录分析中的缺陷，比如，在对一篇文章进行评价时，不仅考虑被引频次，还考虑引用极性和引用动机。基于引用内容的评价指标可以作为传统论文评价指标的辅助，从而更全面准确地评价论文[15]。特别是基于全文的引文分析，实现了从引文著录分析到引文内容分析的跨域。作为引文分析法的新发展，全文本引文分析通过自然语言处理、文本挖掘、情感分析以及可视化等方法技术对引文的引用情况和引用动机等进行挖掘、分析和展示，从而更加准确地测度和评价被引作者、文献、期刊、机构和国家的学术影响力并透视作者的引证动机等，对科学计量学和科学学的发展大有裨益[16]。其他的一些前沿课题如科学的睡美人现象、H 指数及其改进、自我中心的引文研究等也得到了不少学者的关注。

共词分析方法属于内容分析法，是通过计算文献中词汇或短语之间共现强度，进而确定这些词汇对所代表的学科研究热点、组成或结构，分析学科领域发展脉络和演化趋势[17]。如，蒋颖利用 LISA 数据库对文献计量学研究领域进行了共词分析，通过聚类、类团关系图、战略坐标图等方法分析了该领域热点主题及主题发展趋势[18]。相比于词频分析法和共引分析法，共词分析法的优势是能深入文献内部，从微观角度揭示学科主题演化规律。唐果媛和张薇提出了基于共词分析法的学科主题演化研究分析流程，该流程分为五个步骤：分析数据集的确定、主题演化阶段确定、共词分析对象的选择与提取、共词矩阵的构建及归一化、主题演化分析[19]。叶春蕾、冷伏海认为基于共词分析方法的学科主题演化分析中所使用的指数比较简单，主要以主题词频次或共现频次作为主题演化分析的量化标准，较少考虑到主题词对于主题、主题对文档的贡献度，即重要程度。他们基于主题模型提取主题词、主题、文档之间的三层语义关系，并在此基础上确定主题词之间的关联轻度，使共词分析更能精确、客观地揭示学科领域的发展规律[20]。

共词分析方法在实际应用中存在一些缺陷需要解决，如词源选择、高频词确定、术语相关性计算、结果统计分析等，这些问题也是学者关注的重点。为解决关键词的这种“标引者效应”，Leydesdroff 提出利用文献中的标题和摘要提取词进行共词分析[21]。傅柱、王曰芬对不同词源的共词分析应用研究进行对比发现，主题词比关键词更适合共词分析，而标题词和关键词对比结果则没有显示明显的差异[22]。高频词的选择和低频词的处理一直是共词分析争论的焦点。

Donohue 提出的高低频词界分公式是被普遍接受的定量确定方法[23]。Zhang 等又提出通过 g 指数来确定高频词的阈值，通过真实数据验证 g 指数要比齐普夫定律效果好，克服了齐普夫定律对低频词规范化的限定，并降低了术语选择的主观程度[24]。而在结果的统计分析方面，巴志超总结了共词聚类分析法和共词关联分析法这两种常用的分析方法，提出有必要提出新的度量指标和方法，改进聚类的算法和策略，以解决聚类算法与研究点术语分布不一致、聚类结果划分缺乏弹性处理等问题[25]。

2）基于主题模型的主题挖掘

主题模型是指通过文本建模方法，实现文本降维的一类模型的统称。主题模型经历了从向量空间模型（vector space model, VSM）[26]到概率主题模型（probabilistic topic model）[27]的发展，向量空间模型的经典形式是 tf-idf，虽然 tf-idf 在主题词的选取方面表现优秀，但是用 tf-idf 向量表示文本维度高，计算量大。随后 Deerwester 提出了潜在语义索引（latent semantic indexing，LSI）模型[28]，Hofmann 在 LSI 的基础上又提出了概率潜在语义索引模型（probabilistic latent semantic indexing，pLSI）[29]。2003 年 Blei 等提出了 LDA（latent Dirichlet allocation）模型，该模型是一种概率生成模型，使用 Dirichlet 分布描述文档的主题混合比例，模拟文档产生过程[30]。LDA 是自然语言处理中主题挖掘的主流模型，可以从语料库中抽取与所有文档相关的一系列主题，提供了一个可以量化研究主题的方法，并且可以监测主题的演化以及刻画文档之间的相似度[31]。

自 LDA 提出以来，很多学者对 LDA 进行了模型扩展和应用研究。模型方面的研究，如 Boyd-Graber 等提出了一个基于 WordNet 的 LDA 模型[32]；Gerrish 和 Blei 在 LDA 的基础上提出了 DIM 模型以识别文档集合中最有影响力的文档[33]；Steyvers 等将作者信息加入到 LDA 文档-主题概率分布中，构建了作者-主题模型（author-topic model, AT），用以获取作者的研究主题[34]。LDA 应用方面的研究主要集中在话题追踪和监测、文本分类、文本聚类等方面。

在 LDA 的基础上，引入文本语料的时间信息，研究主题随时间的演化规律是主题演化模型的主要作用。主题演化是指主题在传播过程中逐渐变化的现象，这些变化包括主题时间和空间变化趋势，旧话题的消亡和新话题的产生，以及某话题向另几个话题扩散或收敛等发展趋势。主题演化具有“可遗传变异”的特性。“主题遗传”是指主题传播过程中具有一定的稳定度，“主题变异”是指主题传播过程具有一定的差异性[35]。Blei 和 Lafferty 给出了分析具有时序特征语料库主题演化的模型 DTM[36]，该模型先将大规模文本数据库按照时间窗口进行离散化，并假设当前的主题由前一时间节点的主题演化而来，由此构建主题之间的演化关系，以反映主题之间的遗传和变异关系。Wang 和 Mccallum 提出了不同于将时间离散化或满足马尔科夫条件的主题演化模型（topic over time，TOT）[37]，该模型中每个主题表示为关于时间变量的连续概率分布，每个主题不仅和词的共现有关，而且和文本的时间戳有关，则一个主题在概率分布的意义下是固定不变的，但是主题的内容以及主题之间的关系是随着时间变化的。

LDA 在文档、主题、词语三个层次上进行概率建模，深刻揭示了主题与文档、主题与词语之间的语义关联度，为科学文献主题挖掘和主题演化分析提供了新的方法和思路。实践证实 LDA 在学科领域研究热点挖掘[31]、研究主题演化[38]、研究趋势预测[39]等方面取得良好效果。针对 LDA 的改进及应用，国内学者在学科领域知识挖掘方面做了有益的探索，如王萍提出了一种新的概率主题模型：Topic-Author 模型，该模型对文献的文本信息和作者信息进行联合建模，在分析文献主题的同时，发现相关主题方向的研究者分布[40]；叶春蕾、冷伏海提出了一种新的概率模型：引文-主题概率模型，该模型对文献中的关键词和引文进行联合建模以完成科学文献中的主题内容识别，在获得主题中关键词分布的同时也获得相关主题间的引文分布[41]；王平基于层次概率主题模型 hLDA，采用 Gibbs 抽样来进行模型参数估计，并运用互信息的方法对主题词进行筛选，以提取高质量的主题词[42]；张晗等对 LDA 在科学文献领域的应用进行综述，并指出同时融合多个外部特征的主题模型研究将是科技情报分析未来的发展方向之一，应加大研发力度[43]。

1.3.2　学科知识网络的相关研究

随着科学技术的迅猛发展，知识呈现爆炸式增长，主体与主体、主体与知识、知识与知识之间构成了复杂的网络体系。近年来，在 Web2.0 技术支撑下，知识网络（knowledge network，KN）具备更加高效的知识共享与协同、更高层次的知识发现与创造以及更加精准的决策潜力，使知识网络成为知识管理的研究热点，被称为知识管理 2.0。

最早提出“知识网络”概念的是瑞典工业界。20 世纪 90 年代，由于国际竞争的加剧，工业界更加关注知识密集型的高新技术的发展，为了获取更多的知识输入，加强了和研究机构之间的紧密联系。早在 2001 年，Ginsparg 就提出了通过科学知识的电子出版技术构建“全球知识网络”的设想，通过数据层

（数字图书馆、基金资助机构）、信息层（免费搜索引擎、商业索引、政府公开数据资源）和知识层（文献出版商）搭建科学研究的新交流体系，通过该体系使研究者的知识进行交流和共享，促进知识的创新[44]。Beckmann 将知识网络定义为进行科学知识生产和传播的机构和活动[45]。从这种意义上说，科学活动本身构建了复杂的社会网络，而知识是嵌入在该社会网络中的重要元素，只有在社会网络中，知识才能更好地发挥其战略价值和作用。所以，知识网络是社会网络的一种特殊形式，其本质是知识在社会网络中的嵌入，而嵌入的机制是知识创新。

由于本研究侧重于学科知识网络，所以接下来将重点论述学科知识网络的基本概念、内涵及主要学科知识网络等相关研究。

1）学科知识网络的概念及内涵

学科（discipline）是按照学问的性质而划分的门类，是一系列知识组成的有机整体。科学知识的组织和管理通常情况下都是按照学科进行划分的，学科知识组织和管理的目的是将学科领域中的显性知识和隐性知识进行合理组织，以提高学科领域知识的传播和利用效率，使其尽可能地在生产、扩散、分享和创新中形成良性循环，而学科知识网络是学科知识组织和管理的方式之一。顾冬蕾以哲学的方法对学科知识网络的内涵进行描述，提出学科知识网络是由学科知识元素组成的知识节点和知识关联（知识链接）构成的网络状知识体系。也就是说以特定学科领域内的知识节点作为节点，以知识节点之间的关联作为边或者链而构成的网络称为学科知识网络[46]。从知识的粒度上看，学科知识存在知识元、知识节点和知识网络三种层次，并通过网络的形式解释学科知识的关联结构。以学科领域的科学文献及其特征信息（作者、机构、期刊等）、内容信息（关键词、主题词等）为节点，以引证、共现为关联构建知识网络，利用社会网络分析方法对其结构进行量化、可视化分析，是当前最常见的研究方式，此方面已取得较多进展[47]。

在学科知识网络的概念演进与理论构成方面。国内学者邱均平提出“知识网络”是一种新兴的重要网络类型。利用知识网络，不仅可以揭示网上知识信息、知识节点的分布特征和数量规律，而且还可以研究它们的增长、传递、老化等动态变化规律以及相互引证和联系程度等计量问题[48]。赵蓉英、邱均平从网络构成角度对知识网络概念的演进进行全面地、系统地探索性研究，分析了在知识网络概念演进中从不同研究视角和研究背景下产生的各种概念，并从科学学说的高度归纳为“地图说”“基因说”“网络说”和“知识载体形态说”四种学说[49]。赵蓉英从情报学定量化观点和知识组织的角度描述知识网络，将知识网络定义为：知识网络就是由知识节点和知识关联构成的网络化的知识体系[50]。顾冬蕾提出学科知识网络是由学科知识元素组成的知识节点和知识关联（知识链接）构成的网络状知识体系[51]；并且从学科知识网络的形成过程来看，认为知识场理论、知识生命周期理论、知识链接理论和知识地图理论是学科知识网络的理论基础。这些理论都从不同的侧面揭示了学科知识的内部螺旋发展，外部动态关联的网络状结构，它们都从不同的理论视角指导着学科知识网络利用信息技术将这种网状结构以直观的“图”实现可视化，使得学科知识网络的形成和发展成为必然[52]。

在学科知识网络的类型和特点方面。周晓英探讨了知识网络的概念、类型和特点以及与知识链接的关系。她提出知识网络是由知识体以及它们之间的彼此关联关系所形成的网状结构的知识集合。其中，知识体可以是知识元素、知识因子、微观的知识集合，可以表现为词、句子、段落、文章等知识的构成要素和表现形式；知识关联有知识内容之间的本质的内在属性的关联和知识附加属性之间的关联两种形式[53]。王旻霞、赵丙军将科学知识网络分为知识主体网络、知识载体网络和知识本体网络三种类型，研究发现它们多具有小世界网络和无标度网络的结构特征及相似的演化机制，但驱动网络演化的动力异同并存[54]。

2）主要学科知识网络研究现状分析

从目前的文献调研来看，学科知识网络主要有基于学科知识关联的网络，如文献引用网络、文献同被引网络（由此衍生出作者同被引网络、期刊同被引网络）、文献耦合网络、关键词共现网络等；有基于人际关系的合作网络，如作者合作网络、机构合作网络、国家合作网络等[47]，其中引文网络和合作网络是研究的比较早，也是比较成熟的领域。在引入社会网络分析和复杂网络分析的理论和方法之后，共词网络的研究逐渐成为热点。

（1）引文网络

Garfield 在相关领域的实证研究表明了使用引文网络进行科学评价的有效性，并提出了科学引文索引[55]。Price 在 Garfield 的科学引文索引数据支撑下，对科学引文网络进行了统计分析，发现科学引文网络的节点连接度分布呈现明显的幂律分布（power law）[5]，而科学知识的发展的累积优势过程是促成这一分布规律的重要原因[56]。Price 将这一过程理解为马太效应（Matthew effect）的作用，马太效应在知识的时空分布上是普遍存在的，Simony[57]和 Bradford[58]等也分别发现文章的词频分布、期刊分布和作者分布的极限形式均为幂率函数，这一发现已成为情报学领域的核心规律之一。随后，引文网络分析进入了快速的发展阶段，1971 年科学计量学家 Zunde 对引文网络的研究进行了总结，提出引文网络分析的三大应用：文献情报检索、知识图谱分析和学术评价[59]。

早期的学术评价多是统计引用次数，较少考虑到文献的质量。自从 Garfield 提出引文网络和引文分析以来，许多学者提出了许多量化的引文分析指标，常用的引文分析指标有被引用数、同引与耦合以及期刊影响因子等[60]。引文网络的构建，使引文评价由单篇“点”的评价指标向网络评价指标逐步改进，如有些学者将 Web 中评价网页重要性的 PageRank 算法引入到引文网络中[61]，并提出这种分析方法有利于寻找关键的、里程碑式的文献。也有学者认为与单纯从引用数量对文献重要性进行度量相比，基于 PageRank 以及一些改进的评价方法，引文分析更多地考虑了引用文献的质量，更加突出了文献的研究价值和科学影响力，同时能较好地消除由于作者自引导致误差[62]。但是 PageRank 算法没有考虑到文献的引用数量，鉴于此，Bollen 等将引用数量和 PageRank 值相结合，综合运用了 ISI 影响因子和加权的 PageRank 指标对科学期刊的地位进行评价[63]。

随着社会网络分析和复杂网络方法的不断发展，引文网络的研究也不仅仅局限于学术评价，引文网络中社会群体研究、引文网络知识流挖掘、引文网络可视化分析以及引文数据源抽取等方面的研究也越来越受到重视。引文网络中的节点代表文献，每一篇文献对应一个或多个作者，文献间存在的引用关系可以映射为作者之间的关系。此外，研究者之间还有其他的关系，例如共同写一篇论文的共著关系等，因此引文网络中的研究者之间的关系网络比引文网络更加复杂。对引文网络进行社会网络分析对于寻找专家，确定专家在学术界的地位，寻找具有相关研究主题的学者群体具有重要的意义[64]。Otte 和 Rousseau 指出文献引证和同引网络、合作关系和其他社会相互作用形式都构成广义的社会网络，而在这些研究中，基于数理统计和图论的社会网络分析具有广泛的应用[65]。Carton 等把社会网络分析方法用于分析信息在网络中的流动，用户访问和获取信息资源的途径、信息联盟和联盟分裂，而 Girvan 和 Newman 则通过社会关系网络分析，提出了一种基于中介（betweenness）的群体探测方法[66]。随着信息技术和可视化方法的发展，对引文网络的可视化研究越来越受到重视，大量可视化软件被开发出来，如 HistCite、CitesPace 等。这些可视化软件从科学文献间的引证关系或题录数据出发，构建科学发展的网络结构，通过数据挖掘或文本挖掘技术，解析网络结构，刻画学科发展脉络和趋势，为引文网络分析提供了可靠的工具。韩毅等提出多源数据整合、与文本挖掘技术及社会网络分析技术的整合及可视化方法的使用，体现了引文网络分析的外在扩展趋势，而客观文本范式与认知构建范式的整合则体现了引文网络分析的内在发展要求[67]。

（2）合作网络

合作网络的研究主要涉及合作网络的结构和特征分析[68]、网络演化模型[69-71]、社团挖掘[72-73]、网络可视化[74-75]等。邱均平和李佳靓利用社会网络分析方法对由期刊论文构建的合作网络从整体网络特征、节点中心度以及节点度分布等方面进行了分析[76]，通过实证分析验证不同学科的合作网络其结构特点是不同的，有些学科之间网络结构特征差异较大。吕鹏辉和刘盛博以图书馆和情报学领域的科研合作为例，对合作网络进行研究，验证了合作网络的无标度特性，结果发现图书馆与情报学领域内的作者合作网络是非连通的稀疏网络，科学家之间已成多个研究社团，机构与国家合作网络都有较短的平均路径、较高的网络密度和集聚系数[77]。贾思媛等对计算机领域的科研合作领域进行研究，发现该领域的合作网络具有明显的小世界特征，但无标度特性不明显[68]。张学义等利用复杂网络的方法，在BA网络模型的基础上，给出了一个新的合作网络的数学模型[69]。孙晓玲等提出一种基于Agent的学科演化模型，其中学科的产生和演化是由作者合作网络中社区结构的演化驱动的[71]。

（3）共词网络

引文网络与合著网络都是高阶的知识网络，代表的是知识载体——论文、期刊和研究者之间的知识流动关系或科研协作关系，而非“知识节点”之间的语义关联结构[78]。Shiffrin和Borner认为为了从认知角度描绘科学知识网络的结构特征与其演化规律，还需要将目光关注在由词汇及其共现关系形成的认知网络上[79]。传统的共词分析（co-word analysis）方法是1983年Callon等扩展共被引分析（co-citation analysis）提出的[80]。共词分析可以直接深入文献内部，利用内容分析法来观察学科发展，通过聚类方法将词分配到具体的类簇以确定其语义，并通过多维尺度分析（MDS）和战略坐标图（strategic diagram）的形式对聚类分层并可视化，但是根据经验阈值筛选高频词带来很多争议。随着数据分析技术和复杂网络绘图技术的进步，基于大规模词汇集的知识领域绘图工作已经成为可能，基于原始共词矩阵的共词网络研究逐渐兴起。王晓光认为由文章关键词及其共现关系形成的网络可以称为“共词网络”，它是以“知识节点”——文章关键词为基础构建的一类特殊的知识网络[78]。他详细分析了共词网络的构建过程与结构，并探讨了共词网络视角下科学知识体系结构和增长模式，提出了共词网络的方法论意义。张斌分析了共词分析与共词网络的区别，认为在共词网络中，词汇所体现的“符号学”意义大于它的“语义”意义，对词汇所处的具体语境不予考虑，这也暗示了共词网络研究的核心是网络结构及其演化，而不是单个词汇的特殊价值，关注的重点在于节点的中心性、网络的整体特征（如度分布、密度、社团识别、连接机制等）[81]。胡昌平、陈果以“数字图书馆”领域为例，在可靠关联的基础上构建共词网络，以 k-core 为参数进行网络子层分解，再以聚类系数、平均密度为参数对网络子层进行融合，以考察学科领域共词网络的层次结构，可以将整体网络划分为基础层、细节层和中间层[82]。赵一鸣、吕鹏辉利用共词网络方法对图书馆与情报学领域的高频关键词进行分析，展示了图书馆与情报学领域的研究热点和研究趋势。他们分析了共词网络方法的局限性，认为共词网络方法存在数据清洗和高频词选取、与引文网络和合作网络的混合研究还比较欠缺、应用领域有限等问题[83]。

1.3.3 复杂网络的相关研究

20 世纪 90 年代后期，伴随着随机网络、小世界网络和无标度网络研究的不断深入，人们对于复杂系统的研究进入了全新的网络视角，复杂网络的理论与方法体系不断成熟。在过去几十年里，科学界普遍认为复杂系统的各组成部分是随机联系在一起的，属于随机网络。自 Barabasi 构建了 BA 无标度网络，科学家在物理学、社会学、生物学、政治学等各个学科中都发现了这种服从幂律分布的无标度网络，而非随机网络。在过去十几年里，无标度网络的研究成果遍及各个学科，无标度网络促进了复杂网络理论的发展。

复杂网络研究涉及网络的各种拓扑结构及其性质，与动力学特性（或功能）之间相互关系，包括时空斑图的涌现、动力学同步及其产生机制，网络上各种动力学行为和信息的传播、预测（搜索）与控制，以及工程实际所需的网络设计原理及其应用研究，其交叉研究内容广泛而丰富[84]。

1）复杂网络结构分析

复杂网络理论与方法起源于数学中的图论，任何一个网络都可以表示成由一些节点按照某种机制连接在一起构成的系统。最早对网络使用图表示法的是欧拉，1736 年他对“Konigsberg 七桥问题”的抽象和论证思想开创了数学的新分支——图论。20 世纪 60 年代，Erdös 和 Rényi 创立的随机图理论（random graph theory）[85]被公认在数学上开创了复杂网络的系统性研究。在 ER 随机图模型中，任意两个节点之间有边连接的概率都是 P，Erdös 和 Rényi 系统地研究了网络的性质和连接概率 P 之间的关系。但是，后来证实，现实世界中很多复杂网络并不是随机图，包括科学引文网络和科学合作网络，人们更加倾向于引用那些被引次数比较高的论文，更加倾向于领域内的知名之间进行科研合作，这些网络连接机制都是随机图模型无法解释的。

最早对学科知识网络进行结构分析的是 Price，他对科学引文网络开展了开创性的研究，发现引文网络中论文的出度和入度均服从幂律分布（图 1-2）。按现在复杂网络理论来解释，文献引文网络具有无标度性和小世界性，是一种无标度网络（scale-free network）和小世界网络（small world network）。Price 的研究思路立足于对知识网络的统计分析，避免了对自然语言的语义进行判断处理，只是关注网络的拓扑结构及生成过程，其研究对象具有客观性和可比性，目前在网络的结构及生成机制方面取得一些成果[86]。对于复杂网络拓扑结构的研究是复杂网络理论的基础，Price 基于连接度的统计分析虽然揭示了文献引用网络的结构特点，但是无法揭示这种结构产生的动力机制。后来，很多学者也做了一些揭示社会网络结构特征的实验，比如著名的小世界实验（small world experiment）[87]，涉及朋友网络、电影演员网络、Internet 网络等。小世界实验证实了在现实世界中的社会复杂网络具有较小的平均路径，也就是“六度分离”（six degrees of separation）推断。

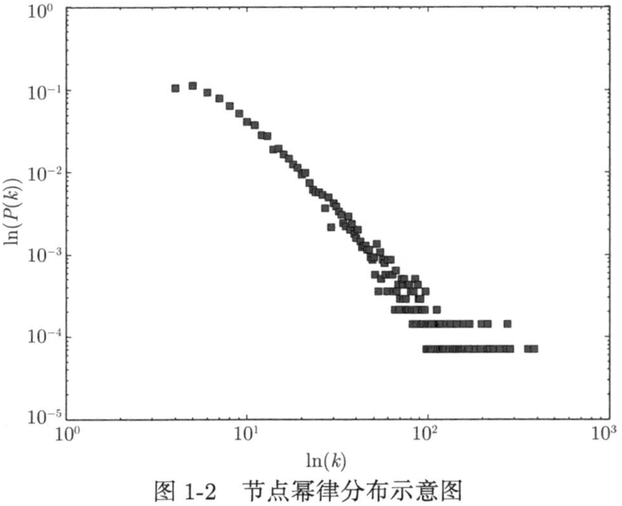

图 1-2 节点幂律分布示意图

1998 年美国康奈尔大学博士生 Wattz 和他的导师 Strogatz 教授提出了 WS 小世界网络模型（small-world networks）用来刻画“小世界”网络中的集体动力学[88]。WS 小世界模型通过在规则网络中进行断链和随机重连而生成小世界网络，这一模型体现了实际网络连接关系的随机性和规则性并存，反映规则网络、随机网络和小世界网络之间的过渡关系。然而 WS 小世界模型构造算法中的断链和随机重连过程可能会破坏网络的连通性，针对这个问题，Newman 和 Wattz 又提出了小世界网络的改进构造算法（NW 小世界模型），用随机加边过程取代随机重连过程以确保网络的连通性，即在构造算法的第二步只往网络中添加新边，而不需要将以往的连接断开[89]。ER 随机图模型和 WS 小世界模型的一个共同的特征是网络的连接度分布可以近似的用泊松分布来表示，即该分布在度平均值附近有一个峰值，然后在其两侧呈现指数衰减，也就意味着度很大的节点是几乎不存在的。而现实中的很多网络，如文献计量学中的三大定律（Lotka 定律、Zipf 定律、Bradford 定律）等，都反映了在现实社会网络中，很多网络的节点度分布服从幂律分布，即无标度特性。基于此，1999 年物理学家 Barabasi 和 Albert 提出了节点度分布具有无标度性质的网络演化模型，即无标度网络（scale-free networks）和 BA 模型[90]。BA 模型考虑到现实网络中的两个重要的特性：增长特性和优先连接机制，通过这两个特性，BA 网络构造了符合无标度特性的网络。此后，对于学者各种类型实际复杂网络（complex networks）的验证性和应用性研究蓬勃兴起。

Cancho 和 Sole 构造了英文词汇网络，统计发现网络的平均路径长度为 2.67，聚类系数为 0.437，具有小世界特征[91]。刘知远对汉语词汇网络也进行了分析，发现网络的平均路径长度为 2.63~2.75，而聚类系数则在 0.535~0.619，同样具有小世界特征[92]。此外，Newman 和 Ferrer 等通过统计分析，发现引证网络、共词网络、合著网络均具有小世界特征。国内学者王晓光[93]、韦洛霞[94]、刘盛博[95]、林敏和李南[96]等，也分别统计分析了网络信息交流（博客）网络、共词网络、合著网络和合作网络等，证实了中文网络中普遍存在着小世界结构。

2）复杂网络演化建模

复杂网络演化建模的基础是网络演化机制，演化机制决定了演化模型的基本建模过程，同时也决定了演化模型生成的网络属性。一般来说，网络演化机制是指网络节点增长机制和节点连接机制，如图 1-3 所示。不管是 Price 模型，还是 BA 模型，与实际知识网络仍然存在很大的不同，例如它们都一致地忽略了知识节点本身的一些属性对择优连接过程的影响。一般认为，科研论文的质量以及 Web 站点的内容都会影响引证和链接，针对这个问题，Bianconi 和 Barabási 提出了适应度模型，择优连接概率与节点的连接数和适应度之积成正比，适应度模型的度分布与适应度的分布是相关的，然而表现出的马太效应作用却是基本一样的[97]。考虑知识节点连接数的增长特征，BA 模型是连接数为常数的平稳增长模型，而引文网络的连接数（即参考文献数量）是非平稳增长的。Biglu 对 SCIE 上近 40 年的抽样数据统计表明，篇均参考文献数量由 1970 年的 8.4 篇上升到 2005 年的 34.63 篇，拟合曲线近似线性增长[98]。而 Krapivsky 和 Redner 对 *Physical Review* 在 110 年里发表的文章统计发现，每篇文章引用的参考文献数目随文章发表时间呈对数增长[99]。对于这一类问题，Dorogovtsev 提出了幂率增长（power law growth）模型[100]，Shi 和 Chen 等提出对数增长（logarithmic growth）模型[101]，梳理分析与实验仿真发现均生成满足某一非平稳指数的无标度网络。

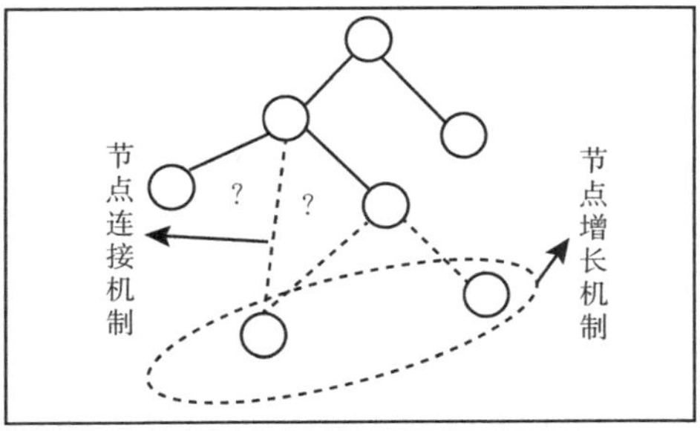

图 1-3 网络演化机制示意图

国内学者刘向、马费成等系统梳理了国内外关于知识网络结构与演化的概念和理论进展[86]。文献引用网络是无标度网络，为了考察不同增长模式下研究领域知识网络的拓扑结构及知识节点的历时老化，马费成、刘向利用科学文献引用网络，参照 BA 模型建立了研究领域知识网络演化分析模型[102]。与 BA 模型演化分析相似，该模型采用一个更一般化的增长模型——泛增长函数分析了研究领域知识增长，沿用 BA 网络的度择优连接机制分析了研究领域知识连接，实现研究领域知识演化分析。继续沿用上述基于 BA 网络的知识网络演化分析模型，他们分析了知识节点的增长与老化的关系，以及增长老化与知识节点产生时点的关系[103]。马费成、刘向认为新旧知识节点之间前承后继的连接机制是知识网络拓扑结构形成的最关键部分，通过引入度优先连接、时间优先连接，构造了知识网络的演化模型，后来又引入了跨领域交叉连接机制，以反映科学知识集聚和交叉、继承和发展的关系[104]。模型考虑了知识节点出度的动态变化以及时间效应的作用，数理分析及仿真实验发现：出度线性增长形成更平坦的度分布，而出度对数增长对度分布影响不大，出度对数增长更加符合现实情况；时间效应使得新近加入知识节点也获得较多的利用，自动平抑了马太效应的负面影响[105]。

张金柱、韩涛等分析了复杂网络方法在图书情报学领域的应用和进展，发现复杂网络将结构分析和演化分析集成在一个框架中，为图书情报领域若干问题的研究提供了一个新的视角和手段，同时提出复杂网络针对图情领域的演化动力学研究还需要深入，应用的范围还需要进一步扩大[47]。

最后，对近年来复杂网络的新兴研究热点网络表示学习（network representation learning）进行概述。网络表示学习是指从网络原始数据中通过机器学习算法学习到网络节点的向量表示，将这些向量作为节点的特征应用于网络应用任务，如节点分类、链路预测和可视化等[106]。网络表示学习来源于表示学习，表示学习又称为特征学习，是机器学习领域的重要研究领域。当前，网络表示学习主要有基于谱嵌入、最优化、概率生成模型、力导向绘图、深度学习等方法[107]。例如，在引文网络分析中，基于 LDA、PLSA 等概率生成模型的网络表示学习算法 Link-PLAS-LDA 用以解决引文预测问题，并表现出较好的效果[108]。而在自然语言处理领域，基于深度学习的网络表示算法受到普遍关注，如基于神经网络语言模型 word2vec[109]的网络表示算法 Deepwalk[110]和 LINE[111]实现了从网络中自动学习节点词向量特征的任务，从而为节点分类[112]、链接预测[113]以及可视化[114]等网络任务提供了更加可靠的分析工具。

1.3.4 研究述评

1）关于学科领域主题挖掘

鉴于引文分析和共词分析在学科主题挖掘中存在揭示主题语义信息不全面、无法对主题的研究热度进行度量等缺点，国内外学者将 LDA 主题模型用于学科领域知识挖掘的趋势越来越明显，LDA 逐渐成为主题挖掘的热点方法。但是，LDA 在学科领域知识挖掘中的应用还存在很多不足之处，主要体现在：

（1）缺少对主题抽取效果的评价研究。不同于一般的文本挖掘任务，在学科领域主题挖掘中，LDA 主题抽取不只是充当降维环节，对主题抽取的效果要求较高。当前研究普遍对主题抽取效果重视不够。

（2）无法自动确定最优主题数目。当前对于 LDA 主题数目的确定主要依据专家经验判断。但是面对海量科技文献，专家很难根据专业领域知识对主题数目进行科学判断。

除了 LDA 主题抽取方面存在的问题，对作者的研究主题挖掘及演化分析还需进一步深化。当前对作者研究主题的挖掘主要从关键词入手，通过作者与关键词的共现关系分析作者的研究领域，较少涉及作者研究主题的演化分析，还缺少系统性的研究框架。

2）关于学科知识网络

现有学科知识网络研究主要涉及基本概念、内涵、理论来源和网络构建这几个部分，尚未形成系统的研究体系和框架，存在很多不足之处，主要体现在：

（1）缺少基础概念的界定。目前知识网络研究中基本概念，如学科知识、学科知识网络等没有统一的概念界定。

（2）学科知识网络的构建缺乏统一的理论指导，学科知识节点之间的关联复杂，有些关联未必能够形成合理的知识网络，是否能够形成有效的学科知识网络需要厘清其隐藏的形成机制和演化机制及其社会理论支撑。

（3）学科知识网络的理论来源分析还不够深入，仅从科学计量学的角度还不足以阐述学科知识网络的理论来源，还需要借助复杂系统和复杂网络的理论和观点。

（4）当前对学科知识网络的研究方法多以单模为主，缺乏对知识节点之间由多维语义关联形成的二模网络、多模网络的研究。

3）关于复杂网络

复杂网络在学科知识网络中的相关研究主要涉及学科知识网络的拓扑结构分析、结构演化机制和演化模型、仿真实验等方面。网络的拓扑结构分析主要是对各种不同的学科知识网络的结构特性进行界定；结构演化机制重在探讨结构特性背后隐藏的生成机制，能够揭示推动学科发展的内在动力；仿真实验主要是通过仿真的方法对演化机制和演化模型进行验证。虽然目前的研究已经取得了一定成果，但是还存在明显不足，主要体现在：

（1）目前的研究主要以网络静态结构指标的验证性研究为主，缺少针对学科知识网络特征的动态演化机制和演化模型的研究。

（2）复杂网络的相关指标能否合理的解释学科知识网络需要进一步的验证，很多指标的含义还需要进一步界定；需要根据学科知识网络的特有性质构建新的网络特征指标，以满足学科知识网络的特征及演化规律揭示。

（3）学科知识网络的演化机制和演化模型尚不能准确刻画学科知识网络的拓扑结构及其演化特征，还需探索其他演化机制和演化模型。如节点增长和连边增长是否有明显区别，增长符合线性增长还是指数增长；又如节点连接机制，除了度优先连接机制外，是否还存在其他的优先连接机制，如同属性优先连接机制、局部优先连接机制等。

1.4　研究思路与内容结构

1.4.1　研究思路

本书研究是以新时期科学研究和技术发展态势、国家战略发展驱动与行业领域发展新需求为背景，以学科知识网络为研究对象，立足知识挖掘和知识服务领域，以推动科技创新为愿景，以深度揭示学科知识网络生成与演变的内在机制、深度揭示学科知识结构的演化规律为研究目标，遵循以理论研究为基础、方法研究为手段、实证研究为验证的逻辑脉络，系统地研究整合主题的学科知识网络的理论与方法，进而为国家创新驱动发展战略下知识服务及知识创新提供理论与方法支撑。

为此，本书首先以主题挖掘为突破口，探索适合学科知识网络建模的主题表示方法，提出主题与其他学科知识节点之间建立语义关联的方法。其次，在主题挖掘的基础上，基于主题的语义关联计算，实现整合主题的学科知识网络的构建。本书拟对主题-主题关联的一模学科知识网络、作者-主题关联的二模学科知识网络以及整合作者研究主题的学科知识合作网络进行构建，并揭示网络中的重要节点以及网络结构演化规律。再次，在揭示整合作者研究主题的学科知识合作网络结构演化规律的基础上，提出基于作者研究主题相似性的合作网络演化机制，以此构建学科知识合作网络演化模型，通过仿真实验揭示学科知识合作网络生成与演化的内在机制。最后，在整合作者研究主题的学科知识合作网络演化模型的基础上，研究学科知识合作网络中的知识扩散现象，提出知识扩散的主要机制和仿真模型，进而揭示影响知识扩散的主要因素。所以，从逻辑上看，本书的研究过程是步步深入、层层递进的，每一部分的研究均为下一部分提供了理论或方法的支撑。

1.4.2　内容结构

本书的研究重视理论与应用相结合、实证分析与仿真实验相结合，研究内容分为六章，其总体结构如图 1-4 所示，各章具体内容安排如下：

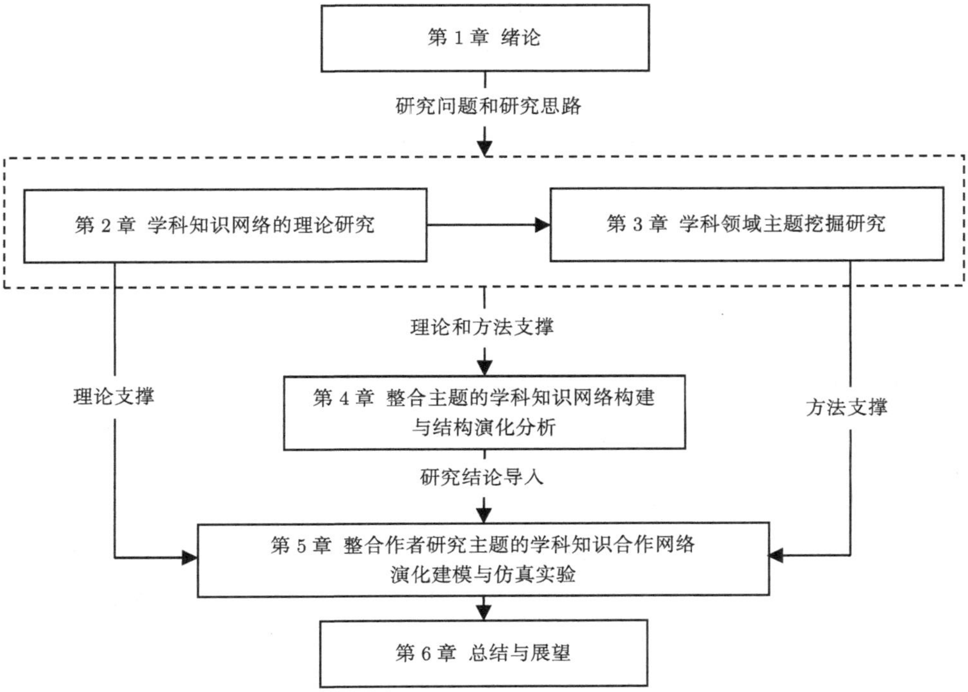

图 1-4　本书各章节内容结构及其关联

第 1 章，绪论。阐述本书的研究背景、研究问题和研究意义；分析本研究涉及领域的国内外研究现状，提出本书的研究思路和内容结构；组织并设计本书的主要研究方法和技术路线，提炼本书的主要创新点。

第 2 章，学科知识网络的理论研究。本章围绕理论研究做四个方面的工作：一是对本书研究涉及的理论基础进行系统梳理和阐释；二是从系统科学与复杂性科学的角度对学科知识、学科知识网络的概念进行界定，并对学科知识网络的典型特征进行分析；三是引入动态社会网络建模方法，提出基于元矩阵网络描述法的学科知识网络构建方法；四是对学科知识网络演化的基本驱动过程及其隐含的相关社会理论进行剖析。

第 3 章，学科领域主题挖掘研究。本章围绕主题挖掘做三方面的工作：一是系统梳理科学计量学领域主题的表示方法及其内涵，并通过“知识网络”领域的实证分析对不同的主题表示方法进行对比分析；二是对 LDA 主题模型进行优化，以提高 LDA 在学科领域主题挖掘方面的效果；三是对作者研究主题挖掘进行研究，提出作者研究主题演化分析框架。

第 4 章，整合主题的学科知识网络构建与结构演化分析。本章在主题挖掘的基础上，提出整合主题的学科知识网络构建与结构演化分析方法，对三种学科知识网络进行研究。一是提出学科知识网络中主题影响力的概念，并构建了主题-主题关联的一模学科知识网络，在度量主题影响力的同时，对网络的拓扑结构进行演化分析。二是提出学科知识网络中作者主题关联影响力的概念，并构建了作者-主题关联的二模学科知识网络，在度量作者主题关联影响力的同时，对网络的拓扑结构进行演化分析。三是在作者研究主题挖掘的基础上，提出了整合作者研究主题的学科知识合作网络构建与网络结构演化分析方法，旨在揭示科研合作中基于学者共同研究主题的合作机制，并为下一章中整合作者研究主题的学科知识合作网络演化建模提供验证依据。

第 5 章，整合作者研究主题的学科知识合作网络演化建模与仿真实验。首先，对学科知识合作网络中作者研究主题相似性问题进行探讨，通过实证分析验证作者研究主题相似性是学科知识合作的基本机制；其次，提出基于作者研究主题相似性的网络演化机制和演化模型，为学科知识合作网络中的知识扩散仿真实验研究提供了演化模型条件；最后，构建了基于多 Agent 系统的学科知识合作网络知识扩散模型，对知识扩散的机制进行了分析。通过网络模型建模和仿真实验，旨在发现学科知识扩散的内在机制和主要影响因素，为提升学科知识扩散效率提供辅助决策支持。

第 6 章，总结和展望。总结全书，归纳本书的主要研究成果并针对学科知识服务提出建议，指出本书研究存在的不足。结合学科知识网络的研究现状和发展趋势，提出下一步的研究工作和方向。

1.5 研究方法与技术路线

1.5.1 研究方法

围绕整合主题的学科知识网络建模与演化分析，本书主要采取了如下方法。

（1）文献调研法。广泛查阅国内外研究文献，分析科学学、文本挖掘、网络科学、计算机科学等领域中关于主题挖掘和知识网络方面的研究进展。

（2）科学计量分析法。科学计量分析主要用于学科领域主题挖掘，通过科学文献特征单元的统计分析和聚类分析，发现和挖掘相关学科领域研究主题。

（3）主题模型。LDA 和 AT 作者-主题模型广泛应用于文本挖掘，本书通过收集相关学科领域的科学研究文献（主要来源为 Web of Science 数据库、CNKI 数据库以及万方数据库等），构建学科领域知识语料库，并通过主题模型抽取学科领域研究主题和作者研究主题，为整合主题的学科知识网络构建奠定基础。

（4）社会网络分析法。本书在两个方面应用了社会网络分析法：其一，在学科知识网络构建中引入了动态社会网络建模方法——元矩阵网络描述法；其二，在度量学科知识网络中主题影响力和作者主题关联影响力中，应用了社会网络分析中的节点中心性指标度量方法。

（5）复杂网络方法。本书基于经典的复杂网络演化建模方法，构建了学科知识合作网络演化模型，以探索学科知识合作网络的演化机制。

（6）仿真建模方法。仿真建模方法主要使用多 Agent 系统建模方法对学科知识合作网络的知识扩散现象进行建模和仿真实验，以探索学科知识合作网络中的知识扩散影响因素和知识扩散机制。

1.5.2 技术路线

学科领域是不断发展和演进的知识体系，科技文献凝聚了学科领域创新活动的成果，是传播和交流学科知识的重要载体和主要渠道，是宝贵的战略资源。针对面向学科知识创新的知识服务存在的主要问题，本书探讨通过学科知识网络的建模和演化研究提高学科信息资源开发、利用和服务价值的方法和策略，重在解决当前研究方法揭示知识语义关联的层次不够深入、刻画学科领域知识结构演化规律不够精细的问题，将沿着“理论研究—网络构建—演化分析—建模仿真”的技术路线展开研究，如图 1-5 所示。

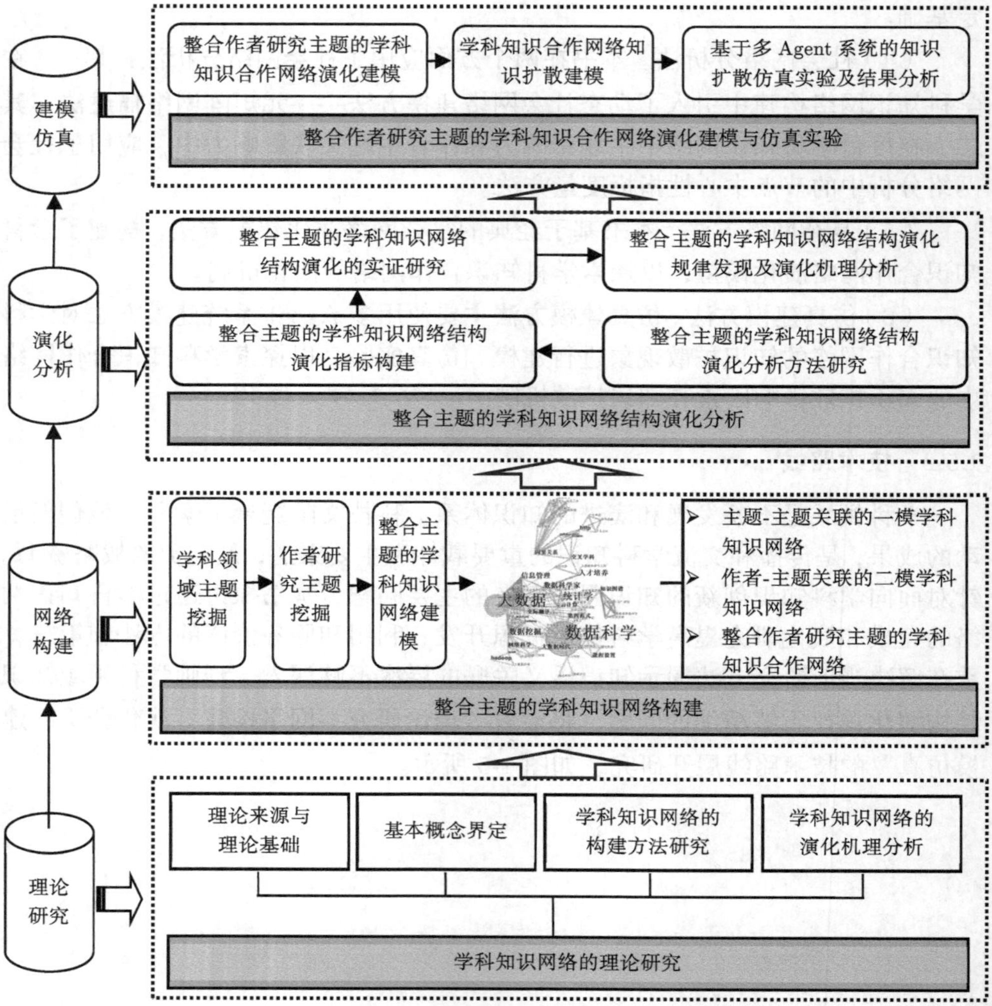

图 1-5　本书的技术路线图

第 2 章　学科知识网络的理论研究

本书的研究是一个多学科交叉的研究课题，学科知识网络的理论研究是进行网络建模与演化机理研究的基础，为此本章沿着“理论基础→相关概念界定→网络构建→演化分析”的逻辑思路展开研究。其中，“理论基础”是指总结并凝练与本书研究内容直接关联的相关学科理论；“相关概念界定”是指本书结合已有理论基础和本书研究背景对学科知识和学科知识网络的概念进行重新界定；“网络构建”是指学科知识网络的构建方法研究；“演化分析”是指分析学科知识网络中各要素的内在工作方式以及各要素在一定环境条件下相互关联、相互作用的运行规则和原理，主要包括推动学科知识网络节点演化的基本驱动过程，推动学科知识网络边演化的基本驱动过程，以及这些驱动过程背后隐含的相关社会理论。

2.1　理论基础概述

为了科学构建研究的理论基础，对“整合主题视角下学科知识网络构建与演化分析”进行概念解构，发现“主题”涉及主题挖掘，是文本挖掘领域的研究热点；“学科知识”是科学学的基本概念，也是科学计量学的研究对象；“知识网络”与科学学之间存在天然关联，属于科学学的研究范畴；同时，“知识网络”也被证实为复杂网络，成为复杂网络的研究热点。综合以上分析，本研究的理论基础包括：科学学理论、文本挖掘理论和网络科学理论。

2.1.1　科学学理论

1）基本概念

科学学是科学的科学（science of science），是对科学的各个方面及其从业者的研究。1939 年 Birnal 的著作《科学的社会功能》标志着科学学的诞生。著名科学家钱学森 1977 年就倡议我国建立一门以现代科学技术为研究对象的称为“科学的科学”的学问，并认为科学学就是将科学技术的研究作为人类社会活动的一个方面来考察，研究和总结其运动变化的规律[115]。Price 在 Birnal 研究成果的基础上，总结了科学学理论体系三个重要的组成部分：“定量研究、理论模式、政策和管理研究”[116]。刘则渊提出科学学的四个基本分支学科：科学能力学、制度科学学、科学体系学和科学计量学（scientometrics）[117]。其中，我国科学学先驱赵红州教授认为科学计量学是科学学的一门基本分支学科，科学学的诞生就在于运用科学本身的定量方法来研究科学，因此在一定意义上科学学就是科学计量学。

"Scientometrics"表示对科学的定量研究：增长、结构、相关关系及科学生产力[118]。作为一门新兴学科，科学计量学使用定量分析方法客观的研究科学本身的发展规律，显示出旺盛的生命力，吸引众多学者的关注。这其中，尤以Price对科学计量学的开创性研究和Garfield建立科学引文索引（SCI）影响最深。Price在其经典著作《巴比伦以来的科学》《小科学，大科学》以及《科学论文的网络》中相续提出"科学的指数增长定律和逻辑增长定律""普赖斯定律""引证网络分析"等理论和方法，奠定了科学计量学的理论基础[119]，再加上科学引文索引的建立，极大地促进了科学计量学的快速发展。

当前，科学计量学并没有一个公认的概念。Wilson认为科学计量学包含科学学、科学交流以及科学政策中的一切定量研究问题[120]。Tague-Sutcliffe提出科学计量学将科学的量化问题作为一门学科或经济活动来研究[121]。梁立明、武夷山提出，科学计量学是应用数理统计和计算技术等数学方法对科学活动的投入（如科研人员、研究经费）、产出（如论文数量、被引数量）和过程（如信息传播、交流网络的形成）进行定量分析，从中找出科学活动规律性的一门科学学分支学科[122]。虽然关于科学计量学的概念并不统一，但是利用定量分析方法对科学活动及科学研究规律进行分析和挖掘是科学计量学的核心内容，所不同的是量化的数据来源、范围以及方法。

2）科学计量学的前沿理论方法及应用

赵蓉英等分析 *Scientometrics* 自创刊以来的所有文献对科学计量学的主流研究领域和热点前沿研究，结果表明引文分析、科学合作、科研评价一直是科学计量学在发展时期的主流研究领域。而到了发展期和成熟期，科学知识图谱的研究得到极大的关注，成为热点前沿[123]。下面主要对与本书研究最相关的科学知识图谱（mapping knowledge domain）进行阐述。

科学知识图谱是一个新兴交叉领域，主要对知识的序化、分析、挖掘、导航及可视化过程涉及的理论和方法进行研究，致力于揭示知识之间的复杂关联，使知识结构清晰化[79]。下面主要从基础理论、绘制流程和可视化工具三方面展开论述。

科学知识图谱的基础理论主要涉及三个方面：在知识关联构建方面以科学

计量学的相关理论为基础，如词频分析、共现分析和引文分析等；在知识关联挖掘方面主要以统计学、数据挖掘、文本挖掘等方法为工具，对知识之间的关联进行标准化、度量和统计，如因子分析、多维尺度分析、聚类算法等；在知识关联可视化方面主要以图形学、信息可视化方法为主，常用的可视化方法主要有：自组织特征映射网络（self-organizing feature map, SOM）和寻径网络图谱（PathFinder network, PFNET）。

Börner 等将知识图谱的绘制分为六个主要步骤：数据抽取、选定知识单元、设定分析方法、计算单元之间相似度、布局知识单元、展示并分析结果[124]。在之后的研究和实际操作过程中，大多数知识图谱绘制都是沿着这六个步骤展开，只是在布局知识单元步骤根据不同的方法略有不同，如 Cobo 等提出的网络抽取（network extraction）[125]、肖明等提出的关系矩阵构建[126]、杨思洛和韩瑞珍提出的构建单元关系等[127]。

近几年，从海量信息中获取有价值知识的迫切需求使科学知识图谱工具的开发和利用进入快速发展期。据统计，目前可用的专门绘制科学知识图谱的软件多达 20 余个[128]，还不算像 SPSS、Ucinet、Pajek、Igraph、NetworkX 等统计软件和社会网络、复杂网络分析软件。目前，常用的知识图谱绘制工具主要有 SPSS、Ucinet、Bibexcel 和 CiteSpace 等。CiteSpace 是由德雷塞尔大学陈超美博士基于共引分析理论和寻径网络算法开发的科学知识图谱工具[129]。CiteSpace 对学科领域的演化分析和前沿探测基于两个时变对偶概念：研究前沿和知识基础。研究前沿被定义为一组突变的概念或潜在的研究问题，而研究前沿的基础知识可以通过引用和共引用的科学文献体现出来，Kleinberg 的突变检测算法被用来检测突变的研究前沿概念[130]。相比较前几种软件，CiteSpace 无论是在数据分析，还是在可视化效果方面都更具优势。

2.1.2　文本挖掘理论

1）基本概念

文本挖掘（text mining）又称为文本数据挖掘（text data mining）或文本知识发现（text knowledge discovery），是从文本中获取高质量、有价值模式或知识的过程，也被认为是结构化数据挖掘与知识发现的扩展和延伸[131]。1995 年，Feldman 第一次提及了文本挖掘的概念，用以描述计算机支持的文本分析方法[132]。Marti Hearst 认为文本挖掘就是利用计算机技术从各种形式的文本数据中自动抽取新的、之前未知的信息的过程[133]。综合已有概念，文本挖掘就是利用计算机技术和数据挖掘算法从海量的、无结构或半结构、动态的文本数据中发现未知的、潜在的数据模式、内在关联、演化规律等有价值的知识，并利用这些知识更好地组织信息的过程。

文本挖掘是一个新兴交叉领域，与之相关的领域主要有数据挖掘（data mining, DM）、自然语言处理（natural language processing, NLP）、信息检索（information retrieval, IR）和机器学习（machine learning, ML）[134]。文本挖掘与数据挖掘最大的区别在于数据结构的不同，以及由此造成的分析流程和方法的差异。数据挖掘的对象来源于数据库中的结构化数据，数据的概念和语义清晰明了；文本是由人撰写的自然语言，结构非常有限，甚至没有结构，因此计算机理解自然语言非常困难。将自然语言处理为机器能够理解的结构化数据是文本挖掘必须解决的首要问题，也是文本数据预处理的关键。机器学习对于文本挖掘的支撑作用主要体现在知识模式的提取上，一个简明扼要的知识结构可以大大简化人们对文本集的访问，如基于分类或聚类算法的数字图书资源目录与索引、垃圾电子邮件自动过滤、文本推荐等等。而随着 Web 文本的膨胀，对 Web 文本的自动分类、自动摘要等任务已经成为网络信息资源组织与知识发现的关键技术，这些技术普遍以机器学习算法为核心[135]。

2）文本挖掘的一般流程

文本挖掘的一般流程主要包括五个阶段：文本预处理、文本特征提取与降维、学习与知识模式提取、知识模式评价、知识可视化等，如图 2-1[136]所示。下面主要对文本预处理、文本表示以及学习与知识模式提取这三个重点环节进行阐述。

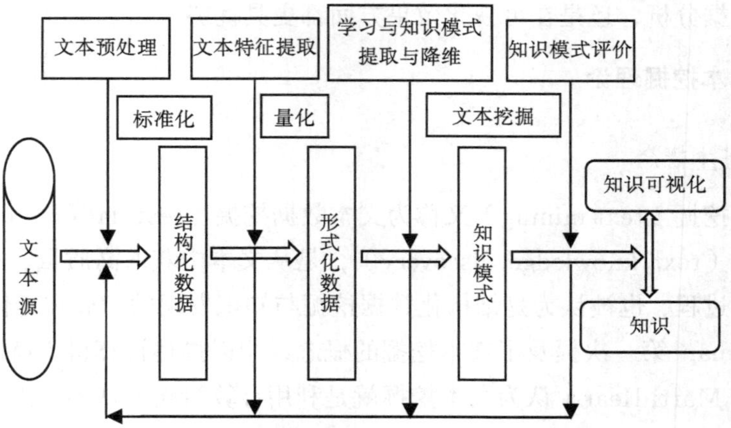

图 2-1　文本挖掘的一般流程图

文本预处理是文本挖掘的第一个步骤，预处理的好坏直接影响文本挖掘的效果，文本的预处理过程可能占据整个系统的 80%的工作量[136]。预处理过程中的重点环节是外文词干提取和中文分词问题。词干提取方法主要有基于规则的方法、词典查找法、基于统计的方法和混合方法。目前应用最为广泛的、中等复杂程度的、基于后缀剥离的词干提取算法是波特词干算法，也叫波特词干器（Porter Stemmer），是一种基于规则的方法。基于 Python 语言编写的自然语言处理工具 NLTK，集成了几种经典的词干提取器，如 Porter Stemmer、Snowball 等。中文分词目前主要基于两种方法：一种是基于词典的分词方法，如正向最大匹配法、逆向最大匹配法和双向匹配分词法等[137]；另一种是基于统计的机器学习算法，如 HMM、CRF、SVM、深度学习等算法[138]。当前比较流行的中文分词工具主要有：中科院计算所分词工具 NLPIR①、结巴（jieba）分词②等。

特征提取主要涉及文本表示与建模。文本表示指的是对从文本中抽取出的元数据（特征项）进行量化，以结构化形式描述文档信息。文本表示的模型常用的有：VSM、LSI 和概率模型。其中，概率模型主要有 pLSI 和 LDA 及其变种形式。VSM 简单、高效，应用较为广泛，但是缺点也很明显，除了文本表示维度大之外，特征之间线性无关的假设丧失了很多语义信息，无法获取深层次的语义结构。LSI 利用奇异值分解技术把文本从高维空间映射到低维空间，称之为潜语义空间，可以挖掘文档集中的潜在语义结构，文档的相似性在这个空间内进行比较，该方法操作简单，应用广泛。概率模型是利用词条与词条以及词条与文档之间的概念相关性来进行信息检索的文本表示模型，它克服了 VSM 模型忽略词条相关性的缺点，是近年来文本建模的热点方法。

学习与知识模式提取主要依赖于机器学习算法实现特定的文本组织目的。当前知识模型提取的主要方法有：主题探测与追踪、文本自动摘要、文本分类、文本聚类、概念关联提取、自动问答系统、关联规则挖掘等[139]。

2.1.3　网络科学理论

1）基本概念

网络是相互连接的人或事物构成的群体或者系统。网络作为复杂系统最显著的特征是关联，根据关联实体以及关联方式的不同，网络的种类不胜枚举，

① http://ictclas.nlpir.org/nlpir/

② https://pypi.python.org/pypi/jieba/

目前深入研究的网络有：WWW、Internet、社会关系网络、电力网络、交通网络、经济网络、神经网络、生物网络、科学网络等[140]。不管哪种类型的网络，在数学上，网络被抽象为由节点和连线构成的图（graph）。图以及图论开启了使用数学方法研究网络的起点，而小世界网络和无标度网络的发现，则开创了网络科学（network science）研究的里程碑。尤其是美国圣母大学 Barabasi 教授及其博士生 Albert 提出的无标度网络模型，发现了复杂网络的无标度特性产生的机制，从而推动了网络科学这门新兴学科的诞生，而 Barabasi 教授也因此获得 2006 年美国 Von Neumann 计算金奖[141]。

Ted G. Lewis 对网络科学进行科学定义："网络科学或网络的科学，是研究网络结构/动态行为并将网络应用到很多子领域的理论。当前已知的子领域包括社会网络分析、协作网络（书目引用、产品营销等）、人造的涌现系统（电力网、互联网等）、物理科学系统（相变、浸透理论等）、生命科学系统（传染病、遗传学等）"[142]。网络科学作为一门与数学、物理科学、复杂性科学、非线性科学、计算机与信息科学、生物科学、系统科学、社会科学等众多学科广泛交叉的学科，引起了国内外不同学科对网络科学的高度重视和普遍参与，它不仅将为人们提供了认识真实世界复杂性的全新的科学知识和视角，而且将成为改造客观世界的新的方法论和有力武器[84]。2013 年网络科学的开放获取期刊 *Network Science* 正式创刊，并由剑桥大学出版社出版。该期刊的主编 Brandes、Robins 等认为网络科学是关于关系型数据的收集、管理、分析、解释和可视化的一门学科[143]。国内也活跃着一批网络科学学者，从 2004 年起至今，中国复杂网络论坛已召开了十三届，并从 2008 年起更名为中国网络科学论坛，论坛创办人为汪小帆、陈关荣和方锦清。

2）大数据时代网络科学研究前沿

进入 21 世纪后，特别是大数据时代的到来，数据驱动的网络研究范式为复杂系统的研究提供了一个新的视角，并迅速席卷科学界，成长为新的学科。过去数十年对复杂系统的研究一般是基于大而全的理论思想，灵感来源于未能实现的概念模型或微分方程，如协同学、混沌理论、自组织临界性、分形理论等，这些理论或方法并没有解决复杂系统带来的诸多挑战[144]。但是，在过去几年里，大数据的兴起使复杂系统的研究出现了转机。大量廉价传感器和高通量测序技术记录了复杂系统内部工作原理，例如社交媒体和生物细胞学。而从大数据中受益最多的理论就是网络理论，不同于还原论将整体切分为单元的研究范式，从系统内部单元关联角度研究复杂系统正成为这个领域新的共识。

尽管不同的复杂网络，节点性质以及节点之间的连接方式不同，但是这些复杂网络背后存在相同的基本定律（如小世界现象、无标度分布等），这些定律决定和限制了节点的行为。这种新的基于网络的研究范式利用领域大数据和尖端技术，深刻影响着科学界和工业界，横跨多个学科和领域。在 2014 年网络科学论坛中，中国原子能科学研究院研究员方锦清总结了大数据时代网络科学的研究前沿：$D<3$ 的超小世界网络、复杂网络的指挥与协同机理、合成生物网络工程、大数据时代的认知计算、复杂网络的控制性与能观性、癌症动力学新理论、社会网络研究、网络科学跨学科探索、基于广义外同步的网络结构识别、网络科学中数学研究等[145]。大数据时代网络科学最大的挑战是，基于大数据如何寻找和创建其普适的、统一的理论方法，并有效地应用于现实错综复杂的网络世界中。这是今后网络科学的一个最重要的研究方向，它将为深入探索复杂网络开启一个新的发展里程。

2.2　学科知识网络的相关概念界定

目前关于“学科知识网络”这一术语并没有统一的概念界定，本书从系统科学和复杂性科学的视角提出学科知识网络的概念。首先对学科知识进行概念界定，明确学科知识的组成，提出学科知识系统的复杂特性。接着，提出学科知识网络的概念、类型及特征。

2.2.1　学科知识

1）学科知识的基本概念

学科是按照学问的性质而划分的门类，是一系列知识组成的有机整体。知识是对某一学科的理论方面或实践方面的理解，包括隐性知识（实用技能或专家经验）和显性知识（对一个学科的理论理解）。当前，学者对学科知识的内涵理解并不统一。王昊等认为，学科知识是对学科研究主题确信的认识，是学科发展的主要动力和学科创新的核心内容[146]。高丹丹则认为，学科知识是人们对人类社会生活实践进行抽象、归纳、整理、分类后产生的理性结果，它是人们获取间接知识的来源，是客观存在的[147]。梳理当前已有的学科知识概念发现，学科知识一般指被证实的客观真理（justified true belief）[148]。

本书认为，在科学计量学领域，学科知识的概念超出了学科客观知识的范畴。当论及某一学科领域的相关研究时，人们除了关心客观知识外，通常还需要了解与之相关的外部关联知识。如在“锂离子电池”学科领域，研究者除了关心该领域的最新理论进展外，如：“动力锂离子电池建模与仿真”“石墨烯纳米复合材料”等，还关注这些研究热点或研究前沿的核心作者以及核心机构等信息，甚至包括这些客观知识被谁引用，通过何种途径进行传播等。所以，本书中的学科知识，具有广泛的空间属性和关联属性，不仅包含客观知识，还包括与之关联的外部知识（创造者、知识载体、知识传播等），其概念示意图如图 2-2 所示。客观知识以及外部关联知识综合反映了该学科领域的全景知识，这对于准确把握学科发展脉络和演化趋势具有重要意义。

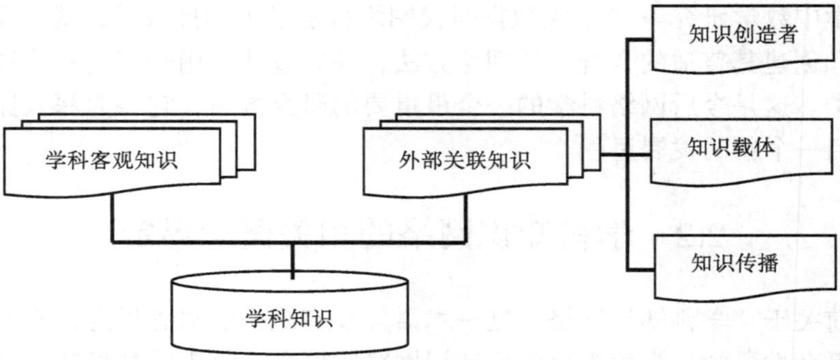

图 2-2 学科知识概念示意图

2）学科知识的特征

由于学科知识广泛的空间属性和关联属性,所以学科知识展现出明显的“体系性”“动态性”以及“复杂性”等特征。

学科知识的“体系性”，体现在学科知识是人们对一类事物或者现象的理解和论述，是经过逻辑论证和实践检验并由一系列概念、判断和推理表达出来的知识体系，可以用来解释该学科领域涉及的事物或者现象。而学科的发展过程往往是碎片化的，需要将分散的、相对独立的知识概念或观点加以整合，使之形成具有一定联系的知识体系。

学科知识的“动态性”，体现在学科知识随着时代发展不断地演进。正如著名的科学哲学家 Popper 所论述的“科学知识的增长永远始于问题，终于问题——愈来愈深化的问题，愈来愈能启发新问题的问题”[149]。这体现了学科知识在动态增长过程中的“进化论”，即科学问题驱动学科知识发展，学科知识的发展又不断产生新的科学问题。在学科知识的不断演进中，新的知识和理论总是通过批判性的讨论和证据的检验被“自然选择”，从而显示了新知识和理论的适应性，而不适应的“知识”被天然淘汰。

学科知识的“复杂性”，体现在学科知识是一个复杂系统，具有典型的分层复杂性。美国学者 Simon 提出了分层复杂性的概念，所谓分层复杂性就是指复杂系统的层级结构。复杂系统由子系统构成，这些子系统又有它们的子系统，如此一级一级地组成复杂系统，形成层级结构[150]。学科知识不是线形的分布，而是网状的分布，学科中有子学科，子学科中有不同的研究方向，而学科与学科之间也存在着交叉和融合。所以，学科知识系统是典型的复杂系统。

2.2.2　学科知识网络

1）学科知识网络的概念

学科知识网络的概念引申于知识网络，聚焦于学科领域层面。所以，学科知识网络就是由学科知识节点及知识关联构成的网络化的学科知识体系。在该概念中，学科知识节点指学科知识系统中的一切组分，既包括学科客观知识，也包括外在关联知识。这里需要澄清学科知识节点与学科知识单元的区别和联系。

学科知识单元通常指科学概念或其组合（复合概念），指向学科知识中的客观知识部分，如关键词可以看作是最细小粒度的知识单元，而学科研究主题可以看作是中观层面的知识单元。知识节点是比知识单元更加宽泛的概念，是由知识元素、知识点、知识单元或知识库等构成[50]。

本书所研究的学科知识网络是依附和记录于各种网络学术文献载体（如期刊、科技报告、专利等），由不同的学科知识节点以及节点之间的关系构成的复杂网络。例如，从学科知识的载体来看，学科知识节点主要由学术文献和作者两部分构成，而学术文献又可以细分为关键词、机构、引文等知识节点，这些知识节点以及所有链接构成了学科知识的网络结构，而不同粒度知识节点的聚合形成了处于不同层级的子网络，如文献通过聚合可形成学科之间的网络，可分析跨学科发展趋势；关键词的聚合形成了主题网络，可分析学科的研究方向。

2）学科知识网络的类型

（1）显性学科知识网络与隐性学科知识网络

学科知识分为显性知识和隐性知识，某一学科的学术文献是显性知识的载体，而该学科的学者则是隐性知识的载体[151]。通过对基于文献的显性知识节点及其关联进行聚合和挖掘可以获取相似度高的文献簇，进而可以发现学科研究主题和研究热点，这属于显性学科知识网络；而对基于学者的隐性知识节点及其关联进行聚合和挖掘可以发现研究主题相似度高的学术群体或者学术团体，这属于隐性学科知识网络。

（2）狭义学科知识网络和广义学科知识网络

从学科知识的内涵来分析，学科知识具有狭义和广义之分。从狭义的角度来看，关键词是学科知识的代表，不同范围和数量的关键词共现构成的关键词网络，称为狭义的学科知识网络；从广义的角度来看，不仅仅是关键词，以关键词为中心，与之相互联系的其他学科知识节点，如学者、机构、地区以及期刊等，都是不同属性、不同粒度的学科知识节点，由此关联形成的学科知识网络称之为广义学科知识网络。事实上，在科学计量学领域，越来越多的研究倾向于广义学科知识网络的概念。从学科知识系统的角度来看，无论是代表学科知识内涵的关键词，还是代表学科知识外延的学者、机构、科学文献等，都是学科知识系统的组成元素。只有进一步探索这些学科知识节点之间的关联关系，并利用知识聚合方法与技术深度挖掘其潜在语义信息，才能够将学科知识全景图谱完整地刻画出来。而学科知识全景图谱展现的不仅仅是学科基础知识，更多的是各种不同知识节点关联起来的比较知识、演进知识、前沿知识等多维度知识结构。

（3）微观、中观和宏观学科知识网络

学科知识网络的构建需要不同层次的知识单元，包括宏观、中观和微观。尽管对于宏观、中观、微观的精确界定仍然存在分歧，但这几个层次的概念有助于理清分析单元[152]。本书根据学科知识单元的不同层次，可将学科知识网络划分为微观、中观和宏观三个层次。

微观层次的学科知识网络对应着最小单位的知识单元，本书将词语定义为最小单位的知识单元。词语是词和语的合称，包括单词、词组及整个词汇。学科知识网络中词语的来源一般有两种：一种是学术文献中由作者标注的关键词；一种是将学术文献文本内容（如标题、摘要、全文等）进行分词以获取更多的包含学科知识的词语。由词语与其他学科知识节点（如作者、机构）根据某种关联关系构建的学科知识网络即为微观层次的学科知识网络。

微观层次的学科知识网络一般通过知识抽取过程（如聚类算法、社区挖掘算法）可以生成中观层次的知识单元，如词语与词语基于共现频次关系或者语义相似度可构建共词网络，共词网络通过机器学习算法生成主题。主题代表了学科的研究方向，从语义层面和结构层面都属于中观层次的知识单元。基于中观层次的知识单元构建起来的网络即为中观层次的学科知识网络。以主题为例，基于主题在文档中的共现情况构建的主题-主题关联的一模学科知识网络、基于作者-主题关联的二模学科知识网络以及基于研究主题相似性构建的学科知识合作网络等。

宏观层次的学科知识网络关注学科知识的传播、流动以及扩散机制，一般通过文献网络表现，如文献共引分析是基于文献之间的引用关系和内在逻辑结构，通过聚类和可视化等方法，对不同时间窗口内的学术文献进行聚类，并结合内容分析和定性分析，探测学科领域的突变、发展趋势，绘制整个学科或领域的学科结构及其演化方式；不同学科之间的文献引用网络则可绘制学科交叉研究图谱，分析跨学科研究趋势；地区或国家之间的文献合作网络则可分析全球科学合作趋势。

3）学科知识网络的特征

（1）涌现性

系统科学将整体才具有的、孤立的部分及其总和不具有的特性，称为整体涌现性（whole emergence）[153]。学科知识网络作为复杂系统具有整体涌现性，这是由学科知识系统的组分（学科知识节点）按照结构方式相互作用、相互影响、相互补充而激发出来的突变，是结构效应的结果。学科知识节点（如关键词）作为孤立的组分，简单的线性加总并不能反映学科知识系统的特征、行为、状态以及功能，反而使系统变得混乱，无法理解，即学科知识系统具有非还原性和非可加性。只有通过一定的学科知识结构，按照一定的结构方式（如网络），才能使孤立的学科知识节点之间建立必要的联系，从而使系统涌现出新的特性，发现隐藏在学科知识节点之间的潜在学科属性与特征。事实上，小世界网络特性和无标度网络特性就是从学科知识网络中发现的涌现特征。

（2）层次性

层次是系统在结构或功能方面的等级次序。学科知识网络作为学科知识系统特征的涌现方式，具有典型的层次性，即高层次的学科知识网络具有低层次学科知识网络所不具有的涌现特性。复杂系统的特性往往不可能一次完成从最底层的结构涌现出整体特性，而往往需要通过中间的结构等级逐步涌现出来，由低层次的结构向高层次的结构涌现整合、发展，最终形成系统层次的涌现特性。如代表学科知识网络微观层次的关键词共现网络可以挖掘学科主题，表征的是“学科基础知识结构”；进一步，主题之间的关联以及主题与其他节点（如作者）之间的关联作为更高一层次的学科知识网络，可以涌现出更高水平的特性，如基于主题之间的关联挖掘学科研究热点和前沿动态、基于作者-主题关联挖掘作者研究兴趣演化等，表征的是“学科前沿知识结构”。所以，学科知识网络具有典型的层次性，而按照不同层次对学科知识网络进行解析是非常有必要的。层次提供了研究复杂系统的参照系，在面向学科知识创新的知识服务中，只有明确了问题所处的结构层次，才能够提供合理的服务和决策方法。

（3）演化性

学科知识网络随着时间的推移而不断地表现出演化性质，这种演化表现在学科知识网络从无到有的形成、从萌芽到成熟的成长、从一种结构形式到另一种结构形式的转变，以及从成熟到老化（衰退）甚至死亡（解体）。学科知识网络的演化动力既有来自系统内部的推动力，也有来自系统外部的环境因素。演化的方向也有两个方面：其一是元素规模的扩大，学科知识节点的增长和节点之间关联的增长，其二是元素之间关联方式的改变。

2.3 学科知识网络构建方法研究

目前对学科知识网络的构建研究主要是从形成机制上来分析其理论来源，较少直接涉及学科知识网络的构建方法。在科学计量学领域，构建学科知识网络主要是基于同质知识节点之间的共现方法。这种构建方法适合于分析单一属性的静态学科知识网络，但是对异质知识节点之间的关联分析及演化机制分析研究的较少。因此，目前的研究还缺少学科知识网络动态演化分析的基本构建模型。

元矩阵（meta-matrix）网络描述法，是社会网络动态分析中一种常用的网络构建方法[154]。该方法可分析复杂系统内部构成要素之间的交叉关联，以及分析节点和边的变化机制，是构建系统动态网络的有效方法。学科知识系统是一个动态复杂系统，将元矩阵网络描述法扩展到学科知识系统中，可以突破基于词或引文或作者的单一要素网络（single mode network），将学科知识网络扩展到二模甚至多模网络的研究中，并就网络中的节点变化和连接变化的基本驱动力进行分析，为学科知识网络的动态演化分析与预测研究奠定理论基础。

2.3.1 元矩阵网络描述法

对学科知识系统进行网络建模不同于一般的社会网络，是典型的异质网络，具有高度的动态性。传统的社会网络主要关注以人为节点的同质网络，关系类型一般有 2~3 种，主要是朋友关系或者建议关系，网络规模小且边界比较明确，侧重于静态分析[155]。而学科知识网络包含不同的节点，作者、关键词、机构、引文等，关系类型主要有基于知识创造者的社会关系或基于知识单元的语义关联，网络规模较大且边界模糊，侧重于动态演化分析。所以，探讨适合学科知识网络构建的方法尤为重要，是挖掘潜在知识结构的基础。

元矩阵网络描述法是 Carley 于 2002 年提出的，是一种通过综合知识管理、运筹学和社会网络技术，对组织实体以及它们之间关联进行多元化、多维度描述的方法[155]。元矩阵网络描述法是对 PCANS 方法的拓展与泛化，组织知识网络的节点不只是关注人，还有知识/资源、事件/任务、组织机构等其他元素（表 2-1）。如表 2-1 所示的元矩阵描绘了 10 个相互关联的网络，一个网络的改变会级联到其他的网络或者一个网络的结构隐含另一个网络的结构，如：人与人之间的社会网络的改变会影响到与人相关的认知网络、参与网络以及组织成员网络；而参与同一事件的两个成员实际上构成了社会网络的另一种链接方式，以共同参与的社会事件为关联方式，构建成员关联网络，是成员-事件二模网络的隶属网络。另外，知识/资源与知识/资源之间构建的信息网络，突破了只有人参与的社会网络，既是组织知识语义网络的一种，也是组织创新网络的一种。对该网络的分析和研究可以挖掘组织创新核心知识结构。

表 2-1　组织系统中的元矩阵构造

项目	人	知识/资源	事件/人物	组织
人	社会网络	认知网络	参与网络	成员网络
知识/资源		信息网络	需求网络	组织能力网络
事件/人物			时序网络	组织支持网络
组织				组织间网络

从表 2-1 中可以看出，基于元矩阵网络描述法的网络是对系统内部组分以及关联的建模方法，是多模、多元、多维的网络建模方法。不同组分之间的关联构建不同类型的网络，而任一组分的变化都会牵涉到相关网络的变化。所以，基于元矩阵网络描述法的网络建模不仅实现网络构建的多元化，而且适用于网络的动态演化分析。

2.3.2　基于元矩阵网络描述法的学科知识网络构建

根据元矩阵网络描述法，本书将学科知识系统分解为：科学家、知识单元、文献和学术机构四个组成部分。科学家是学科知识的创造主体；知识单元是学科知识的语义表示形式，具有层次性和结构性，不同的层次和结构揭示的语义信息不同；文献是承载学科知识的物质形体，如论文、期刊、科技报告、专利等，是知识传播的主要物质形式；学术机构是指依法设立的从事科学研究的事业、企业、社团及其他单位。

从学科知识系统的组分和构成来看，科学研究也涉及人、知识/资源、事件/人物、组织等基本网络构成要素，所以学科知识系统适用于基于元矩阵的网络建模。基于元矩阵网络描述法的学科知识网络构建方法如表 2-2 所示。

表 2-2　基于元矩阵网络描述法的学科知识网络

项目	科学家	知识单元	文献	学术机构
科学家	学科知识合作网络	知识创新网络	文献引证/耦合网络	成员网络
知识单元		学科语义网络	文献引证/耦合网络	知识创新网络
文献			文献引证/耦合网络	文献引证/耦合网络
学术机构				机构合作网络

从表 2-2 中可以看出，通过科学家、知识单元、文献和学术机构四种不同的网络构成要素之间的复杂关联，可以构建学科知识合作网络、知识创新网络、学科语义网络、文献引证/耦合网络等不同的类型学科知识网络，而每种知识网络又可以根据不同的链接关系进行细化。

科学家作为社会人，可以通过社会关系（如朋友关系）构建社会网络，但是在科学研究中，科学家之间最主要的社会关系是科研合作关系，所以科学家之间的社会网络主要以科学合作网络为主，而在合作关系中，又可以细分为论文合作、项目合作等不同的合作形式。学术机构之间通过类似的合作关系也可以构建机构合作网络。

科学家与学科知识单元之间构成知识创新网络，表示科学家对学科领域知识创新的贡献，也描述了科学家所从事的科学研究方向。知识创新网络根据不同的学科知识单元有不同的表现形式，如作者-关键词网络、作者-主题关联的二模学科知识网络等。知识创新的目的是追求新发现、探索新规律、创立新学说、创造新方法，所以知识创新网络是动态演化的，表征了学科知识的演化路径。如对作者-主题关联的学科知识网络进行分析，可对作者-主题关联影响力进行度量，识别学科领域中研究范围广、研究活跃程度高、潜在合作价值高的学者。同样，将学术机构看作为知识创新主体，则学术机构与学科知识单元之间也构成知识创新网络。

科学家将所创造的新知识通过文献向外界公布，与外界进行学术知识的交流和互动，是学术传播的主要方式，文献之间的相互引证就是直接证据。文献之间的相互引证又可以延伸到与文献相关的科学家和知识单元，由此可以构建文献引证/耦合网络，如文献共引网络、作者共被引网络、作者文献耦合网络、关键词文献耦合网络、作者关键词耦合网络等。文献引证/耦合网络在研究学科前沿、发现学科知识结构、信息检索等方面都有重要应用。

科学家与所隶属的组织机构之间构成成员网络，表征科学家的身份信息。但是科学家的成员身份信息可能不是唯一的，有些科学家同时隶属于多个组织机构，成员网络的复杂性也体现了科学研究的复杂性，很多研究需要跨学科、跨领域交叉，而科学家也需要到不同的机构任职或从事研究。

学科知识单元之间基于语义关联构成学科语义网络，表征了学科的相关理论和方法，是学科客观知识的表现形式，如：关键词与关键词之间基于共现关系构成共词网络，通过聚类、网络社区挖掘方法，可以发现学科研究主题；主题与主题之间基于共现关系或基于相似性可构成主题-主题关联的一模学科知识网络，可对主题的网络影响力进行测量，挖掘热点和前沿主题。

2.4　学科知识网络的演化分析

机理是指为实现某一特定功能，一定的系统结构中各要素的内在工作方式以及诸要素在一定环境条件下相互联系、相互作用的运行规则和原理。具体应用到本研究中的学科知识网络演化机理分析中，其目的是针对学科知识网络结构的迁移性和演变的动态复杂性，需要探究组成网络节点的要素在相互关联并形成的各种不同网络构成基础上，在事件驱动或者行为驱动下的网络结构相互作用、变化状态及其规律。因此，在前面研究的基础上，本节进一步探索由哪些事件或者行为在驱动网络节点或网络节点之间的连接，这些驱动发生后将会使学科知识网络要素如何相互作用，并使网络结构产生哪些变化？同时，可以借助哪些理论阐释学科知识网络演化的驱动作用及其产生的影响？

已有的研究表明：从网络的基本元素来看，动态社会网络的变化机制无非是促使节点/边增加或减少的基本驱动过程[155]。在该研究结论启发下，本书认为这些基本驱动过程背后隐含的社会理论体现着学科知识网络演化的机理。

2.4.1　学科知识网络演化的基本驱动及其作用分析

根据构成学科知识网络的四种基本要素及其关联，本小节分析学科知识网络中节点要素及边变化的基本驱动事件。

学科知识网络节点变化的基本驱动过程如表 2-3 所示，科学家通过进入、跨界、退出某一个学科等行动可以加入或者从学科知识网络中移除。进入表示科学家刚开始某一学科领域的科学研究，主要以发表学术文献为主要依据；跨界意味着科学家可以同时从事两个以上的学科领域研究；退出则表示科学家不再从事该学科领域的相关研究。与科学家类似，组织机构的成立、合并和退出都会影响到组织机构在学科知识网络中的位置和状态。

表 2-3　学科知识网络中节点变化的要素和基本驱动事件

科学家	知识单元	文献	组织机构
进入	萌芽	引用	成立
跨界	发展	下载	合并
退出	成熟		退出
	衰退/转型		

知识单元作为学科知识的语义表征，具有萌芽、发展、成熟、衰退/转型等生命周期演化形式。以学科主题为例，一个新兴的研究主题往往经历了从萌芽到发展的过程，如果持续被高关注，则有可能成为研究热点，进而发展到成熟阶段，而随着新理论和新技术的更替，该主题可能走向衰退或转型。

以“大数据技术”为例，通过 2012~2014 年、2017 年的 Gartner 的技术成熟度曲线（hype cycle）①来了解大数据技术的演化趋势，如图 2-3 所示。根据 Gartner 的技术成熟度曲线研究表明：2012 年大数据刚走入高速发展期（图2-3(a)），2013 年处于高速发展期（图 2-3(b)），而 2014 年则由过热期转向低谷期（图 2-3(c)）。短短几年，大数据理论、技术方法、应用框架的研究层出不穷，而如何挖掘出大数据“金矿”蕴含的价值，使数据转化为知识，为用户提供特色化、定制化的知识服务成为大数据时代机遇和挑战并存的研究方向。而从 2017 年的技术成熟度曲线（图 2-3(d)）可以看出，大数据技术正处于“泡沫化的低谷期”（trough of disillusionment），正在向稳步爬升的光明期（slope of enlightenment）演化。

① https://baike.baidu.com/item/%E6%8A%80%E6%9C%AF%E6%88%90%E7%86%9F%E5%BA%A6%E6%9B%B2%E7%BA%BF/2551258?fr=aladdin

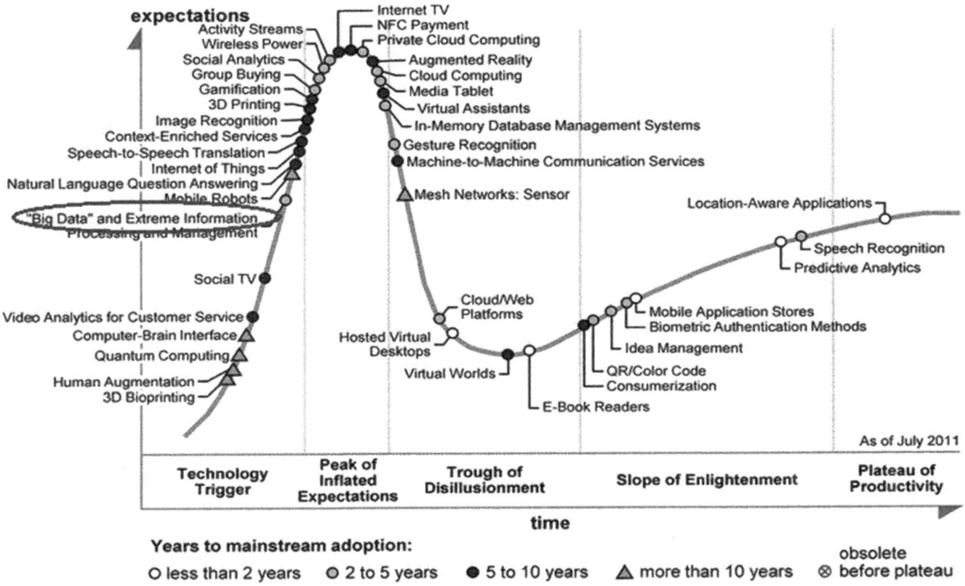

(a)2012 年

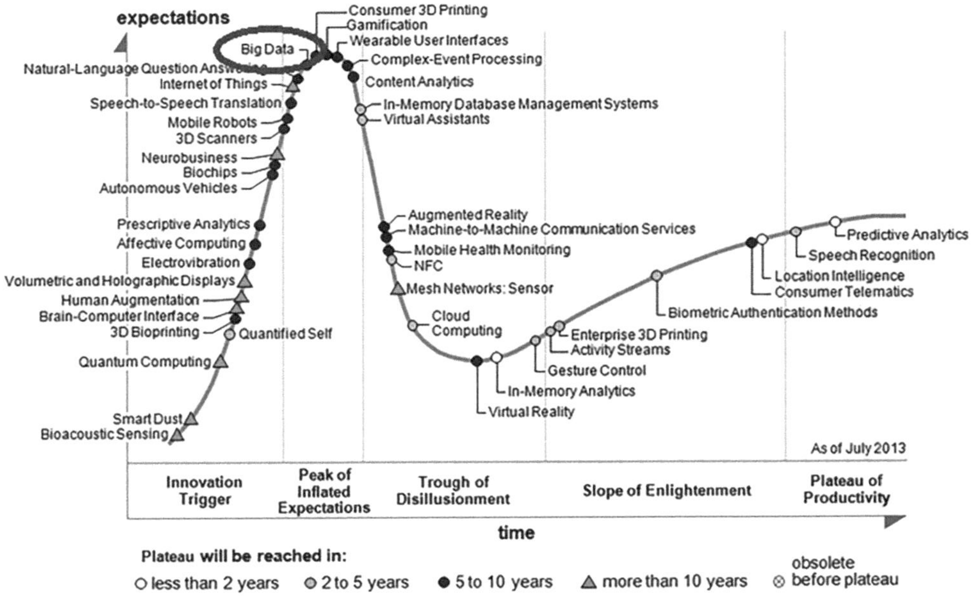

(b) 2013 年

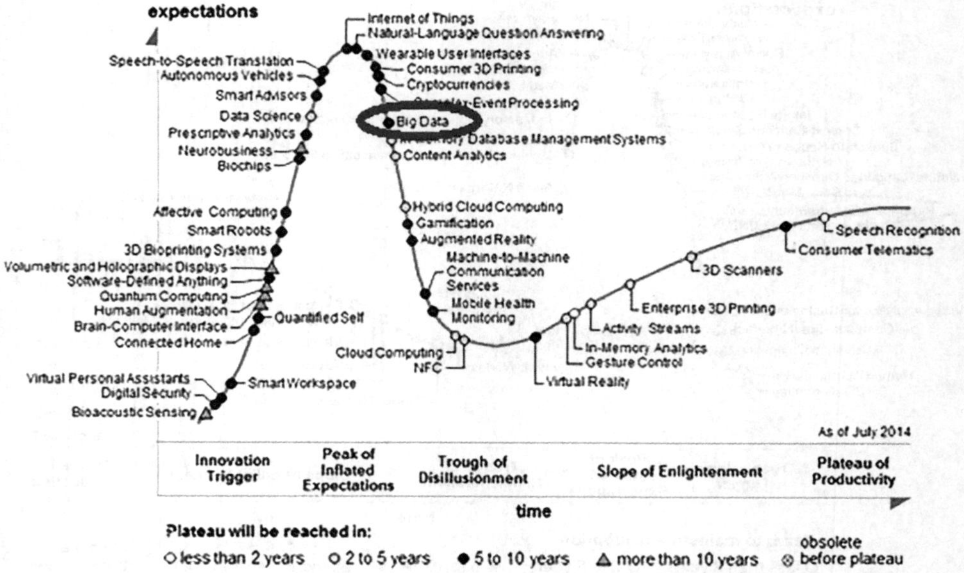

(c)2014 年

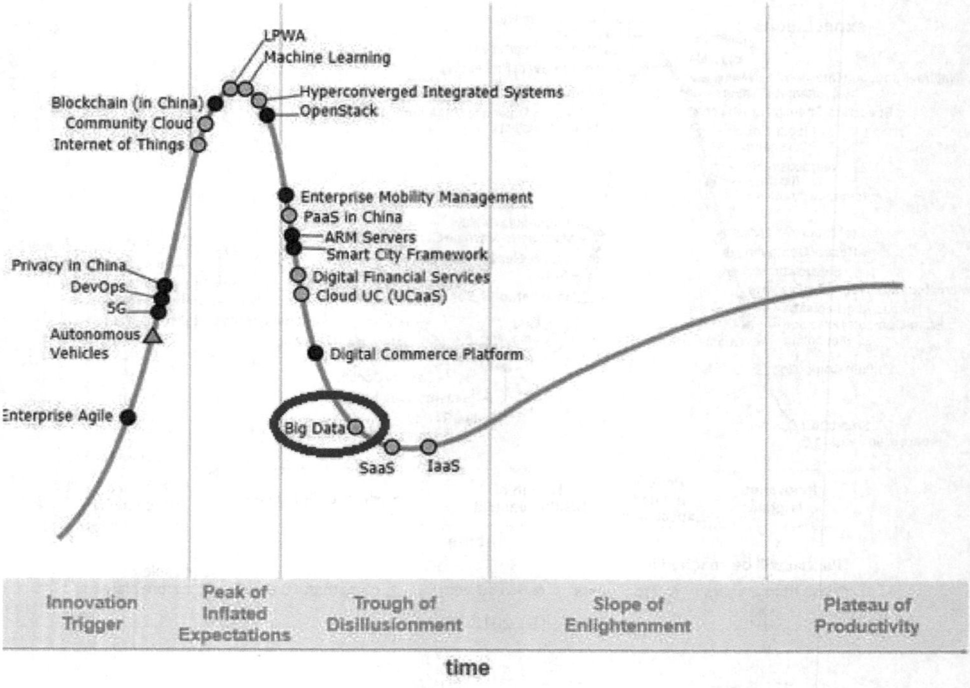

(d) 2017 年

图 2-3　Gartner 的技术成熟度曲线

文献作为学科知识存储和传播的主要渠道，在知识创新过程中起到媒介作用。科学家通过下载和引用学术文献，增长自己的知识水平，激发创新灵感，从而创造出新的学科知识。当前，文献引用行为已经形成学术规范，文献引证成为可抽取的知识节点，而文献下载由于缺少记录数据，很难定量评价其在知识创新中的作用，因而研究的相对较少。

同样地，有一组基本驱动过程也会导致学科知识网络连接发生变化，如表2-4 所示。基本的过程包括社会性的、认知性的以及政策性的[155]。社会性过程一般是科学家或者科研机构由于一定的科研任务或者目标，而改变合作对象导致网络连接的变化；认知性过程一般是科学家通过学习、创新或者学术传播等行为改变网络连接；政策性过程一般是由于科研政策或者组织机构制度的变化导致组织机构整体的变化。

表 2-4　学科知识网络中连接变化的基本驱动行为

项目	科学家	知识单元	文献	组织机构
科学家	基于某种动机进行科研合作	学习与创新	学术评价需要/学术传播	招聘/招生
知识单元		知识关联与聚合	知识存储与共享	研究与创新
文献			知识扩散	知识产权管理
组织机构				战略合作联盟

2.4.2　演化驱动作用及其影响的理论解释

实证表明，学科知识网络的演化和复杂特性不是网络随机演化的结果，而是科学家之间的简单互动创造出来的，这些简单的互动机制最终导致了科学知识网络整体特性的“涌现”，而这些涌现机制大多源于社会理论，如社会资本理论、社会认知理论、同质理论等。本小节梳理了与学科知识网络演化有关的社会理论及其背后的演化机制，但是并不是直接阐述和分析这些社会理论，而是结合学科知识网络对这些社会理论进行新的阐释。

1）基于社会资本理论的解释

社会资本是社会网络演化的机制之一。Coleman 最早提出社会资本概念，他认为每个自然人天生就具有三种资本：人力资本、物质资本和社会资本[156]。所谓社会资本，就是个人拥有的，表现为社会结构资源的资本财产。社会资本理论中最具有代表性的两个理论观点是：Granovetter 关于“弱关系”重要性论述[157]和 Burt “结构洞” 的观点。Granovetter 认为，获取更多社会资源的机会是通过自我与其个体网络保持一定距离的连接点的弱联系而获得的。个体网络往往是通过强联系构建起来的，网络中信息共享性较强，因而在部分地方行为是重复性的。Burt 关于 “结构洞” 的观点，受到 Granovetter “弱关系的力量” 的启发，Burt 认为个体通过占据网络中关系稠密地带之间的稀疏地带，可以获取更多来自非重复性联系的有用信息，这些稀疏地带被称为结构空洞[158]。

社会资本理论可以用来合理地解释学科知识网络及其演化。如，科学合作网络可以简单地被看作是科学家之间各种合作关系的交互结构和互动模式。科学合作网络中的联系并非均匀分布，在合作频繁联系紧密的区域形成了凝聚力较强的团体和社区，这些科学团体的成员之间基于 “互惠” 和 “信任” 达成了良好的合作机制。这种合作规范使得每个成员充分利用了团体的社会资本，有效整合了资源和创新能力，并推动学科的发展和繁荣。Crane 提出某一科学领域的一群高产的科学家形成的小网络构成了 “无形学院”，这些高产科学家共享同一领域的研究、相互交流，从而密切关注或者推动该领域知识结构的迅速变化。Crane 认为无形学院是科学知识增长的原因[159]。结构洞在科学社群中也发挥着重要的作用，可以降低网络中信息的不对称性，实际上很多学科领域所包含的子领域都是通过结构洞联系在一起的，而且一些新的发现和前沿技术本质上都是跨学科的[160]。

2）基于认知理论的解释

个体的认知行为往往是网络演化的一个重要因素。作为语义网络，学科知识网络承载的是一个学科领域内的科学共同体对事物的共同理解，这些理解通过字词或者信念表达出来，而这些字词或者信念之间的关系则映射着科学家认知行为。Contractor 和 Wasserman 等学者认为，从个体的认知结构方面分析网络的演化，需要从语义网络/知识网络、认知社会结构以及认知一致性理论（平衡、认知失调）三个方面进行[161]。简单地讲，语义网是使计算机能够在万维网上理解人们在听说读写时使用的自然语言，以达到人机之间交流顺畅且不会丢失、曲解交流信息所包含的语义[162]。语义网技术通过有效地揭示知识以及知识之间的关联，最终提供具有语义的知识网络，实现知识的有效整合和利用。认知社会结构是 Krackhardt 提出的概念，用来描述个体对社会网络的感知，假设网络中个体对他们之间的可预知的、重复发生的相互作用是社会共享的并且是结构化的。它可以用来解释一个人为什么能够推断网络中其他任意两个人之间存在的关系[163]。而对网络中关系的推断往往会扩展到认知知识网络领域，也就是网络中的个体可以根据关系进而推断他们的知识领域，这对于知识网络的演化来说至关重要，人们可以通过网络中的其他人来补充和维持知识，降低自身的信息负担。这样的机制也有利于信息在网络中流动和共享，促进知识网络的演化和发展。

心理学家海德（Heider）提出了改变态度的“平衡理论”，考虑的是一个人会在自己的认知网络内，组合彼此间对人和对物的态度，强调的是网络关系对态度的影响力。海德认为，人类普遍有一种平衡、和谐的需要，网络总是追求认知的一致性，不平衡的网络状态推动网络的演化，态度可以凭借这种不平衡的关系而形成和改变[164]。

3）基于同质理论的解释

同质理论表述的是在社会网络中的成员进行沟通交流按照相似性进行对象的选择，相似性选择可使信息传播更加顺畅，增加行为的可预测性，并促进成员之间的信任和互惠[165]。同质性的研究在学科知识合作网络中的研究比较普遍，如：李纲等利用关键词集度量个体研究者的研究兴趣，通过实证研究发现科学合作网络中基于研究兴趣相似的合作研究占有绝对的比例，从而验证了研究主题相似性是科研合作的一个重要动机[166]。同时，基于语义网络（如词网络）可以对科学家的研究相似性进行度量，可进一步挖掘潜在的合作者。同质性也是复杂网络社区挖掘的重要依据，“物以类聚、人以群分”的思想始终体现在社区挖掘算法中。在一个网络社区中，具有相同属性的人往往比异质属性的人更容易发生联系，这种联系更加可靠和稳定。

2.5　整合主题的学科知识网络构建与演化分析框架

从学科知识网络的研究现状来看，以关键词作为知识节点构建的微观层次的学科知识网络和以文献作为知识节点构建的宏观层次的学科知识网络研究较多，也取得了丰富的成果。但是，当前研究对于以主题为知识节点构建的中观层次的学科知识研究较为缺少。在中观层面上，主题是一类特殊的知识节点，它实际上可以看作是学科的子集，代表了学科的特定研究领域或研究方向。大数据时代数据和信息的急剧增长使得科学家为其研究找到合适的信息越来越具有挑战性，科学家越来越关注如何获取某一领域内的潜在知识，或者科学研究应该向哪个方向努力，抑或何时跳出现有的研究领域转向新的研究领域；科学决策者越来越关注在一个学科领域内，哪些主题对学科的发展起到重要的影响作用，主题在整个学科领域内的影响力如何评估，以及主题与其他要素之间的关联关系如何等。要回答以上问题，仅靠微观层面的主题挖掘和主题演化分析是不全面的，亟须从网络视角探讨模型构建和分析框架。

2.5.1 整合主题的学科知识网络构建流程

整合主题的学科知识网络之所以研究得较少，与缺少有效的网络构建方法有关。总体来说，构建整合主题的学科知识网络需要解决以下几个方面的问题。

1）主题的表示

主题作为中观层次的学科知识单元一般表示为词的聚类或群组。目前比较常用的主题表示方法主要有：基于词频的表示法、基于共词矩阵的聚类方法、基于共词网络的社区挖掘表示方法和基于主题模型的表示法（如 LDA 主题抽取方法）等。这些主题表示方法各有特点，适用于不同的应用场景，但并不是每种表示方法都适用于学科知识网络的构建。所以，本书第三章针对学科知识网络构建，对以上常见主题表示方法从主题语义信息表示、主题之间语义关联的计算方面进行对比分析，从而选择恰当的主题表示方法。同时，利用文本挖掘方法对作者的研究主题进行挖掘和分析，为第四章和第五章整合主题的学科知识网络建模与演化分析提供方法和工具支撑。

2）主题与其他学科知识单元之间的语义关联计算

网络由节点和边构成，边表示节点之间的关联。由表 2-2 可知，主题作为知识单元，可与科学家、学术机构、其他知识单元以及文献之间形成知识创新网络、学科语义网络、文献引证/耦合网络等三种类型的学科知识网络。而构建以上学科知识网络需要建立主题与科学家、主题与学术机构、主题与其他知识单元（如关键词）以及主题与文献之间的关联关系，并计算它们之间的关联强度。具体来说，本书将在第四章重点研究三种整合主题的学科知识网络，分别为：主题-主题关联的一模学科知识网络、作者-主题关联的二模学科知识网络和整合作者研究主题的学科知识合作网络。

（1）主题与主题之间的语义关联计算

主题在学科领域中不是孤立的，主题之间往往具有某种语义上的关联性，从而在学科演化过程中相互影响。问题导向、数据驱动的科学研究第四范式，使学科与学科之间、学科研究主题之间的交叉融合现象越来越普遍，一篇科学文献往往涉及多个主题的研究。因此，某一学科领域的主题之间往往表现出较强的语义关联，借鉴关键词共现分析思路，本书提出基于主题在文献中的共现关系来建立主题与主题之间的关联，并提出主题共现强度的计算方法，以此构建主题-主题关联的一模学科知识网络。网络是一种结构表达方式，主题-主题关联的一模学科知识网络表达的是学科中各主题之间由于相互关联、相互影响而形成的具有层次性、演化性等特点的时空结构。借助于社会网络分析方法，可以度量主题在网络中的影响力，从而挖掘出在学科发展中起到桥梁和纽带作用的关键性主题，这对于学科知识创新服务具有重要的支撑作用。

（2）作者与主题之间的语义关联计算

作者与主题之间的关联表征了作者的知识创新内容，也一定程度上表明作者的研究方向和研究兴趣。在已有的研究成果中，作者的研究兴趣挖掘一般通过作者关键词耦合分析或者直接构建作者-关键词二模网络来实现。作者-关键词二模关系一般是通过抽取作者所发表的科学文献中的关键词来实现，关键词的数量表明作者与该关键词之间的关联强度。但是文献中的关键词作为作者的研究兴趣或者研究方向具有明显的不足，常常出现主题标引不够深入、关键词外延过于宽泛、关键词之间的关系以及内涵表述不清等问题。所以，本书将利用文本挖掘方法抽取作者的研究主题，并度量作者与主题之间的关联强度，以此构建作者-主题关联的二模学科知识网络。借助于社会网络分析方法，可以度量作者在知识创新网络中的影响力，从而挖掘出研究活跃程度高、研究范围广、潜在合作空间大的重要学者，对于科学评价学者学术影响力，挖掘热点、前沿研究主题具有重要意义。

（3）整合作者研究主题的科学合作关系计算

某一学科领域内的学者通过论文合著或者项目合作的形式进行科学研究已经成为科学界的主流方式。而论文合著关系由于数据容易获取，成为研究的主要对象。学者对基于论文合著关系构建的科学合作网络进行大量富有成效的研究，主要研究成果应用在识别核心作者、预测合作关系等。与以上研究不同，本书从科学合作的机制方面对学科知识合作关系进行研究，即探讨学者之间合作的动机。学者在选择合作对象时可能会考虑诸多因素，如合作者的科研地位、合作者拥有的科技人力资本（S&T human capital）、共同或相似的研究主题等。而传统的研究方法主要是从定性分析的角度分析可能的合作动机，研究结论带有较强的主观性。本书从作者的研究主题出发，探讨基于共同研究兴趣的论文合著关系，并揭示科学合作的内在动力机制。由此，本书提出整合作者研究主题的科学合作关系计算方法，作者与作者之间既有论文合著关系，又有共同研究主题关系，表明二者之间具有基于共同研究主题的合作关系，关系强度是论文合著数量和拥有共同研究主题数量之和。在整合作者研究主题的科学合作关系计算基础上，构建整合作者研究主题的学科知识合作网络，可以揭示由共同的研究兴趣作为合作的动机对科研合作的作用和影响。

下面通过图 2-4 来表示整合主题的学科知识网络构建流程。

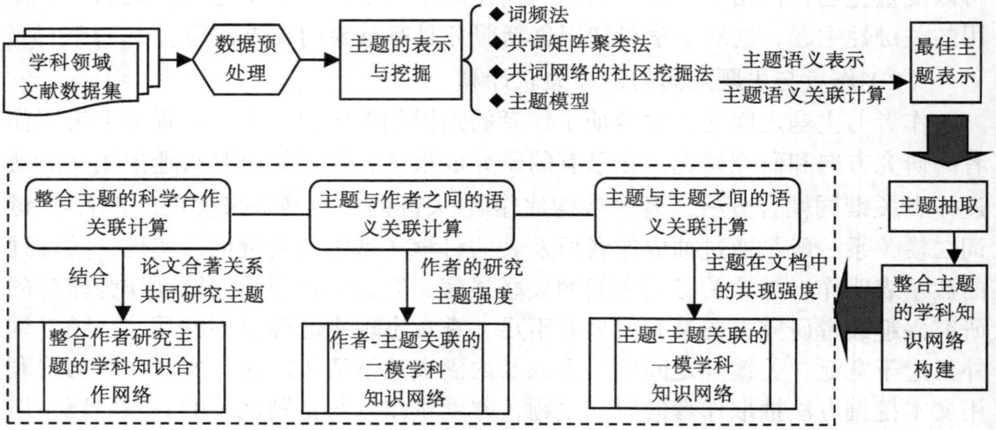

图 2-4　整合主题的学科知识网络构建流程图

从图 2-4 可以看出，整合主题的学科知识网络构建的基础是针对学科知识网络的特点选择最佳的主题表示和抽取方法，主题抽取不仅需要将主题的语义表达完整、准确，而且需要方便计算主题与其他学科知识单元之间语义关联强度。本书第三章将重点解决主题的表示和挖掘，第四章将围绕主题与其他知识节点之间的关联计算展开讨论，并在此基础上构建整合主题的学科知识网络。

2.5.2　整合主题的学科知识网络结构演化分析

复杂网络的结构属性是刻画网络的最基本指标，因此网络结构分析是复杂网络分析的典型方法，是分析复杂系统行为和系统要素之间关联方式演化的重要手段。当前，研究复杂网络的主要的结构属性指标包括平均聚类系数（average clustering coefficient）、平均最短路径长度（average shortest path length）和节点度分布（degree distribution）。

实证研究表明，很多典型的复杂网络具有特定的网络结构属性。例如，小世界网络表现出节点之间具有较短的平均路径长度和较大的聚类系数，这类网络具有较好的凝聚力，便于信息的快速传播。随机网络的典型特征则是节点度分布服从泊松分布，网络中节点的度值较为均匀，也称为均匀网络；随机网络结构简单，是复杂网络研究的理论基础，但是现实世界中的大多数网络都不具有随机网络的特征。无标度网络的典型特征是网络中会出现节点度值很大的中心节点，节点度分布服从幂律分布，表现出特殊的“长尾现象”。这样的网络往往会产生少数影响力较大的中心节点，这些节点占有网络中的绝大多数关系，从而会对网络产生较大的影响。

整合主题的学科知识网络是围绕主题为中心构建的学科知识网络，其网络结构属性决定了网络的类型和功能。因此，对整合主题的学科知识网络的结构属性进行测度非常重要。学科知识网络不同于其他复杂网络的一个重要特性是学科知识网络具有明显的演化趋势。一个学科的发展不是一蹴而就的，而是需要经过几代或者几十代学者的共同努力才形成一个完整的学科知识体系。而在这个过程中，学科知识网络的结构演化分析是度量学科发展规律的重要手段。结合学科发展的不同阶段和网络结构分析指标，可以对不同发展阶段的整合主题的学科知识网络结构进行演化分析，对网络结构的特征和演化趋势进行预测。本书将在第四章，主要利用平均聚类系数、平均最短路径长度以及节点度分布三种网络结构指标进行论述。

1）平均聚类系数

在朋友社会网络分析中，同一个人的两个朋友很可能也是朋友，这样的属性称为聚类特性。例如，在整合作者研究主题的学科知识合作网络中，一个作者的两个合作者之间很可能也是潜在合作者。节点的聚类系数就是测量节点聚类特性的指标，而网络中所有节点聚类系数的平均值就是网络的平均聚类系数。网络平均聚类系数的取值在 0 到 1 之间，当聚类系数为 0 时，表示网络中所有节点均为孤立节点；当聚类系数为 1 时，则表示网络是全局耦合的，即网络中任意两个节点之间均存在合作关系。

在一模网络中，例如主题-主题关联的一模学科知识网络和整合作者研究主题的科学合作网络，节点的聚类系数表示网络中包含节点 t 的三角形占理论上经过该节点的三角形个数的比值。节点 t 的聚类系数公式[167]为

$$C\left(t\right)=\frac{2T(t)}{\deg(t)(\deg(t)-1)} \tag{2-1}$$

式中，$T(t)$ 表示包含节点 t 的三角形个数；$\deg(t)$ 表示节点 t 的度值。则网络中所有节点的聚类系数的平均值即为平均聚类系数：

$$C=\frac{1}{n}\sum_{t\in G}C\left(t\right) \tag{2-2}$$

与一模网络不同，二模网络中（如作者-主题关联的二模学科知识网络），聚类系数的计算有两种典型方法：Robins 等提出的基于四元组的二模网络聚类系数 CC_4 计算方法[168]和 Latapy 等提出的二模网络聚类系数 LC 计算方法[169]。CC_4 聚类系数的计算由网络中的四元组个数 $\#C_4$ 与长度为 3 的路径个数 $\#L_3$ 比值来决定。计算公式如下：

$$CC_4 = \frac{4 \cdot \# C_4}{\# L_3} \tag{2-3}$$

实际上在作者-主题关联的二模学科知识网络网络中，四元组只有一种形式（图 2-5），即两个作者有相同的两个研究主题，彼此间形成了紧密的组合。

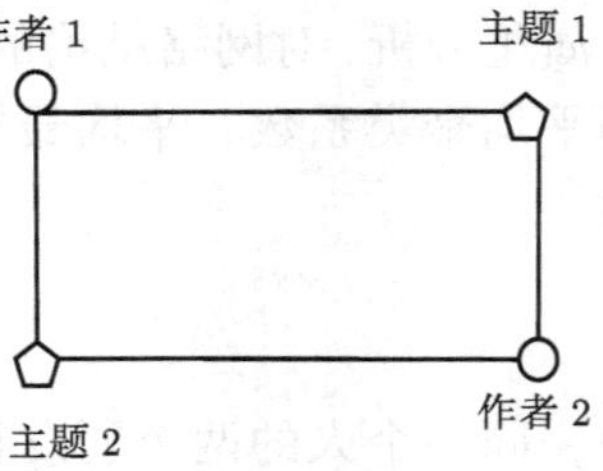

图 2-5 作者-主题关联的二模学科知识网络中四元组示意图

LC 聚类系数是基于单个节点的局部连接密度计算的，首先定义了单节点 u 的聚类系数 $C_u = \frac{\sum_{v \in N(N(v))} C_{uv}}{|N(N(u))|}$，其中 C_{uv} 表示节点 u 和 v 的成对聚类系数，$C_{uv} = \left|\frac{N(u) \cap N(v)}{N(u) \cup N(v)}\right|$，$N(u)$ 表示节点 u 的第一层邻居节点集合，$N(N(u))$ 表示节点 u 的第二层邻居节点集合。则整个网络的平均聚类系数为所有节点聚类系数的平均值。

2）平均最短路径长度

网络中两个节点之间的距离定义为两个节点之间最短路径上的边数，即最短路径长度。1967 年美国社会心理学家米尔格伦（Stanley Milgram）提出了“六度分离”理论。例如，在整合作者研究主题的学科知识合作网络中最短路径长度测度两个科学家之间的共同研究主题紧密程度，实际上该网络中的平均最短路径长度可能小于 6。

对一模网络，平均最短路径长度测度节点之间的距离，其计算公式如下：

$$a = \sum_{s,t \in T} \frac{d(s,t)}{n(n-1)} \tag{2-4}$$

式中，$d(s,t)$ 表示节点 s 和节点 t 之间的最短路径；T 表示网络中节点的集合；n 表示节点个数。在本书中主题-主题关联的一模学科知识网络和整合作者研究主题的学科知识合作网络均可使用该公式计算网络中的平均最短路径长度。

对于作者-主题关联的二模学科知识网络，本书提出了新的平均最短路径长度计算公式。其中平均最短路径长度的计算不同于一般网络，本书提出将作者与作者之间、主题与主题之间的平均最短路径分开来计算的思路，由于NetworkX 中没有专门的函数来计算，所以使用 Python 语言编写计算平均最短路径长度的函数以实现该功能。

关于平均最短路径长度，当网络是非连通网络时，本书考虑最大连通子图（largest connected component, LCC）的平均最短路径长度，并分别计算作者与作者之间（d_A）、主题与主题之间（d_T）的平均最短路径长度。在 ATN 网络中，作者与作者不直接相连，而是通过主题作为中介，所以作者与作者之间的平均最短路径长度反映了该学科作者之间在不同方向上的潜在合作紧密程度；而主题与主题之间的平均最短路径长度反映了主题交叉的程度。计算公式如下：

计算作者节点之间的平均最短路径长度：

$$d_A = \sum_{a_i, a_j \in A} \frac{d(a_i, a_j)}{|A|(|A|-1)} \tag{2-5}$$

式中，$d(a_i, a_j)$ 表示作者 a_i 和作者 a_j 之间的最短路径长度；$|A|$ 表示作者节点数量。

计算主题节点之间的平均最短路径长度：

$$d_T = \sum_{T_i, T_j \in T} \frac{d(T_i, T_j)}{|T|(|T|-1)} \tag{2-6}$$

式中，$d(T_i, T_j)$ 表示主题 T_i 和主题 T_j 之间的最短路径长度；$|T|$ 表示主题节点数量。

3）节点度分布

网络中所有节点度的分布情况可以用节点度分布 $p(k)$ 来表示，$p(k)$ 指一个随机选定的节点度数恰好为 k 的概率。网络节点度分布是网络结构的重要度量指标之一，已知的结论有：完全随机网络的节点度分布服从泊松分布，其形状在远离峰值处呈现指数下降，这类网络称为均匀网络。实证研究表明，大部分真实网络并不服从泊松分布。有些真实网络，如电影合作网络、科学合作网络、互联网网络等都是无标度分布（幂律分布），其分布函数为 $p(k) \propto k^{-\gamma}$，γ 称为幂指数，当大型网络幂指数在适当范围内（一般 $2 \leqslant \gamma \leqslant 3$）时，网络中大部分节点的度较小，而会出现少数度值很大的中心节点。所以，这类网络通常被称为非均匀网络。

整合主题的学科知识网络是一类特殊的社会网络，随着学科的发展，网络的节点度分布在不同的发展阶段呈现出不同的结构特征，而这些结构特征是对网络的演化建模的依据。

2.5.3 整合主题的学科知识网络演化建模及仿真实验框架

复杂网络演化建模及仿真实验是研究网络上动态过程机制的理论和方法。在对现实复杂网络的结构属性进行实证研究后，学者们对这些结构属性的动力机制产生了浓厚的兴趣，如小世界特性和无标度特性是如何产生的？WS 小世界网络模型是这一问题的首次尝试，对规则网络的简单改造就使网络的结构属性发生重大改变，形成了平均路径较短，同时聚类系数较大的小世界网络。与 WS 小世界模型对已有网络进行改造不同，BA 无标度演化模型将复杂网络的构造标准化为两个交互的过程：节点增长机制和择优连接机制，该模型证明节点之间基于简单的交互规则可以生成符合特定分布的网络。无论是 WS 小世界模型还是 BA 无标度演化模型，都为研究复杂网络开创了全新的思路和视角，即复杂网络演化建模。

通过复杂网络演化建模，学者们将网络研究从静态结构特征统计分析转移到动力学研究上来。以学科知识网络为例，通过学科知识网络的演化建模，可以研究网络中的知识传播和知识扩散行为，可以研究知识系统的状态趋同和同步行为等。已有的研究成果表明，动态过程在不同的网络结构中会产生截然不同的特征和效果。Merler 和 Ajelli 的研究结果表明，在疾病传播网络中，当网络结构为随机网络时，传播参数需要超过一定的感染阈值才能使局部感染扩散至全局感染；而当网络结构为无标度网络时，几乎不需要超过感染阈值即可感染至全局。这说明无标度网络的传播扩散速度和范围远大于随机网络[170]。那么，在整合主题的学科知识网络中，知识的传播和扩散是否也具有类似的结果呢？本书将在第五章对此展开研究，并选择整合作者研究主题的学科知识合作网络进行重要研究。

学科知识合作网络已被证实为现实社会中的复杂网络[171]，并引起广泛研究。学科知识合作网络能够成为复杂网络领域的研究热点，主要有三方面原因：一是大数据时代科学合作数据完整、规范、容易获取，是现实社会网络的重要数据来源；二是合作网络展现的是科学家之间社会关系和行为交互，是目前最大的可计算的社交网络之一；三是科学研究具有持续性、长期性、周期性等特点，使合作网络具有稳定的、可持续的动态演化特性。

当前学科知识合作网络的动态演化分析主要从两个方面展开：一是合作网

络演化建模与仿真。对现实复杂网络使用统计物理学等方法进行分析和建模的研究起源于 WS 小世界模型和 BA 无标度模型。通过网络演化建模，人们发现了现实网络形成的机制，如 WS 小世界模型展示了在规则网络基础上，边的概率重连导致小世界网络产生的机制;BA 模型则揭示了择优机制可以产生无标度网络。合作网络的演化模型的仿真实验主要是基于系统动力学的仿真建模方法，描述科学合作系统随时间变化的因素并进行仿真。二是合作网络中知识扩散建模与仿真实验。在知识扩散模型方面，主要研究网络结构与知识扩散间的关系、网络结构与知识增长之间的关系[172]以及知识动态分布和模型的网络特性[173]等。在知识扩散模式方面，主要有星状传播模式[174]、双向知识扩散模式（知识富化模式、知识强化模式）[175]。在知识扩散机制方面主要有个体行为模型[176]、考虑个体的知识自我增长以及知识吸收能力构建知识扩散机制和知识扩散模型[177]。在知识扩散的仿真建模方面，目前对合作网络知识扩散的仿真实验主要采用基于多 Agent（智能体）系统的仿真建模方法[178,179]。

从已有成果看，当前学科知识合作网络的研究还有很多需要优化的地方：一是，学科知识合作网络的动态演化建模目前还没有一个统一的思路，理论和方法还需要进一步完善；二是，在学科知识合作网络演化机制和模型构建方面，现有的研究一般基于择优机制，没有完全考虑到学科知识合作的特点；三是，在知识传播和知识扩散的研究中，缺少有效的网络模型，现有的研究基本上是在 WS 小世界模型和 BA 无标度模型的基础上进行仿真实验，而这些网络模型与真实学科知识合作网络之间还存在不少的差距。因此，本书考虑到学者之间进行合作的内在动力机制——相似的研究主题或共同的研究兴趣，将主题整合到学科知识合作网络的演化建模与仿真实验中，融合科学计量学、复杂网络、仿真建模等理论和方法，构建了“实证研究—模型构建—仿真实验”的合作网络动态演化建模框架，如图 2-6 所示。

从图 2-6 中可以看出，整合主题的学科知识合作网络演化建模框架一方面提出了学科知识合作网络演化建模的一般思路和框架体系，另一方面将主题整合到演化建模中。本书第四章将基于论文合著关系和共同研究主题关系构建整合作者研究主题的学科知识网络，并利用锂离子电池领域的文献数据对网络的结构特征进行实证分析，从而发现网络结构演化规律，为网络演化建模提供输入参数。本书第五章将通过构建学科知识合作网络共同研究兴趣指数进一步验证作者研究主题相似性在学者科研合作中的作用和影响力。同时，将基于作者研究主题相似性的演化机制作为构建合作网络的首要机制，通过模型构建和仿真结果来验证机制的有效性和模型的合理性。最后，利用整合主题的合作网络演化模型对合作网络中的知识扩散现象进行研究，为提高学科知识扩散效率提供决策支持。

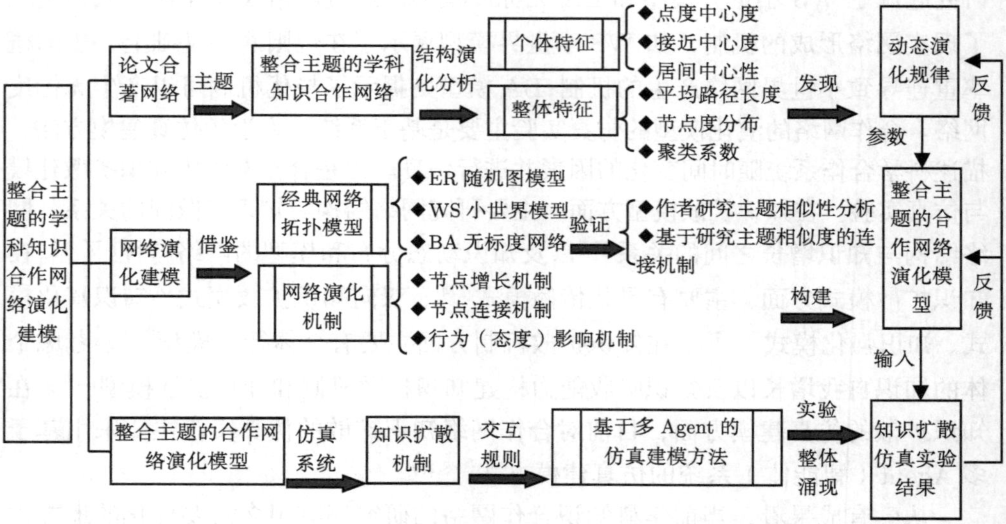

图 2-6　整合主题的学科知识合作网络演化建模框架

2.6　本 章 小 结

本章对学科知识网络的理论进行研究。在理论基础概述方面，对科学学理论、文本挖掘理论和网络科学理论进行总结和凝练。在学科知识网络的概念界定方面，对学科知识及学科知识网络已有概念进行梳理，并结合本书研究背景和研究目标对学科知识和学科知识网络进行重新界定：提出学科知识具有广泛的空间属性和关联属性，不仅包含客观知识，还包括与之关联的外部知识（创造者、知识载体、知识传播等）；提出学科知识网络是依附和记录于各种网络学术文献载体（如期刊、科技报告、专利等），由不同的学科知识节点以及节点之间的语义关联构成的复杂网络。在网络构建方面，提出基于元矩阵网络描述法的学科知识网络构建方法，将学科知识系统分解为科学家、知识单元、文献和学术机构四个基本要素，根据要素之间的关联构建不同类型的学科知识网络。在演化机理分析方面，分析学科知识网络演化的基本驱动及其作用，并分析演化驱动作用及其影响的理论解释，为后续章节具体实施整合主题的学科知识网络演化建模提供理论支撑。在整合主题的学科知识网络建模与演化分析框架构建方面，系统梳理了整合主题的学科知识网络构建流程、网络结构演化分析方法以及网络演化建模与仿真实验框架，厘清了本书第三章、第四章和第五章的研究思路和逻辑关系。

第 3 章　学科领域主题挖掘研究

本章的研究为整合主题的学科知识网络建模提供了方法支撑。学科领域主题挖掘是科学计量学的热点研究方向，一般指通过对某学科领域的学术文献的分析，挖掘学科研究的不同领域和研究方向。针对当前主题含义不明确、主题挖掘方法不规范的现象，本书对主题的含义及表示方法进行梳理，对主流主题挖掘模型 LDA 进行改进和优化，提出作者研究主题挖掘及演化分析框架，进一步完善学科领域主题挖掘的方法。

3.1　主题的内涵及表示方法

3.1.1　主题的内涵

在科学学领域，表示“主题”语义的有两个英文单词，分别为 Subject 和 Topic，二者在语义上相近。Subject（A branch of knowledge studied or taught in a school, college, or university①），意指在大学学习过程中的知识领域学科，即科目，是从课程学习这个角度来讲的，如数学、生物等科目。“Subject”作为学科，其语义与“Discipline”相同。Discipline（A branch of knowledge, typically one studied in higher education②），意指人们在高校中学习或研究的领域、学科，是从知识聚合的角度来讲的，所以本书中所讲学科领域既可以使用 Discipline 表示，也可以使用 Subject 来表示。Topic（A matter dealt with in a text, discourse, or conversation③），意指文本、论述或者交谈中的话题，特别是热门话题、热点话题，在本书中指学科领域下的研究主题和研究方向，其范畴要小于 Discipline，即一个学科领域可以包含若干个主题。基于以上辨析，在本书中，除特殊说明外，主题对应的英文单词为 Topic，学科对应的英文单词为 Discipline。

从学科结构上看，主题属于中观层面的概念，通常代表一个学科的研究方向，是学科的子领域；从学科内容上看，主题是学科知识的子集，新主题的发

---

① https://en.oxforddictionaries.com/definition/subject

② https://en.oxforddictionaries.com/definition/discipline

③ https://en.oxforddictionaries.com/definition/topic

现和研究推动学科知识的不断演化。从主题的表现形式上看，主题表示为语义上相关的词的集合，如：文献计量分析通常将主题表示为词的共现聚类[180]，自然语言处理则将主题表示为词的概率分布[29]；从主题的内容上看，主题可以看作是文本的隐性语义，是需要借助于词的集合才能表达出来的语义。

3.1.2 主题的表示方法

1）词频分析法

词频分析法是文献计量学的传统分析方法之一，在主题发现方面应用广泛。最早对词频进行定量研究的是美国著名语言学家 Zipf，通过对莎士比亚等作家的作品进行数理统计，他于 1935 年提出了词频分布定律——Zipf 定律[181]。Zipf 定律为词频分析方法提供了理论依据，很多研究者使用关键词词频对学科研究热点和演化趋势进行分析。从 Zipf 定律的角度来解释，高频关键词是科学研究者根据“最省力法则”选择出来的，具有统计意义和普遍性。因而，高频关键词代表了绝大多数研究者普遍关注的研究主题，在科学计量学领域，高频关键词常作为热点主题的表征。

国内数据库提供商 CNKI 通过提供高频词表征学科研究主题，如通过主题搜索“知识网络”，并限定学科“图书情报与数字图书馆”，共获取文献 348 篇，高频词如表 3-1 所示。从表 3-1 中可以明显地看出，在图书情报与数字图书馆学科中的研究热点为知识网络、知识管理、数字图书馆、知识服务、复杂网络、社会网络分析等。

表 3-1 “知识网络”领域高频关键词列表（词频≥5）

关键词	词频	关键词	词频	关键词	词频
知识网络	89	共词分析	9	知识计量	6
数字图书馆	29	知识地图	9	关联数据	6
知识管理	27	信息服务	8	知识结构	5
图书馆	26	知识元	8	知识共享	5
知识服务	19	知识图谱	8	文献计量学	5
复杂网络	11	高校图书馆	7	引文网络	5
社会网络分析	11	知识链接	7	网络	5
知识关联	10	图书馆联盟	6	知识转移	5
知识组织	10	信息资源	6	社会网络	5
可视化	10	泛在知识环境	6	Folksonomy	5

虽然高频关键词在揭示学科研究主题方面比较直观，但是用高频关键词来表征主题还存在一定的问题。

（1）使用高频关键词表征研究主题只是考虑到单个知识节点的统计特征，而在一个学科领域中，知识节点不是孤立存在的，而是与其他的知识节点有着密切的关联关系。主题在一个学科中属于中观层面的知识单元，是通过知识节点之间潜在关联关系表现出来的，而仅仅使用一个关键词来表征中观层面的概念是不够的，其语义表达是匮乏的。

（2）关键词词频分析方法往往容易忽略低频关键词，虽然按照 Zipf 定律来讲，低频关键词是人们不经常使用的词语，表现了人类使用词汇时的“惰性”。但对于科学研究来说，某些低频关键词或许代表了新兴的研究方向和研究主题，而在词频分析方法中低频关键词往往都被忽略。例如，表 3-1 中知识结构和引文网络词频均较低，但是学科知识结构挖掘和引文网络研究均是知识网络中的研究热点。

2）基于共词矩阵的聚类方法

共词分析属于内容分析法，其原理主要是对一组词两两统计它们在同一篇文献中出现的次数，以此为基础对这些词进行聚类分析，从而反映出这些词之间的亲疏关系，进而分析这些词所代表的学科和主题的结构变化[182]。

共词分析的一般流程可以概括为：数据抽取、构造共词矩阵、数据分析。在构造共词矩阵的过程中，往往由于语料库规模较大，包含的词汇较多，容易造成维数灾难。所以，一般情况下会利用一定的规则（如选择高频关键词、选择高频共现词组等）选择一定数量的关键词构建共现矩阵。在数据分析阶段，比较常用的是分析词汇关联度的方法，如基于共词矩阵的聚类方法。通过基于共词矩阵的聚类方法，得到高频关键词的聚类结果，以此作为主题结构的表征方式。下面对图书情报领域的“知识网络”高频关键词（设置阈值为 3，共有 79 个关键词）进行共词聚类，聚类采用层次聚类法，词之间的距离采用向量余弦距离，聚类结果如图 3-1 所示。

从图 3-1 来看，选择组间距离阈值为 22.5 可以将图书情报领域“知识网络”的高频关键词聚类分为 10 类，聚类结果如表 3-2 所示。相比较单纯使用高频关键词作为主题的初级表示方法，基于关键词共现的聚类方法可以挖掘关键词与关键词之间的语义关联，从而使主题的语义表示更加丰满。例如，从类别 1 的关键词列表可以看出，该类别代表了“知识服务或信息服务”这个研究主题，无论是相关理论还是方法技术均有涉及。而类别 6 至类别 9 则分别代表了学科知识结构分析与挖掘的不同方法，依次为复杂网络、文献计量、社会网络、聚类及可视化等。

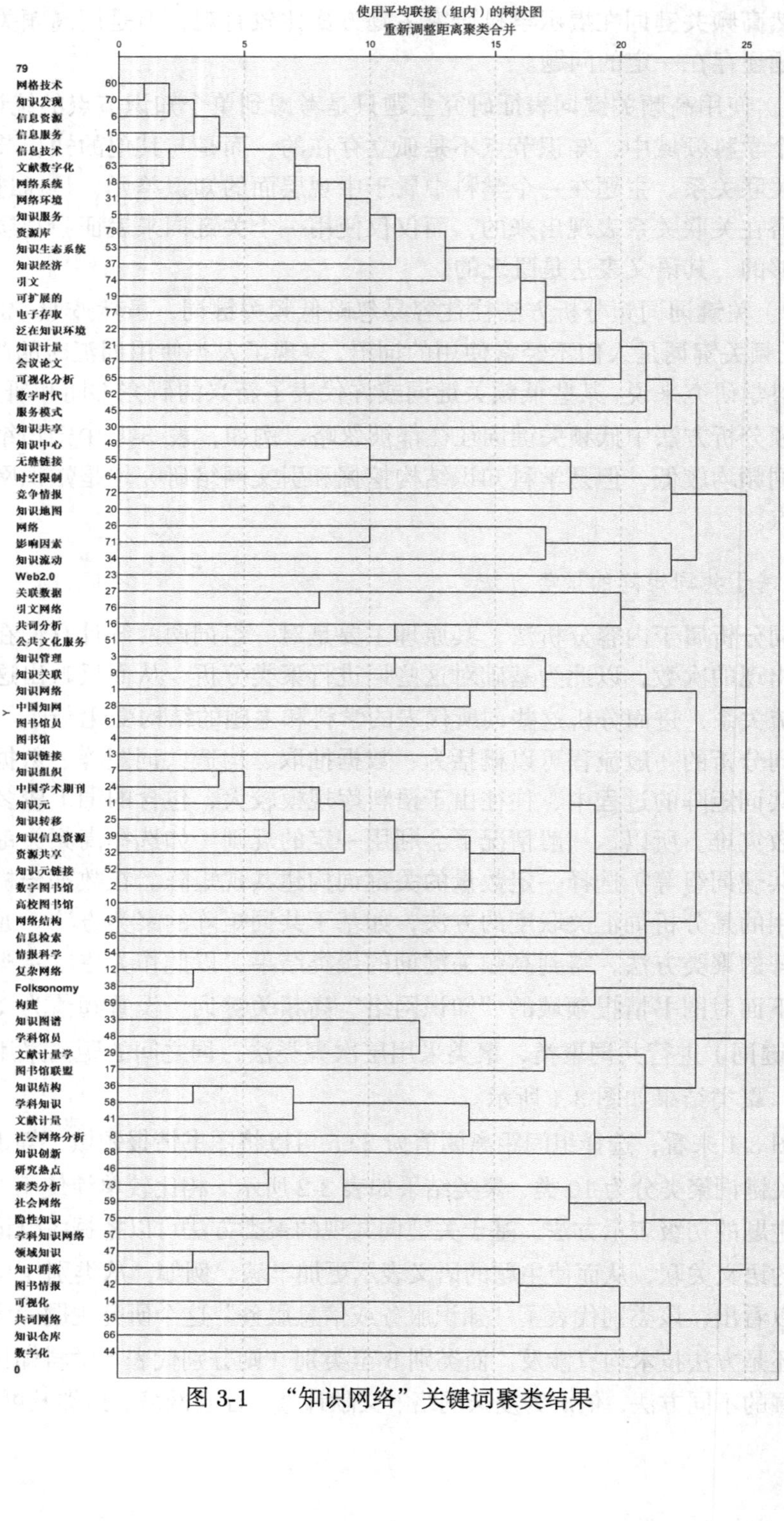

图 3-1　“知识网络”关键词聚类结果

表 3-2　“知识网络”高频共现关键词聚类结果

类别	类内关键词
1	网络技术、知识发现、信息资源、信息服务、信息技术、文献数字化、网络系统、网络环境、知识服务、资源库、知识生态系统、知识经济、引文、可扩展的、电子存取、泛在知识环境、知识计量、会议论文、可视化分析、数字时代、服务模式、知识共享
2	竞争情报、知识地图、知识中心、无缝链接、时空限制
3	Web2.0、网络、知识流动、影响因素
4	关联数据、引文网络、共词分析、公共文化服务
5	知识网络、知识管理、知识关联、中国知网、图书馆员
6	知识信息资源、资源共享、信息检索、知识组织、知识链接、知识元、知识元链接、网络结构、知识转移、图书馆、数字图书馆、高校图书馆、中国学术期刊、情报科学
7	复杂网络、构建、Folksonomy
8	学科知识、知识结构、知识创新、知识图谱、文献计量学、文献计量、社会网络分析、学科馆员、图书馆联盟
9	学科知识网络、隐性知识、研究热点、聚类分析、社会网络
10	领域知识、知识群落、共词网络、知识仓库、可视化、数字化、图书情报

虽然基于关键词的共现聚类在表示主题方面优于高频关键词方法，但是仍然存在以下问题：一是如何度量主题下的各关键词对主题的贡献，仅使用关键词词频是否合理还有待进一步验证；二是如何度量各主题之间的关联，主题与主题之间往往并非完全独立，同一学科领域内的研究主题之间往往存在交叉和融合的现象。而通过聚类方法得到的主题由于无法共用关键词，所以从表达形式上看是完全独立的，这不符合学科发展规律。

3）基于共词网络的社区挖掘表示方法

共词网络是利用关键词共现构建语义网络，并利用社会网络分析或者复杂网络分析方法对学科领域进行知识挖掘的方法。社区是复杂网络的典型特征，一个复杂网络往往由若干个社区构成，社区与社区之间的联系比较稀疏，而社区内的节点联系比较稠密，Newman 称这些社区为“模块”[66]。与聚类算法不同，共词网络利用社区挖掘算法挖掘共词网络中的“模块”，通过寻找目标值最优的社区结构达到社区挖掘的目标，如基于模块度 Q 值优化的社区发现算法。由 Palla 等学者提出的团渗透算法是首个能够发现重叠社团的算法，该类算法认为社团是由一系列相互可达的 k-团（即大小为 k 的完全子团）组成的，即 k-社团[183]。Python 的 NetworkX 包集成了团渗透社区挖掘算法，本书利用

NetworkX 对图书情报领域“知识网络”共词网络进行社区挖掘，共词网络图谱如图 3-2 所示，基于团渗透社区挖掘算法的社区发现结果如表 3-3 所示。

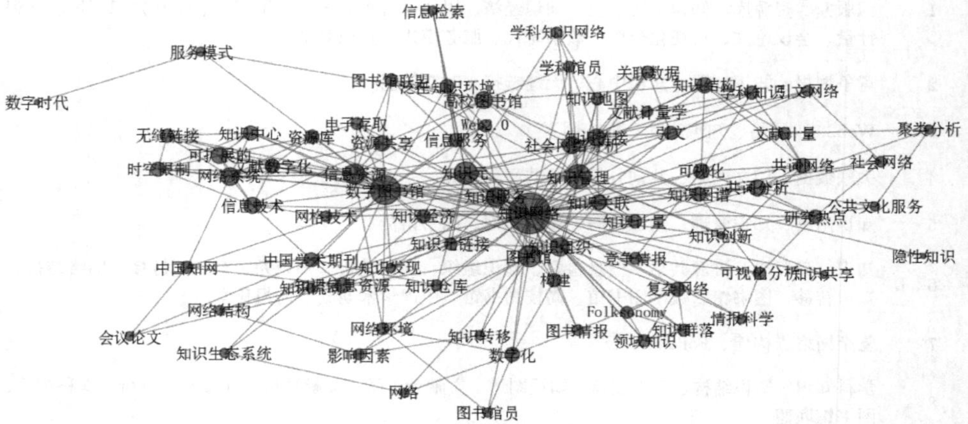

图 3-2　“知识网络”共词网络图谱

表 3-3　基于团渗透社区挖掘算法的“知识网络”社区发现结果

主题	组内关键词
1	Web2.0、泛在知识环境、知识网络、知识服务、数字图书馆、信息服务
2	复杂网络、知识群落、知识网络、领域知识、Folksonomy、知识组织
3	资源库、知识中心、信息技术、可扩展的、文献数字化、信息资源、数字图书馆、网络系统、时空限制、无缝链接
4	知识元链接、知识计量、知识网络、知识服务、知识关联、知识管理、知识链接、数字图书馆、知识元、知识组织
5	学科知识、知识网络、可视化、知识结构、共词网络、文献计量、文献计量学
6	资源共享、文献数字化、知识网络、数字图书馆、信息技术
7	知识结构、社会网络分析、学科知识、知识网络
8	资源共享、信息资源、知识网络、数字图书馆、电子存取

从表 3-3 来看，基于共词网络的社区挖掘算法将“知识网络”领域分为 8 个主题（分别对应 8 个类别），与基于共现聚类的主题表示不同的是，有些关键词如“知识网络”“数字图书馆”“知识结构”等在多个社区中存在，特别是“知识网络”几乎存在于每一个主题，这充分说明了知识网络作为领域的主要表征，8 个主题均是其子领域，而每个子领域的侧重不同。如，主题 1 侧重于研究 Web2.0 下的信息服务和知识服务，主题 2 侧重于对领域知识的知识组

织方法。另外，有些主题之间存在交叉，如主题 5 和主题 7，主题 5 侧重于使用文献计量学方法对学科知识结构进行挖掘，主题 7 则使用社会网络分析方法，虽然二者在方法上有所区别，但是都是对学科知识的知识结构进行分析和挖掘。

同基于共词矩阵的聚类方法一样，共词网络的社区挖掘方法虽然优于词频表示法，但仍然无法度量每一个词语对主题的贡献度，无法度量主题之间的关联度。

4）基于主题模型表示法

在自然语言处理领域，主题是一个专业词汇，表示文本语料库中词项的概率分布。通常情况下，主题是隐性的、潜在的，需要通过词项的概率分布来表示其语义，所以主题又称为潜在主题（latent topic）或者潜在语义（latent samentic）等。

在概率主题模型中，主题指的是在语义上与该主题相关的一列词项及其权重组成的向量，与主题关系越密切的词语，它的条件概率越大，反之则越小。用向量表示为：

$$z = \left(\left(w_1, p(w_1 \mid z)\right), \left(w_2, p(w_2 \mid z)\right), \cdots \left(w_n, p(w_n \mid z)\right)\right) \quad (3\text{-}1)$$

下面用一个例子来说明主题的含义及其表现形式，见表 3-4[30]。

表 3-4 主题表示示意图

topic1（基因）		topic2（生命进化）		topic3（脑神经）	
词项	概率	词项	概率	词项	概率
gene	0.04	life	0.02	brain	0.04
dna	0.02	evolve	0.01	neuron	0.02
genetic	0.01	organism	0.01	nerve	0.01
…	…	…	…	…	…

LDA 是经典的概率主题模型。当使用 LDA 对语料库进行主题抽取时，LDA 通过现有的文档对概率模型的参数进行学习，并估计每一个潜在主题下每一个词的概率，通过这种方式，LDA 将相关的词项聚成潜在主题并以该词出现的概率作为权重。如表 3-4 所示，“topic1”这个主题下，“gene”“dna”“genetic”这些词出现的概率很大，说明该主题是和“基因”相关的；“topic2”这个主题下，“life”“evolve”这些词出现的概率排名靠前，所以该主题是与“生命进化”有关，但是主题的标签需要根据主题词项来确定。

使用 LDA 对图书情报领域“知识网络”进行主题抽取，设置主题数目为 10，模型迭代 1000 次，每个主题取其概率值前 20 的词项进行展示，抽取结果如表 3-5、表 3-6 所示。

从 LDA 主题抽取的结果来看，每个主题由主题词和词概率组成，词的概率值表示词对主题的贡献。如根据 topic1 下的词项，可以判断该主题主要涉及知识网络的可视化理论和方法，如社会网络分析、知识图谱、共词网络等；topic2 涉及数字图书馆的相关技术和方法；topic4 涉及知识服务的研究；topic5 涉及利用复杂网络方法进行知识组织的研究；topic6 涉及数字化知识资源服务的研究；topic7 涉及知识共享研究；topic8 涉及图书馆联盟的相关研究；topic9 涉及图书馆知识管理研究。但是并非所有的经过 LDA 抽取的主题都有较为明确的语义含义，如 topic3 和 topic10 的语义就比较模糊。

表 3-5　“知识网络”主题抽取展示（1）

topic1		topic2		topic3		topic4		topic5	
词项	概率	词项	概率	词项	概率	词项	概率	词项	概率
知识网络	0.1046	数字图书馆	0.0999	知识网络	0.0399	知识网络	0.0791	知识网络	0.0574
可视化	0.0368	知识网络	0.0418	图书馆	0.0229	知识服务	0.0228	复杂网络	0.0470
社会网络分析	0.0316	网络系统	0.0293	网络结构	0.0229	构建	0.0172	知识组织	0.0262
文献计量学	0.0264	信息资源	0.0293	引文网络	0.0173	图书情报	0.0115	Folksonomy	0.0210
高校图书馆	0.0159	可扩展的	0.0251	社会网络	0.0173	建设	0.0115	领域知识	0.0210
知识图谱	0.0159	泛在知识环境	0.0210	影响因素	0.0173	数字化	0.0115	知识生态系统	0.0158
共词分析	0.0159	时空限制	0.0127	知识转移	0.0116	知识挖掘	0.0115	网络	0.0158
共词网络	0.0159	无缝链接	0.0127	知识图谱	0.0116	知识地图	0.0115	聚类分析	0.0158
学科知识	0.0159	电子存取	0.0127	图书情报学	0.0116	文献检索	0.0115	文献计量	0.0158
研究热点	0.0159	网格技术	0.0127	知识流动	0.0116	知识发现	0.0115	知识群落	0.0158
可视化分析	0.0159	信息技术	0.0127	共现分析	0.0116	合作网络	0.0115	数字图书馆	0.0106
知识结构	0.0159	信息服务	0.0127	知识可视化	0.0116	Web3.0	0.0059	用户需求	0.0106
网络演化	0.0107	知识中心	0.0127	共词分析	0.0116	创新服务体系	0.0059	综述	0.0106
社会服务	0.0107	文献数字化	0.0127	科学视域	0.0116	专家知识地图	0.0059	模式	0.0106
情报科学	0.0107	高校数字图书馆	0.0085	组配技术	0.0116	服务宣传	0.0059	共词分析	0.0106

续表

topic1		topic2		topic3		topic4		topic5	
词项	概率	词项	概率	词项	概率	词项	概率	词项	概率
学科领域	0.0107	数字技术处理	0.0085	教师职业道德	0.0116	社会教育职能	0.0059	战略坐标	0.0106
竞争情报	0.0107	分布式信息系统	0.0085	大数据视角	0.0116	文化传播	0.0059	古籍数字化	0.0055
科学计量学	0.0107	数字化资源	0.0085	关联主义	0.0116	共享工程	0.0059	知识表示	0.0055
学科网络	0.0055	Web2.0	0.0085	知识管理	0.0059	人文论坛	0.0059	知识创新	0.0055
引文分析	0.0055	知识组织体系	0.0085	核心文献	0.0059	百科知识	0.0059	信息服务创新	0.0055

表 3-6　"知识网络"主题抽取展示（2）

topic6		topic7		topic8		topic9		topic10	
词项	概率	词项	概率	词项	概率	词项	概率	词项	概率
中国学术期刊	0.0303	知识网络	0.0456	图书馆联盟	0.0382	图书馆	0.0952	知识网络	0.0916
知识网络	0.0243	知识管理	0.0327	知识网络	0.0328	知识管理	0.0430	知识服务	0.0558
中国知网	0.0243	知识共享	0.0327	知识关联	0.0273	知识网络	0.0240	知识管理	0.0399
知识信息资源	0.0243	知识协同	0.0133	数字图书馆	0.0219	社会网络分析	0.0192	知识链接	0.0320
数字时代	0.0183	图书情报	0.0133	信息资源	0.0165	学科馆员	0.0192	知识元	0.0320
会议论文	0.0183	管理	0.0133	高校图书馆	0.0165	知识转移	0.0145	数字图书馆	0.0280
数字图书馆	0.0123	设计	0.0133	隐性知识	0.0165	图书馆员	0.0145	知识组织	0.0201
图书馆学	0.0123	图书资料	0.0133	知识管理	0.0111	网络环境	0.0145	知识计量	0.0201
网络技术	0.0123	信息源	0.0133	知识节点	0.0111	信息资源	0.0097	知识关联	0.0161
知识服务平台	0.0123	书目数据库	0.0133	资源共享	0.0111	高校图书馆	0.0097	信息服务	0.0161
硕士论文	0.0123	研究述评	0.0068	服务模式	0.0111	网络	0.0097	知识地图	0.0161
服务模式	0.0123	发展动态	0.0068	社会网络理论	0.0111	素质	0.0097	知识元链接	0.0121
清华同方光盘	0.0123	科技资源共享	0.0068	图书馆联盟生态位	0.0111	知识环境	0.0097	学科知识网络	0.0121

续表

topic6		topic7		topic8		topic9		topic10	
词项	概率	词项	概率	词项	概率	词项	概率	词项	概率
定题服务	0.0123	共享效率	0.0068	治理机制	0.0111	微博	0.0097	引文	0.0121
信息技术	0.0063	共享机制	0.0068	知识经济	0.0111	数字化	0.0097	信息检索	0.0121
知识流动	0.0063	知识协同维度运行模式	0.0068	知识经济时代	0.0111	机制	0.0097	关联数据	0.0121
知识元	0.0063	关系	0.0068	专家知识地图	0.0057	现状	0.0097	图书馆	0.0081
知识库系统	0.0063	中国知网	0.0068	XTM	0.0057	研究	0.0097	科研知识	0.0081
网络不良信息	0.0063	资源组织	0.0068	网络测度	0.0057	企业	0.0097	知识循环	0.0081
文化精髓	0.0063	数字化构建	0.0068	网络分析	0.0057	关联数据	0.0097	知识创新	0.0081

通过以上分析可以看出，基于 LDA 的主题表示方法相比较其他几种主题表示方法具有以下优点。①主题的语义信息更加准确。LDA 抽取的主题是使用词向量的形式，而且词的概率通过统计推断进行估计，每个词对主题语义信息的贡献度一目了然。相比较其他主题表示方法，LDA 主题表示的语义信息显然更加准确。②可以度量主题之间的语义相关度。由于 LDA 主题表示为语料库中所有词项的概率分布，实际上每个主题下的词项是相同的，只是不同的主题对应不同的概率分布。从数学的角度来讲，每个主题是词向量基的线性组合，所以可以使用距离公式对主题间的相似性进行度量，常用的距离如余弦距离、KL 散度等等。而其他的主题表示方法，由于缺少统一的词向量基，在主题之间的相似度计算方面存在诸多问题。

3.2 LDA 主题模型优化方法研究

虽然 LDA 在主题挖掘方面相比较其他方法表现优秀，但是 LDA 主题模型本身还存在诸多问题需要解决，主要有：如何选择最优主题数目问题、语料库的构建问题和主题抽取效果的评价问题。基于以上三个问题，本书对 LDA 进行优化，使优化后的 LDA 具有更好的主题挖掘效果。

3.2.1 LDA 的理论基础

LDA 在文本挖掘中常用来处理多源异构、碎片化、非结构化语料库的语义表达，可以挖掘语料库隐含主题，同时将文档词空间降维到隐性主题空间中。传统的基于共词分析的科学文献主题发现方法，由于一词多义、一义多词等引起歧义问题以及高频孤立词问题[184]，往往无法获得较好的主题抽取效果。LDA 通过潜在主题抽取，计算与主题相关的词的概率权重，量化了主题与词之间的关系，可以对一词多义和一义多词现象建模。通过主题抽取，我们将获得两个重要的概率分布，主题-词项混合分布 ϕ 和文献-主题混合分布 θ 。通过主题-词项分布获取每个潜在主题的结构，这种结构通过每个支持该主题的词项的概率值表示，概率值越大说明该词项与主题的关联程度越大，进而对主题的语义信息进行解析；通过文献-主题分布获得每个主题下的文档支持权重，权重越大，说明该文献与主题的关联程度越大，可以通过文献-主题分布刻画主题的强度，也可以通过相似度计算进行主题聚类，揭示学科各主题之间的深层次语义关联。

1）模型的基本参数及含义

LDA 涉及词、主题、文档以及众多参数，这些参数的符号以及具体的含义见表 3-7。

表 3-7　LDA 主题模型中的参数符号及含义

参数符号	含义
w	中文指一个词汇，英文指一个单词
$\vec{W}$	指一个文档，如：一篇期刊论文、一篇科技报告、一篇 Web 文本等，经过分词、去重、去停用词等标准自然语言处理过程后构成的文献-词向量。如：$W=(w_1,w_2,\cdots,w_N)$ ，w_n 表示第 n 个词
$\vec{D}$	语料库：文档集合，即 $D=(W_1,W_2,\cdots,W_M)$
N	指语料库中总词汇量
M	指语料库中总文献量
T	一系列潜在主题的向量表示，即 $T=(z_1,z_2,\cdots,z_K)$
K	潜在主题的数量
ϕ	潜在主题在词项上的多项式分布
θ	文档在潜在主题上的多项式分布
α,β	超参数，狄利克雷分布（Dirichlet distribution）参数

2）LDA 的拓扑结构及概率图表示

为了清晰地表示 LDA 的含义，本书采用拓扑结构以及概率图表示模型的框架。LDA 的拓扑结构主要描述主题词、文档以及主题三者之间的关系，如图 3-3 所示。

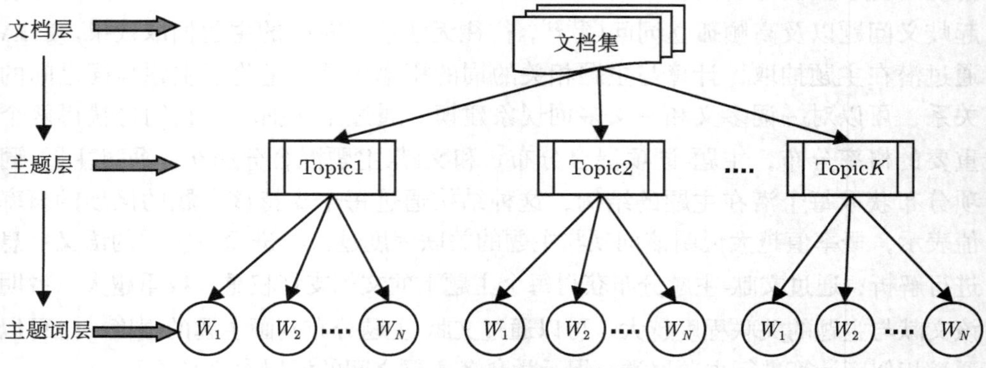

图 3-3　LDA 的拓扑结构图

从图 3-3 中可以看出，LDA 可以看作为三层拓扑结构，文档层和主题词层是显层，可以统计和测量；主题层为隐层，无法进行统计和测量。文档层由文档集合构成，经过文档预处理，如分词、去停用词等，将每一个文档表示为词序列，每一个文档是一个样本；主题词层即预处理之后文档集总词汇序列（去除重复词），一般为名词、形容词等能够表达文档语义的词。LDA 将主题表示为主题词层上的多项式分布，而每一个文档又表示为主题层上的多项式分布，从而形成三个层次的拓扑结构，其物理分解过程用概率图模型表示如图 3-4 所示。

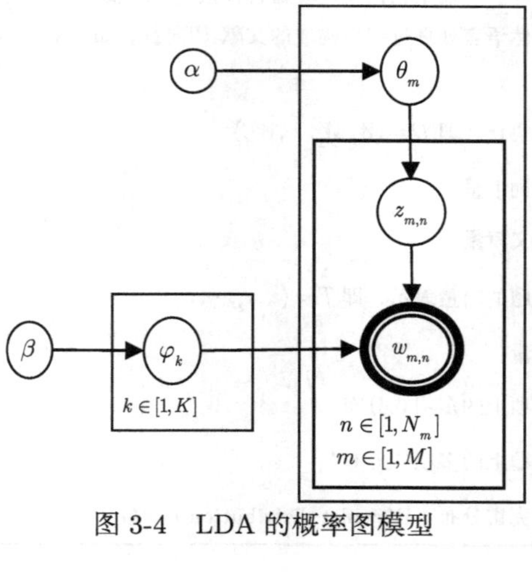

图 3-4　LDA 的概率图模型

从图 3-4 可以看出，LDA 文档生成过程可以描述如下。

对于语料库 $\vec{D}$ 中的任何一篇文档 $\vec{W}$，均由以下三个步骤完成。

（1）从泊松分布 Poisson(ξ) 中选择文档中的词汇量，即 $N \sim \text{Poisson}(\xi)$.

（2）从参数为 α 的狄利克雷分布中选择文档在潜在主题上的多项式分布的参数 θ，即 $\theta \sim \text{Dir}(\alpha)$.

（3）任给 $n \in \{1,2,3,\cdots,N\}$，也就是说对于 N 个词汇表中的每一个词 w_n：

（a）从参数为 θ 的多项式分布中选择一个主题 z_n，$z_n \sim \text{Multi}(\theta)$.

（b）从参数为 β、主题为 z_n 的条件概率 $p(w_n \mid z_n, \beta)$ 中选择词项 w_n

说明：

①选择词汇量 N 对整个 LDA 建模影响不大；

②该模型假设潜在主题向量的维度 k 是提前设定的；

③词项的概率分布是参数为 β 的 $k \times V$ 维的矩阵，其中 $\beta_{ij} = p(w_j \mid z_i)$，表示第 j 个词项在第 i 个主题下的条件概率。

3.2.2　LDA 最优主题数确定方法研究

LDA 是统计语言模型中的典型代表，近几年在情报分析、知识服务、知识发现等领域得到广泛的应用，主要集中在科学文献知识挖掘、科学研究热点发现与新兴主题探测[185-187]、科学研究主题演化[188-190]、学术评价[33]等研究方向。科技情报分析中大量实证研究证明了 LDA 的可靠性和有效性，但仍存在一些问题没有解决。与一般的文本挖掘任务相比，科技情报分析对 LDA 提出更高的要求，主要表现在以下两点：

其一，在一般的文本挖掘任务中（如文本聚类、文本分类、文本自动摘要等），LDA 往往在中间的降维环节发挥重要作用，不需要展示主题的具体形式。但在科技情报分析任务中（如科学研究主题发现），LDA 必须将主题抽取的结果展示并分析，主题抽取的质量直接影响科技情报分析的效果。

其二，LDA 在情报分析中的应用更注重主题数目的确定。目前普遍认为应用 LDA 的最大问题是无法确定最优主题数目[43]。而在科技情报分析中，主题的数目往往凭借专家经验，而当数据量太大时，专家经验往往失效。

1）LDA 最佳主题数确定的相关研究

大量实证研究证实 LDA 主题抽取效果与潜在主题数目 K 值有直接关系，主题抽取的结果对 K 值非常敏感。基于此，国内外不少学者展开了相关研究，通过各种方法确定最优主题数目，目前比较常用方法有以下三种：

方法1 Blei 等采用困惑度（perplexity）作为评价模型好坏的标准，通过选取困惑度最小的模型确定主题的最优数目[30]。困惑度指标可以确定最优的模型预测能力，但是根据困惑度选取的主题数目往往偏大，从而导致抽取的主题之间相似度较大，主题辨识度不高的问题，影响科技情报分析工作的效率。

方法2 将主题数目进行非参数化处理，典型代表是层次狄利克雷过程（hierarchical Dirichlet processes，HDP）[191]。HDP 与 LDA 不同的是：HDP 是一种非参数贝叶斯模型，能够从文档集中自动训练最合适的主题数目 K。HDP 通过狄利克雷过程的非参数特性解决了 LDA 中主题数目选择问题，实验证实 HDP 所选的最优主题数目与基于困惑度选取的最优主题数目一致。但这种方法需要为同一个集合分别建立一个 HDP 模型和一个 LDA 模型，且算法时间复杂性较高，应用在科技情报分析中存在效率不高的问题。

方法3 Griffiths等提出应用贝叶斯模型确定最优主题数目的方法。该方法依赖于 Gibbs 抽样的过程，计算复杂度较高，且只能用来确定主题数目，无法刻画模型的泛化能力。

另外，一些学者探讨了主题相似度和最优主题数目之间的关联。Arun 等将 LDA 看作矩阵分解过程，主题抽取的效果取决于 K 值的选取，并通过实验发现利用 KL 散度度量主题之间的相似度，当主题数接近最优值时，Kullback-Leibler 散度（KL 散度）较小，而主题数远离最优值时，KL 散度较大[192]。曹娟等通过理论证明和实验分析，得到最优主题数与主题相似度之间的关系。以此为约束条件，将最优 K 值选择与 LDA 模型参数估计统一在一个框架里，通过实验证明最优 K 值不仅与文档集中文本的数量有关，也与文本之间的相关程度有关[193]。综合分析发现，以上确定 LDA 最优主题数的方法，主要存在着模型复杂度较高或者分析所得主题的辨识度不高等问题，基于此，本书从主题相似度入手构建新的确定 LDA 主题数的方法。

2）基于主题相似度和困惑度的最优 LDA 主题数确定方法

如前所述，当使用 LDA 对科技文献集进行主题抽取时，困惑度选取的主题数目往往较大，从而导致抽取的主题之间相似度较大、主题辨识度不高的问题。而主题辨识度与主题之间的相似度密切关联，当主题相似度越小时，主题之间的辨识度越大。基于此，本书权衡模型的泛化能力以及主题抽取的效果，提出了基于困惑度和主题相似度相结合的指标 perplexity-var 来确定主题的最优数目。

（1）困惑度

在概率语言模型中，困惑度是用来评估语言模型优劣的指标，其基本思想是给测试集赋予较高概率值的语言模型较好，且较小的困惑度意味着模型对新文本有较好的预测作用，所以困惑度一般随着潜在主题数量的增加呈现递减的规律。

在 LDA 中，困惑度的计算公式如下：

$$\text{perplexity}(D) = \exp\left\{-\frac{\sum_{d=1}^{M} \log p\left(w_d\right)}{\sum_{d=1}^{M} N_d}\right\} \tag{3-2}$$

式中，D 表示语料库中的测试集；共 M 篇文档；N_d 表示每篇文档 d 中的单词数；w_d 表示文档 d 中的词；$p\left(w_d\right)$ 为文档中词 w_d 产生的概率。

（2）perplexity-var 指标

计算主题相似度常用的方法是 Kullback-Leibler 散度（KL 散度）[194]或 Jensen-Shannon 散度（JS 散度）[195]，由于 KL 散度不满足对称性和三角不等式，所以选取 JS 散度作为度量主题之间相似度的计算方法。

在 JS 散度的基础上，将随机变量方差的概念引入到潜在主题空间中，即可衡量主题空间的整体差异性。

主题相似度计算是主题方差概念的基础，本研究将主题之间的相似度看作是随机变量，利用相似度方差度量主题空间的整体差异性。主题方差是主题之间的相似度与平均相似度之间的距离平方和的平均数，用 $\text{var}(T)$ 表示。主题方差用来度量主题相似度和其均值之间的偏离程度，可以用来衡量潜在主题空间的整体差异性和稳定性。

主题方差的计算方法如下：

①利用主题-词概率矩阵计算主题与主题之间的相似度 $D_{\text{JS}}(T_i, T_j)$；

②计算主题相似度的均值 $\overline{D}_{\text{JS}}$；

③利用 JS 散度计算主题方差，

$$\text{var}(T) = \frac{\sum_{i \neq j}\left[D_{\text{JS}}\left(T_i, T_j\right) - \overline{D}_{\text{JS}}\right]^2}{C_K^2} \tag{3-3}$$

式中，T 表示 LDA 抽取的主题；K 表示主题数目；D_{JS} 表示 JS 散度。

$\text{var}(T)$ 衡量主题之间的稳定性和差异性，当 $\text{var}(T)$ 越大时，主题之间的差异性越大，主题之间的区分性就越好，这样的主题结构就越稳定。困惑度反映了模型的预测能力，但一味追求模型的预测能力则必然导致抽取的主题数过大的问题，所以二者相结合可以有效解决主题辨识度不高的问题。

perplexity-var 指标计算公式如下：

$$\text{perplexity - var}(D_{\text{test}}) = \frac{\text{perplexity}(D_{\text{test}})}{\text{var}(T_{\text{test}})} \tag{3-4}$$

式中，D_{test} 为实验文本集中的测试数据集；$\text{perplexity}(D_{\text{test}})$ 为测试数据集的困惑度；$\text{var}(T_{\text{test}})$ 是测试数据集的主题方差。

perplexity-var 指标含义是：首先，考虑到模型的泛化能力，当 perplexity 越小时，LDA 的泛化能力越好。其次，考虑到 LDA 的主题抽取效果，当主题结构的平均相似度最小时，对应的 LDA 最优，而主题结构的平均相似度越小，则主题之间的差异就越大，此时主题结构的方差越大。所以当主题方差越大时，LDA 主题抽取的效果越佳，同时 perplexity-var 指标就越小。综合以上分析，当 perplexity-var 指标最小时，对应的 LDA 最优。

3）*实验及结果分析*

考虑到 1994~2000 年我国新能源领域处于发展期，该领域不断涌现出新的研究方向，有利于验证本书提出的方法。所以，实验数据检索自 CNKI，通过去重、删除不完整，共获得国内新能源领域 1994~2000 年 1018 篇文献，字段包括标题、作者、机构、摘要和关键词，不包括全文。通过对 1018 篇科技文献的标题、关键词、摘要等元数据的分析，作者统计了文本集的主题及相关统计数据，根据专家经验共获得有效主题 27 个，共包含文献 955 篇，另外，还有主题不明确的文献 63 篇，具体数据如表 3-8 所示。

实验数据的预处理主要有抽取领域词典和分词。通过 Python 编程获取 1018 篇原始文献的关键词，计算词频并获取领域词典。利用 Python 的 jieba 分词软件包对原始文献的摘要进行分词，并将上一步获取的领域词典作为分词组件的用户词典，以提高分词的效果。LDA 主题抽取由基于 Python 语言的机器学习包 gensim①实现，perplexity-var 指标的计算以及文档相似度的计算也通过 Python 编程实现。

① https://pypi.python.org/pypi/gensim.

表 3-8　新能源领域实验文本集主题及文献量分布

主题	文献量	主题	文献量
太阳能资源	89	风能资源	60
光伏发电	36	风力发电	55
太阳池	11	风力机	48
太阳能空调	10	沼气池	50
太阳灶	18	沼气发酵	30
太阳能电池	15	生物质能	62
太阳能热水器	69	地热资源	63
太阳能集热器	64	地热井、地热田	22
空气取水	8	地热发电	20
氢能	31	热流	14
海洋石油	20	波力发电	12
天然气水合物	62	潮汐能	13
优化设计	15	核能	9
建模、仿真	59	其他	63

（1）评价指标构建

通过文献综述可知，确定 LDA 最优主题数目的三种方法中，基于 HDP 确定 LDA 最优主题数目的方法算法复杂度较高，而基于 Gibbs 抽样过程中的贝叶斯模型方法无法刻画模型的新文档预测能力。所以，本书选取最流行的基于困惑度计算的方法作为本书方法的比较对象。主题抽取效果方面，采用查准率 P（precision）、查全率 R（recall）和 F 值（f-score）进行定量评价。

查准率用以评估 LDA 主题抽取的有效主题中正确主题所占的比例，查全率用以评估 LDA 抽取的正确主题占专家评判的领域研究主题的比例，而 F 值为二者的调和平均值，公式如下：

$$P = T_{\text{correct}} \big/ T_{\text{extract}} \tag{3-5}$$

$$R = T_{\text{correct}} \big/ T_{\text{standard}} \tag{3-6}$$

$$F = 2PR \big/ (P + R) \tag{3-7}$$

式中，T_{extract} 为 LDA 抽取的有效主题的数目；T_{correct} 为有效主题中正确抽取的主题数目，所谓正确抽取的主题指 LDA 所抽取的主题包含在专家评判的领域研究主题之中；T_{standard} 为通过文献调研和专家评判的领域主题数目。

（2）最佳主题数目的确定

实验设定主题数目 K 的取值范围为[10,200]，取步长为 10 进行 LDA 主题抽取，分别在测试集上计算 perplexity 指标和 perplexity-var 指标，从而确定最优主题数目。

①perplexity 指标的计算

从图 3-5 中困惑度的取值来看，当主题数目 $K=70$ 时，LDA 的困惑度指标达到最小，此时最优主题数目为 70。

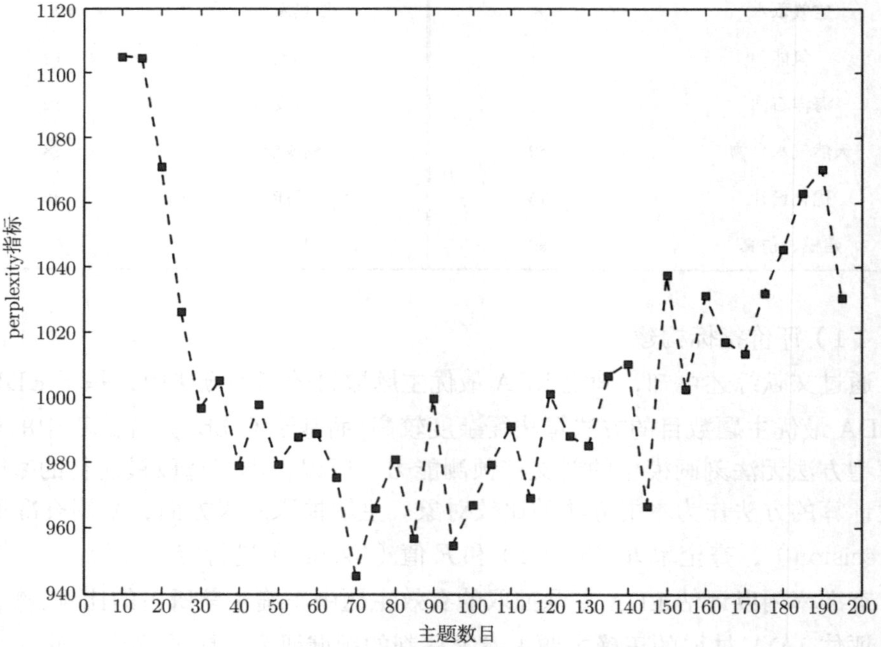

图 3-5　不同主题数目下 LDA 的困惑度

②perplexity-var 指标的计算

利用 JS 散度在测试集中计算不同主题数目 K 情况下，LDA 抽取的潜在主题的方差如图 3-6 所示。

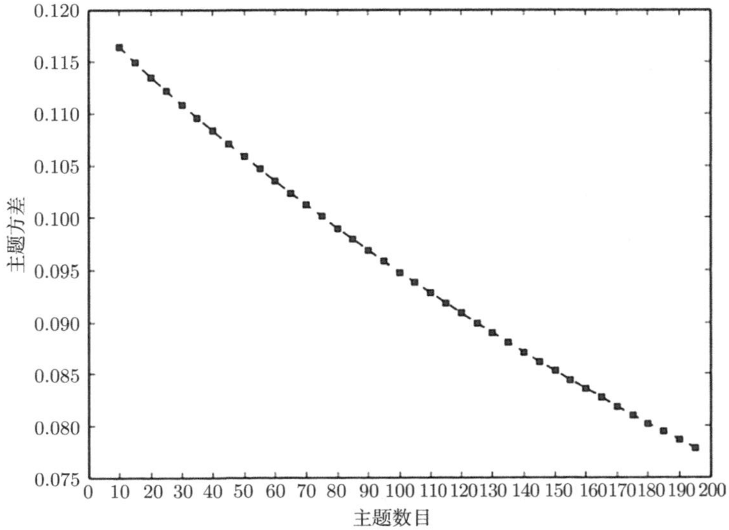

图 3-6　不同主题数目下 LDA 抽取的潜在主题方差值

图 3-6 中显示主题方差随着主题数目的增加而减小，即当主题数量越多时，主题之间的方差越小。这是因为当抽取的主题越多时，出现了一些干扰主题和语义重复的主题，导致主题之间的相似度增大，主题结构的方差变小，造成主题结构的不稳定。

使用 perplexity-var 指标计算最优主题数目，如图 3-7 所示。

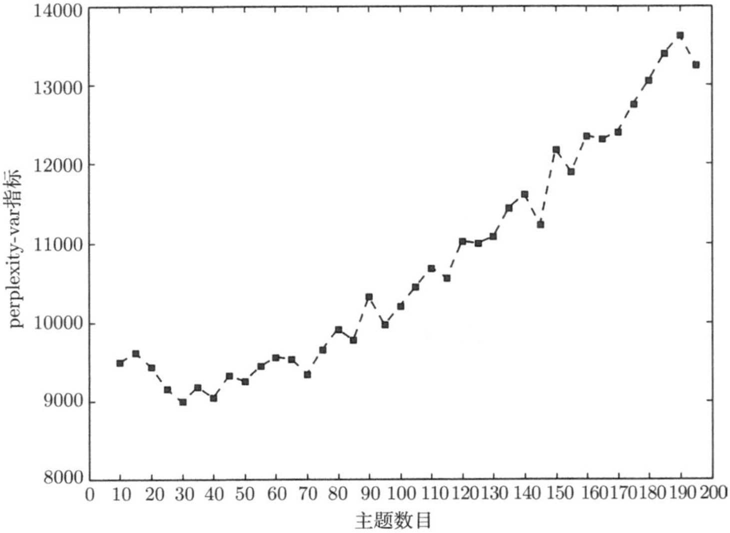

图 3-7　不同主题数目下 LDA 的 perplexity-var 指标值

从图 3-7 中可以得出，当主题数目选择为 30 个时，perplexity-var 指标达到最小值，此时选择的 LDA 最优主题数目为 30。

综上，从两种指标所确定的 LDA 主题数目来看，单纯使用困惑度确定的主题数目 70 与人工判定的主题数目 27 相差太大，而本书提出的 perplexity-var 指标得到的最优主题数目 30 与人工判定的结果比较吻合。

（3）实验结果对比分析

根据实验结果可知，通过 perplexity 指标计算的最优主题数目 70，通过 perplexity-var 指标计算的最优主题数目为 30，利用 LDA 对新能源领域科技文献数据集进行主题抽取，并分析结果，部分主题抽取结果如表 3-9 和表 3-10 所示（只展示前 10 个主题并省略主题词的概率值）。

表 3-9　K=30 时 LDA 主题抽取结果（部分结果，阴影为干扰主题）

主题	主题词				
Topic1	太阳能热水器	太阳能发电	农村能源	燃气热水器	蓄热
Topic2	太阳能	太阳能集热器	管簇结构腔体式吸收器	集热效率	仿真
Topic3	太阳能集热器	太阳能热水器	保温材料	循环管	聚苯乙烯泡沫板
Topic4	太阳能	设计	发展	热水器	海洋能
Topic5	沼气池	产气量	发酵液	农村	活动盖
Topic6	地温梯度	地热资源	温度	热流	地热场
Topic7	潮汐发电	风力发电机组	间断性发电	温泉水	风机
Topic8	天然气水合物	温室气体	气体水合物	海洋	甲烷
Topic9	太阳灶	反射率	太阳房	太阳能利用	太阳能资源
Topic10	太阳能利用	集热器	太阳能热水器	真空管太阳能热水器	新能源

表 3-10　K=70 时 LDA 主题抽取结果（部分结果，阴影为干扰主题）

主题	主题词				
Topic1	潮汐电站	潮汐能资源	潮汐能源	灯泡贯流式机组	开发前景
Topic2	太阳能热水器	集热器	热效率	太阳热水器	太阳能干燥器
Topic3	太阳能	热效率	供热与制冷	热损	管簇结构腔体式吸收器
Topic4	地热	厌氧发酵	地热热泵	供暖	太阳能集热器

续表

主题	主题词				
Topic5	真空集热管	太阳集热器	全玻璃	选择性吸收涂层	真空太阳集热管
Topic6	沼气	综合利用	太阳能资源	天然气	自动绘图
Topic7	地温梯度	大地热流	使用方法	地热电站	瞬时效率
Topic8	风电场	风能	风能资源	风力发电机组	风力机
Topic9	地温场	金属陶瓷	地热	共溅射	太阳能制氢
Topic10	风力机	风力发电机	控制系统	模型	风轮

主题的含义是通过其主题词项的综合语义反映出来的，通过与人工判定的主题进行比较（表 3-8），可以得出 perplexity-var 指标确定的 LDA 可以准确抽取 22 个主题，所抽取的 30 个主题中含有 6 个干扰主题；Perplexity 指标确定的 LDA 可以准确抽取 23 个主题，所抽取的 70 个主题中含有 29 个干扰主题。两种指标下的主题抽取效果对比如表 3-11 所示。

表 3-11　不同最优主题数选择方法下 LDA 主题抽取效果对比

最优主题数选择方法	$T_{extract}$	$T_{correct}$	$T_{standard}$	查准率 P	查全率 R	F 值
perplexity	41	23	27	56.10%	85.19%	67.65%
perplexity-var	24	22	27	91.67%	81.48%	86.27%

表 3-11 展示了两种最优主题数选择方法下，LDA 主题抽取的查准率、查全率和 F 值。从表中可以看出，基于困惑度（perplexity）的方法，抽取的有效主题数较多，但是这些主题大多是重复的且干扰主题也很多，所以查准率和 F 值较低。而基于主题相似度和困惑度（perplexity-var）的选择方法，抽取的主题中干扰主题较少，各项指标较高，效果较好。科技文献主题挖掘的目标，既要保证主题抽取的准确性也要保证主题抽取有较高的效率。否则，抽取的干扰主题过多，会严重影响主题挖掘效率。

3.2.3　LDA 语料库构建与主题抽取效果评价研究

从 LDA 在科技文献主题发现的应用情况来看，由于获取数字化科学文献全文存在一定的局限性，所以构建文本语料库的语料主要有三种形式：关键词、摘要[38]、关键词+摘要[196]，其中关键词在传统的共词分析中使用得比较多，摘要以及关键词+摘要的形式在主题模型中使用得比较普遍。但关键词和摘要作为文献标引的重要组成部分，在科学文献语义揭示方面具有不同的功能，对 LDA 的应用也会形成不同的影响，因此对不同语料下 LDA 主题抽取的效果进行评价非常重要。

基于关键词和摘要对科学文献语义揭示方面的不同功能，本研究对上述三种不同语料（关键词、摘要、关键词+摘要）构成的语料库进行 LDA 主题抽取，并通过定量评价指标对主题抽取效果进行对比分析。

1）科学文献主题抽取效果评价指标构建

查准率、查全率等指标主要是从 LDA 主题抽取的有效性角度对主题抽取效果进行评价，F 值从宏观层面刻画了主题抽取的准确性和全面性。为了全面评价主题抽取效果，提出了信息熵指标，旨在从微观层面判断主题信息的混乱程度，信息熵越小则代表主题抽取效果越好。

（1）查准率、查全率和 F 值

查准率 P（precision）、查全率 R（recall）和 F 值（F-score）这三个指标的含义，参见式（3-5）、式（3-6）和式（3-7）。

（2）信息熵

信息论中“熵”的含义和热力学中的熵含义一样，都是作为度量“不确定”的程度。信息熵在信息论中是度量信息不确定性的量，而主题信息熵用来度量主题语义信息的不确定性，当熵值越大时说明主题的词项概率分布越均衡，则主题语义信息混乱程度越高，主题抽取的效果就越差。所以主题的词项概率分布具有较小的熵值意味着主题抽取的效果越好。

设科学文献语料库 D 经 LDA 主题抽取后，获得潜在主题的词概率分布表示为 $T=\left(\left(w_1,p\left(w_1\mid T\right)\right),\left(w_2,p\left(w_2\mid T\right)\right),\cdots,\left(w_n,p\left(w_n\mid T\right)\right)\right)$，则该主题的熵值为

$$H(T)=-\sum_{i=1}^{n}p(w_i\mid T)\log_2 p(w_i\mid T) \qquad (3\text{-}8)$$

2）实验与结果分析

（1）数据与数据预处理

实验目的是分析不同语料下 LDA 的主题抽取效果，选择国内风能领域的科学文献数据作为实验数据。由于侧重于国内风能领域相关技术和方法等研究主题的发现，所以实验数据检索自 CNKI，使用的数据库为中国学术期刊网络出版总库，检索策略是中国学术期刊网络出版总库—工程科技Ⅱ辑—新能源类

目—风能，通过去重、删除不完整、删除英文文章、删除新闻报道，共获得国内风能领域 1990~2016 年共 3850 篇期刊文献，全部字段包括标题、作者、机构、摘要和关键词，不包括全文。

风能（wind energy）是因空气流做功而提供给人类的一种清洁可再生能源。我国风能资源丰富，可开发的装机容量 2.53 亿千瓦，居世界首位[197]。由于风力发电存在安全可靠、不污染环境、建设周期短、装机规模灵活、运行简单等优点，我国风力发电发展迅猛。利用科技情报分析方法对我国风能领域的科学文献进行知识管理和主题挖掘具有重要的战略意义，可以实现风能领域研究热点发现、研究脉络解析和研究趋势预测，可对科技政策制定提供决策支持。

数据预处理主要是抽取领域词典和分词。首先，通过 Python 编程获取原始文献的关键词，计算词频并获取领域词典。然后利用 Python 的 jieba 分词软件包对原始文献的摘要进行分词，并将领域词典作为分词组件的用户自定义词典，以提高分词的效果。LDA 主题抽取由基于 Python 语言的机器学习包 gensim 实现。对于主题抽取评价指标的计算，如查准率、查全率、F 值、信息熵等均通过 Python 编程实现。

（2）主题抽取效果评价指标对比分析

①查准率、查全率和 F 值

实验组确定了风能文献集的领域研究主题（表 3-12）及主题数目 $T_{\text{standard}}=29$，T_{standard} 为通过文献调研和专家评判的领域主题数目。为了有效地评价不同语料库下主题抽取的效果，方便比较不同语料下主题抽取的各种定量指标，设置三种语料下 LDA 主题抽取的初始主题数均为 30。

表 3-12　基于文献调研和专家经验的国内风能领域研究主题分布

研究主题	研究主题	研究主题	研究主题	研究主题	研究主题
风能资源利用	风能资源评估	垂直轴风力机	水平轴风力机	风力机叶片气动性能研究	风力机翼型气动性能分析
风力机叶片优化设计	风机故障诊断	风速预测	海上风力机	风力提水	风轮设计
风力机叶片复合材料研究	风力机叶尖特性研究	风力机尾流研究	风力机可靠性研究	风切变、风剪切、塔影效应研究	风力机除冰研究
风力机优化布置	风力发电机组	变速恒频风力发电机	风力机模态分析	风洞实验	风力机变桨距系统
风力机动态失速	风电场	风力机塔架	风力涡轮机	风力发电	

在实际操作过程中，制定了主题标注的工作机制。通过分析每个主题下词的语义及语义关联程度确定有效的主题数目 T_{extract} 和正确抽取的主题数目 T_{correct}，具体分析过程如下：首先，将检索出的文献存入数据库中，将课题组成员6人分成3个小组,对LDA抽取的每个主题判断其是否形成明显的语义信息，并按照表3-12所示的研究主题对其进行标注；然后，将3个小组的标注结果进行逐一对比，若出现所有标注结果均不相同的主题，则由课题组所有成员一起讨论决定其标注；最后，将标注结果提供给风能领域的专家进行评判，对标注有误的主题进行修正。通过一系列的判断和标注，三种语料下LDA主题抽取查准率、查全率和 F 值如表3-13所示。

表 3-13　不同语料下 LDA 主题抽取查准率、查全率和 F 值

语料	T_{extract}	T_{correct}	T_{standard}	查准率 P	查全率 R	F 值
关键词	21	18	29	85.71%	62.07%	72.00%
摘要	27	24	29	88.89%	82.76%	85.72%
关键词+摘要	23	19	29	82.61%	65.52%	73.08%

通过表3-13可以看出，语料为摘要的LDA主题抽取获得较高的查准率、查全率和 F 值；语料为关键词的LDA主题抽取具有较高的查准率，但是查全率很低，这表明抽取的有效主题中正确主题的占比较高，但是抽取的有效主题太少，只有21个；语料为关键词+摘要的LDA主题抽取查准率较低，这表明关键词和摘要分词混合在一起构建的文本语料库影响了科学文献的语义表达，在抽取的有效主题和正确主题方面均不如单纯使用摘要作为语料库的LDA。另外，摘要和关键词+摘要两种语料下LDA主题抽取均出现文献调研和专家评判之外的其他主题，如数值模拟方法、有限元分析方法、计算流体力学等主题。这些主题是风能研究领域的基本方法和工具，可以被LDA识别出来，但是在文献调研和专家评判时这些方法性或技术性的主题不被列为领域研究主题。

②信息熵

实验通过计算每个主题的熵值，评价主题语义信息的不确定程度。主要方法是通过单因素方差分析比较不同语料下的主题熵值是否存在显著性差异。若三种不同语料下主题熵值存在显著性差异则通过熵值的平均值比较主题抽取的效果，较小的平均熵值具有较好的主题抽取效果。

表3-14是三种不同的语料下LDA主题抽取的有效主题熵值统计描述。从统计描述表中可以看出摘要语料具有最小的均值和标准差。表3-15和表3-16

分别为单因素方差分析中的方差齐性检验以及 ANOVA 检验，通过方差齐性检验发现三种语料下通过 LDA 抽取的有效主题信息熵方差存在显著性差异，所以采用 Games-Howell 方法检验两两之间的显著性。

表 3-14　不同语料下 LDA 主题抽取的有效主题信息熵统计描述

语料	N	均值	标准差	标准误差	均值的 95%置信区间		极小值	极大值
					下限	上限		
关键词	30	10.173566	0.6935859	0.1266309	9.914577	10.432555	8.7150	11.1810
摘要	30	9.055430	0.5952814	0.1086830	8.833149	9.277712	7.9982	10.4264
关键词+摘要	30	9.571993	0.7764202	0.1417543	9.282072	9.861913	8.3490	11.1500
总数	90	9.600330	0.8244766	0.0869075	9.427646	9.773013	7.9982	11.1810

表 3-15　方差齐性检验

Levene 统计量	df1	df2	显著性
1.729	2	87	0.184

表 3-16　ANOVA 检验

	平方和	df	均方	F	显著性
组间	18.790	2	9.395	19.596	0.000
组内	41.709	87	0.479		
总数	60.499	89			

通过 ANOVA 检验，可以看出显著性 P 值小于 0.05，表明三种不同语料下 LDA 抽取的有效主题信息熵均值存在显著的差异。

表 3-17 的多重比较表明关键词、摘要、关键词+摘要两两之间有效主题的信息熵均值存在显著性差异，关键词与摘要之间的显著性 P 值为 $0.000<0.05$，关键词与关键词+摘要之间的显著性 P 值为 $0.007<0.05$，摘要与关键词+摘要之间的显著性 P 值为 $0.015<0.05$，其中摘要语料的有效主题信息熵均值最小。综上，从主题的语义信息确定性角度来看，摘要为语料的 LDA 主题抽取效果是最好的，其次为关键词+摘要，最差为关键词。

表 3-17　Games-Howell 多重比较

I 组	J 组	均值差（I-J）	标准误	显著性 P	95%置信区间	
					下限	上限
关键词	摘要	1.1181358*	0.1668753	0.000	0.716507	1.519765
	关键词+摘要	0.6015736*	0.1900780	0.007	0.144225	1.058922
摘要	关键词	−1.1181358*	0.1668753	0.000	−1.519765	−0.716507
	摘要+关键词	−0.5165622*	0.1786233	0.015	−0.946966	−0.086158
摘要+关键词	关键词	−0.6015736*	0.1900780	0.007	−1.058922	−0.144225
	摘要	0.5165622*	0.1786233	0.015	0.086158	0.946966

3）研究结论与讨论

为了更加清晰地对比不同语料下主题抽取的效果，将定量分析的结果表示如表 3-18 所示。

表 3-18　不同语料下 LDA 主题抽取效果对比表

语料	有效主题数	主题抽取的准确度	主题语义信息混乱程度
关键词	较少	一般	较高
摘要	较多	较高	较低
关键词+摘要	一般	一般	一般

基于国内风能领域的科学文献数据集的实证研究表明，三种不同的语料在主题抽取的定量评价指标中存在显著性差异，摘要作为语料的 LDA 主题抽取效果最好，具有较高的查全率和 F 值，具有较小的信息熵。表现最差的是关键词作为语料的 LDA 主题抽取，查全率最低，信息熵最大，反映出主题语义比较模糊。将 LDA 主题抽取的结果和关键词、摘要的特点相结合，分析出现以上结果的原因主要有两个。

①关键词属于自然语言，在关键词标引时往往会出现很多问题，如主题标引不够深入、关键词外延过于宽泛、关键词之间的关系以及内涵表述不清、关键词的组配结果具有二义性等[198]。这些问题会造成关键词之间缺乏语义逻辑，不能清晰完整地表述文献的主题，所以关键词作为语料其 LDA 主题抽取效果最差。而摘要可以看做是一篇比较完整的短文，包括科学文献的研究目的、意义、方法、实验以及结果等内容，其语义逻辑是清晰的，所以其主题抽取的效果表

现最好。

②关键词和摘要用词存在明显区别。关键词是反映文献主题概念的相关词，关键词标引的主要作用是通过关键词的逻辑组合，提示论文的主题内容。摘要是以提供文献内容梗概为目的，不加评论和补充解释，简明、确切地记述文献重要内容的短文。也就是说，关键词用词更加偏向于宏观层面的学科主题词，而摘要用词更加偏向于反映文献研究内容的学科专业词汇。理论上分析，关键词+摘要作为语料会扩展语料的信息，使 LDA 抽取到更多的主题，但是实际上由于二者语义逻辑上的差别使抽取出来的很多主题信息熵较大，语义信息比较模糊，出现了较多的无效主题。所以，在应用 LDA 进行科学文献主题抽取时，需要根据主题抽取的不同任务合理构建文本语料库，并不是文本内容越多越好，往往语义逻辑越强的文本语料库，主题抽取的效果越好。

3.3　作者研究主题挖掘及演化研究

在科学计量学领域，作者研究主题挖掘通常指通过作者所著学术文献分析和判定作者研究领域或研究方向的过程，而作者的研究领域或者方向通常通过文本主题挖掘来表示。与作者的研究兴趣分析不同，研究兴趣是带有较多感情色彩的指向，表明作者喜欢的研究领域或方向，需结合文献分析和访谈调查等手段才能获取，仅通过文献分析并不全面和客观。所以，本书所研究的作者研究主题是建立在文献分析的基础上，是客观反映作者的研究领域，与研究兴趣并不等价。

国内外学者对于作者研究主题的研究主要是从文本挖掘、文献计量以及社会网络等角度开展。从文本挖掘的角度，Steyvers 等将作者信息加入到 LDA 文档-主题概率分布中，构建 AT 主题模型，用以获取作者的研究主题；McCallum 等基于 AT 模型，针对具有方向性的文档（比如电子邮件）构建 ART（Author-Recipient-Topic）模型[199]。Jeong 等提出 Author Topic-Flow（ATF）模型[200]，用来分析作者的研究主题分布情况。冯小东等基于 AT 模型提出作者-主题-文献模型，利用作者引用的参考文献表征作者的研究主题，模型可以根据引用文献提取学科领域研究主题分布以及每个作者的潜在研究主题分布，能够挖掘具有相似研究主题的作者[201]。

综合已有研究发现，目前对于作者研究主题的研究主要是基于文本挖掘算法，但是目前还缺少利用这些文本挖掘算法对作者的研究主题及其演化规律进行分析的系统性框架体系。一方面要挖掘学科领域生命周期内核心作者的研究主题及其演化，一方面要揭示作者的研究主题与学科领域研究热点之间的关联，所以采用 AT 模型作为作者研究主题挖掘的主要方法，并结合生命周期理论，提出作者研究主题演化分析框架，揭示作者的研究主题演化规律。

3.3.1 基于生命周期理论的学科领域发展阶段划分

生命周期（life cycle）[202]的概念应用很广泛，特别是在政治、经济、环境、技术、社会等诸多领域经常出现，其基本含义可以通俗地理解为“从摇篮到坟墓”（cradle-to-grave）的整个过程。生命周期理论是事物发展的基本理论，事物的发展过程是从产生、发展、成熟到消亡的过程，旧事物的消亡同时伴随着新事物的诞生。

Price 在《小科学、大科学》中提出了科学知识增长的逻辑模型，按照这个逻辑增长模型，学科领域内每年新出版的文献累积数量的增长将经历以下四个阶段。增长的初级阶段：在这个阶段，增长的绝对值很小，但是增长率是很高的；指数增长阶段：在这个阶段，一个领域的出版文献每隔一定时间成倍的增长，这是恒定增长率的结果；饱和阶段：每年的出版文献增长量仍然接近一个常数，但是增长率逐渐下降；衰落危机阶段：增长量和增长率都在递减，最后接近于0。

文献信息增长规律是文献计量学中用来刻画科学文献生命周期的基本规律，其基本方法是文献信息统计方法。苏联科学学家弗·纳里莫夫在研究科学文献增长规律时，发现文献的增长是分阶段的，每一阶段的增长模式并不相同，提出了文献按照逻辑曲线增长的理论和模型[203]。本书利用文献信息统计方法统计学科领域的科学文献信息及其变化，以文献信息增长规律为指导，分析学科领域文献信息增长趋势，刻画学科领域生命周期，并对生命周期不同的阶段进行划分（图 3-8）。

（1）萌芽期：文献增长缓慢，文献增长率接近为零，研究主题单一，文献量较少，但始终有该学科领域文献出现，表明该学科领域处于萌芽期。

（2）发展期：文献量呈现较快的指数型增长，文献增长率呈递增状态，新的研究主题不断涌现。同时，需要注意的是在发展阶段文献增长率随时间变化呈现出先增后减的规律，反映在文献量曲线上会出现一个拐点，意味着学科领域正由快速发展步入缓慢发展阶段。

（3）成熟期：文献量呈缓慢增长趋势，文献增长率进一步递减，研究主题数量稳定，文献量维持在一个较高的水平。

（4）衰退期/转型期：学科领域经过成熟期一般会朝两个方向发展，一个方向是文献量递减，没有新的研究主题出现，文献增长率为负，表明该学科领域正在衰退，表现在图 3-8 中是分叉曲线中向下的那一段曲线；另一个方向是在原有学科领域中变异出新的研究方向和研究热点，文献量进一步递增，文献增长率为正，表明该学科领域正在转型，表现在图 3-8 中是分叉曲线中向上的那一段曲线。

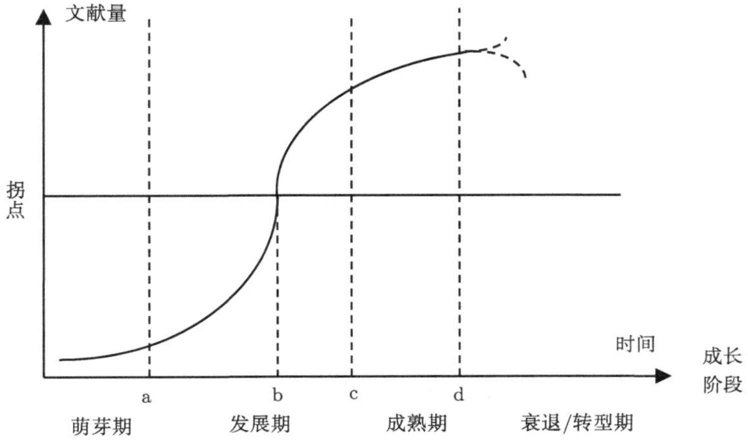

图 3-8　学科领域生命周期示意图

图 3-8 所示学科领域生命周期示意图是根据文献信息增长规律，以时间为轴统计学科领域文献发表量绘制而成，但不完全等同于文献信息增长规律，主要区别是在学科领域生命周期有衰退/转型期。其中 a,c,d 三条虚线是萌芽期、发展期、成熟期、衰退/转型期的临界线，虚线 b 所对应的拐点是快速发展期的临界点，虚线 d 之后是衰退期还是转型期需根据具体学科而定，并无固定的规律。该示意图可以描绘学科领域的生命周期，可以对学科领域的发展有一个宏观的判断。

3.3.2　作者研究主题及演化分析框架构建

AT 主题模型是在 LDA 的基础上将作者信息增加到文档与主题的关联之中，能够度量作者与潜在主题之间的关联度，从而为研究作者研究主题提供了新的方法。本书利用 AT 主题模型主要实现两个方面的挖掘：一个是学科领域研究主题的抽取以及主题强度的演化；一个是作者研究主题的挖掘以及作者研究主题的演化。研究主题的抽取是利用主题-词矩阵，获得每个主题下的词项及其概率值，进而在此基础上计算每个主题的强度。作者研究主题挖掘是利用作者-主题矩阵，获得每个作者下主题的概率值，概率值越大的主题是作者越感兴趣的主题，以此来讨论作者的研究主题及其演化规律。

在科学研究领域，学者的研究成果在一定程度上也可以揭示该学者的研究主题[204]。AT 主题模型是一种从大规模文本数据集中抽取文本信息的非监督机器学习算法。LDA 是抽取文本主题的常用方法，但是 LDA 没有给出作者与主题之间的关联。AT 主题模型将作者信息加入到文本建模中，通过两阶段的随机过程对文档-主题分布、作者-主题分布以及主题-词分布进行抽样和参数估计，AT 主题模型的概率图模型如图 3-9[34]所示。

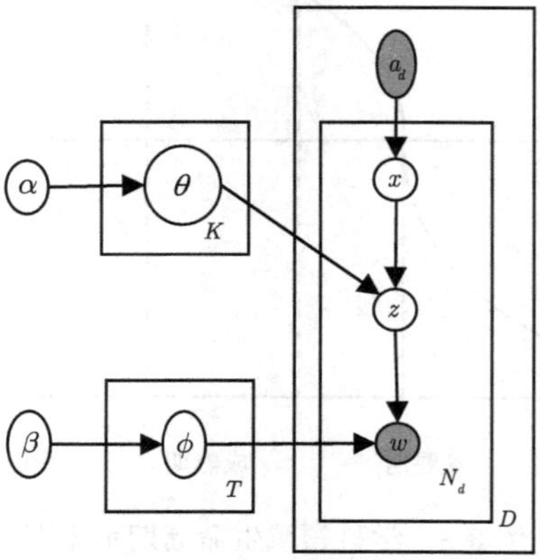

图 3-9　AT 模型概率图模型

其中，图 3-9 中每篇文档的合作者集合 a_d 以及词 w 为可观测变量，其他变量作者 x 、主题 z 、作者-主题概率分布 θ 、主题-词概率分布 ϕ 均为潜在变量，模型最终可以获得作者-主题分布、主题-词分布以及文档-主题分布。利用作者-主题分布，可以获取每个作者的研究主题及其概率值；利用主题-词分布可以获取每个潜在主题的词项及其概率值；利用文档-主题分布可以获取每个文档涉及的研究主题及其概率值。

与 LDA 一样，AT 主题模型通过概率模型估计每个作者在主题空间中的分布，作者-主题矩阵可以表征每一个作者的研究主题向量，表示为：

$$\mathrm{Topic}_{\mathrm{au}} = ((T_1, p(T_1 \mid \mathrm{au})), (T_2, p(T_2 \mid \mathrm{au}))), \cdots, (T_K, p(T_K \mid \mathrm{au})) \tag{3-9}$$

式中，au 表示作者；T_i 表示第 i 个主题；K 表示学科领域内主题的个数；$p(T_K \mid \mathrm{au})$ 则表示第 K 个主题的概率值。

作者研究主题演化指的是作者对某个主题研究主题度随时间的演化趋势，通过不同时间窗口内作者对该主题兴趣度累积而得。本书将 AT 主题模型与生命周期理论相结合，提出作者研究主题演化分析框架（图 3-10），同时通过对比学科研究热点的演化趋势，对作者在学科发展过程中的作用进行探究。

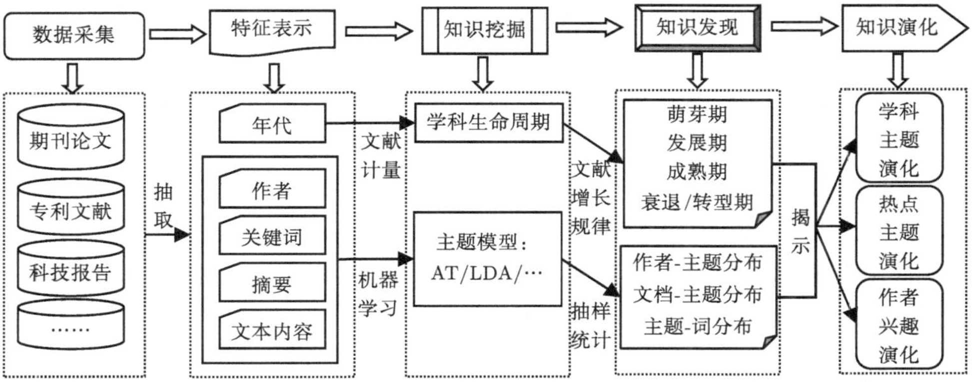

图 3-10　作者研究主题演化分析框架

作者研究主题演化分析框架按照分析流程主要有五个模块：数据采集模块、特征表示模块、知识挖掘模块、知识发现模块和知识演化模块。在特征表示模块中，年代发文量是确定学科领域生命周期的主要支撑数据，而关键词、摘要以及文本内容则是主题挖掘所需的语料库，摘要以及文本内容需要进行数据预处理，如：分词、去停用词、词性标注等。在知识挖掘模块中，利用文献信息增长规律对学科领域生命周期进行刻画，这是主题演化和作者兴趣演化分析的时间窗口划分依据；而主题模型主要是完成主题挖掘以及作者研究主题挖掘的任务，根据不同的挖掘任务选择不同的主题模型，如 AT/LDA 等。知识发现模块主要是展示知识挖掘的结果，这些结果主要是以数学概念的形式给出，如矩阵、概率分布等，需要根据模型的理论对数学概念进行知识转化，转化为学科领域发展阶段、研究主题等领域知识。知识演化模块主要是通过学科领域生命周期的划分，揭示学科主题以及作者研究主题随学科发展的演化规律。

3.3.3　作者研究主题挖掘的实证研究

核心作者是对学科领域发展做出重要贡献的研究人员，对核心作者的探测和评价一直是文献计量领域的研究热点。利用全局文献发表量和作者-主题概率分布作为衡量核心作者的依据。从核心作者的研究主题入手，通过 AT 主题模型挖掘学科领域生命周期内各阶段学科研究主题及核心作者研究主题，对比两者之间的演化趋势，探测核心作者的研究主题对学科领域发展的影响。

1）实证数据来源及预处理

实证研究选择国内锂离子电池领域的期刊文献数据作为实证数据。数据检索自 CNKI，检索策略为 TI='锂离子电池'，时间不限，由于侧重于国内锂离子电池领域相关技术和方法等领域核心作者研究主题的挖掘，所以选择了“电力工业”“化学化工”“材料科学”和“汽车工业”学科的文献，通过去重、删除不完整、删除英文文章、删除新闻报道，获得 1994~2015 年共 5508 篇期刊文献，全部字段包括标题、作者、机构、摘要和关键词，不包括全文。

AT 主题模型的语料库经过摘要和关键词合并而成，并通过分词、去停用词等数据预处理，得到文档词 7554 个，作者 8279 个；AT 主题模型的参数 α=0.1，β=0.01；经过多次实验测试并结合锂离子电池领域相关专家判断，将主题数 k 设置为 20 个，模型迭代次数为 1000 次。

2）锂离子电池领域生命周期刻画

通过对 1994~2015 年，年度文献发表量的统计以及线性拟合，将锂离子电池领域文献数据集按照生命周期理论划分为 4 个阶段，如图 3-11 所示。

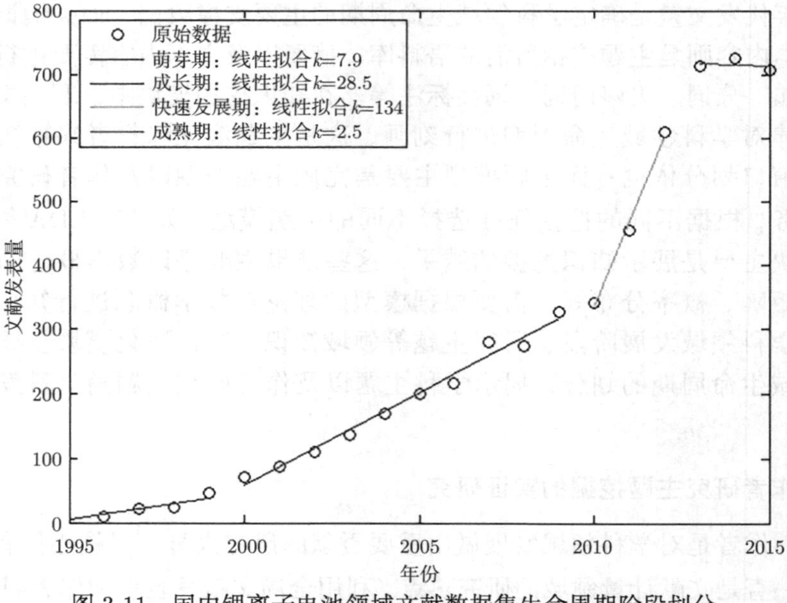

图 3-11　国内锂离子电池领域文献数据集生命周期阶段划分

萌芽期（forming stage）：1994~1999 年，该阶段内文献发表量不超过 100 篇，线性拟合斜率为 7.9，即年度增长量为 7.9 篇，增长缓慢，处于发展的萌芽阶段；

成长期（growth stage）：2000~2009 年，该阶段内文献年度增长量显著增长，为萌芽期的 3.6 倍，但年度文献发表量仍较低；

快速发展期（rapid developing stage）：2010~2012 年，该阶段年度文献增长量达到 135 篇，是成长期的 4.7 倍，文献发表量呈现快速增长趋势；

成熟期（mature stage）：2013~2015 年，通过线性拟合发现该阶段年度文献增长量为负值，呈现平稳下降趋势，表现出该领域在近两年来的发展趋于成熟和稳定。

从年度文献发表量的统计分析来看，国内最早的一篇有关锂离子电池的技术性科技文献是郭自强于 1994 年发表的文献《用水溶液电解质的可充锂电池》，该文献介绍了研制用水溶液电解质的可充锂离子电池的方法[205]。国内锂离子电池领域发端于 1994 年，在经过成长期和快速发展期后，2013~2015 年处于成熟期阶段。接下来，按照四个阶段对该领域的研究热点以及核心作者的研究主题进行分析。

3）锂离子电池领域研究主题以及核心作者研究主题演化分析

（1）全局主题强度及作者研究主题

对研究主题以及作者研究主题的演化分析采取先抽取后离散的方法，即先对整个语料库进行主题抽取，获取 20 个研究主题及其主题词项，然后通过追踪这 20 个研究主题在生命周期各个阶段中的趋势进行演化分析。全局主题及其强度分布如图 3-12 所示。

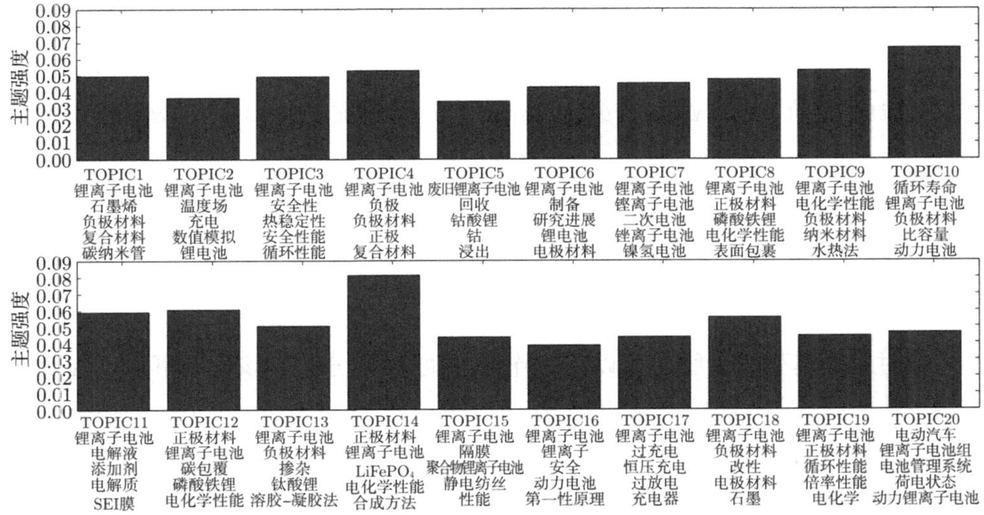

图 3-12　国内锂离子电池领域全局主题及其强度分布

通过主题词项及其概率可以看出该主题的研究内容，如主题强度值最高的为 TOPIC14，主题强度为 0.0809，从其主题词项来看，该主题主要涉及锂离子电池的正极材料的合成方法及电化学性能的研究，如 $LiFePO_4$、$LiMn_2O_4$ 等；TOPIC10 则主要研究锂离子电池的循环寿命以及影响循环性能的因素等。表3-19 列出了主题强度排名前 5 的主题词及其概率值，主题的排列顺序是按照主题强度由大到小。

表 3-19 国内锂离子电池领域全局 TOP5 主题展示

TOPIC14 电池正极材料研究		TOPIC10 电池性能研究		TOPIC12 磷酸铁锂		TOPIC11 电解液研究		TOPIC18 电池负极材料研究	
词项	概率	词项	概率	词项	概率	词项	概率	词项	概率
正极材料	0.2364	循环寿命	0.0487	正极材料	0.1318	锂离子电池	0.2136	锂离子电池	0.2422
锂离子电池	0.2076	锂离子电池	0.0438	锂离子电池	0.0851	电解液	0.0917	负极材料	0.1074
$LiFePO_4$	0.0427	负极材料	0.0438	碳包覆	0.0593	添加剂	0.0345	改性	0.0308
电化学性能	0.0337	比容量	0.0268	磷酸铁锂	0.0539	电解质	0.0283	电极材料	0.0308
合成方法	0.0225	动力电池	0.0202	电化学性能	0.0539	SEI 膜	0.0216	石墨	0.0282
掺杂	0.0216	可逆容量	0.0191	掺杂	0.0318	电导率	0.0203	包覆	0.017
$LiMn_2O_4$	0.0211	比能量	0.0186	$LiFePO_4$	0.0312	离子液体	0.0185	锂离子二次电池	0.0164
共沉淀法	0.0171	锰酸锂	0.0181	溶胶凝胶法	0.0264	低温性能	0.0166	天然石墨	0.0144
合成	0.0144	充放电过程	0.0181	水热法	0.0246	聚合物电解质	0.0148	结构	0.0118
$LiNi_{1/3}Co_{1/3}Mn_{1/3}O_2$	0.0144	锂离子二次电池	0.0175	磷酸钒锂	0.0246	有机溶剂	0.0123	酚醛树脂	0.0118

通过 AT 模型的训练，可以获得作者-主题概率分布，该分布可以度量每个主题下作者研究该主题的兴趣度，表 3-20 列出了表 3-19 中 5 个研究主题的作者研究主题度排名 TOP10。

从表 3-19 和表 3-20 可以看出，TOPIC14 和 TOPIC12 这两个主题都是涉及锂离子电池正极材料的制备问题，但是二者使用的方法不同，一个是使用合成方法，一个是使用溶胶凝胶法，但是对这两个研究主题兴趣度最高的都是翟玉春。经查阅资料，翟玉春教授是东北大学博士生导师，材料与冶金学院冶金物理化学研究所所长，是国内锂离子电池正极材料研究的核心人物。

表 3-20　全局 TOP5 主题的作者研究主题强度 TOP10

TOPIC14		TOPIC10		TOPIC12		TOPIC11		TOPIC18	
作者	概率	作者	概率	作者	概率	作者	概率	作者	概率
翟玉春	0.0138	贾旭平	0.0318	翟玉春	0.0079	李伟善	0.0261	杨绍斌	0.0079
汤宏伟	0.0091	陈立泉	0.0159	李新海	0.0071	庄全超	0.0240	凌立成	0.0079
吴锋	0.0081	何向明	0.0140	熊利芝	0.0050	唐致远	0.0164	王成扬	0.0062
张海朗	0.0081	黄学杰	0.0117	粟智	0.0046	郑洪河	0.0148	徐仲榆	0.0053
田彦文	0.0067	墨柯	0.0105	田彦文	0.0038	仇卫华	0.0127	胡国荣	0.0053
唐致远	0.0064	张世超	0.0101	李艳	0.0033	刘建生	0.0110	姜长印	0.0049
胡国荣	0.0061	吴大勇	0.0097	张培新	0.0029	万春荣	0.0106	汪树军	0.0049
李新海	0.0057	杨勇	0.0097	施志聪	0.0029	廖红英	0.0093	吴锋	0.0049
乔庆东	0.0051	任学佑	0.0097	吴锋	0.0029	王超	0.0080	何向明	0.0044
文衍宣	0.0051	李文升	0.0090	张胜利	0.0029	马晓华	0.0068	陈猛	0.0044

（2）主题强度演化分析

主题强度值表示该主题被研究的热度，主题强度值的变化趋势反映了主题的演化趋势。在 LDA 和 AT 主题模型中，主题强度值可通过文档-主题矩阵来计算。

定义 3.1[30]　主题强度是衡量科学研究主题是否为研究热点的量化指标，通常使用该研究主题在所有科学文献中的权重与总文献量的比值来表示，即

$$\hat{\theta}_j = \frac{\sum_d \theta_j^{(d)}}{M} \tag{3-10}$$

式中，$\theta_j^{(d)}$ 表示第 j 个主题在文档 d 上的权重；$\hat{\theta}_j$ 表示第 j 个主题的主题强度值。

定义 3.2　主题强度演化指的是主题强度值随时间的演化趋势，通过不同时间窗口内的文档-主题概率分布 (θ) 来计算得到。

为了清晰地展示研究主题的演化规律，将演化趋势总体上分为四种，如图3-13 所示。第一种，主题强度在整个学科发展过程中呈现递减规律，如TOPIC2/TOPIC16；第二种，主题强度先递增，到快速发展期达到最大，然后在成熟期递减，如 TOPIC1/TOPIC9/TOPIC10/TOPIC18；第三种，主题强度先增后减，又在成熟期递增，如 TOPIC3/TOPIC4/TOPIC6；第四种，先递减后递增并在成熟期达到最大值，如 TOPIC14。另外，有些主题强度值变化幅度比较大，而有些变化幅度较小，表现出比较平稳的研究趋势，如TOPIC11/TOPIC12/TOPIC15/TOPIC17。

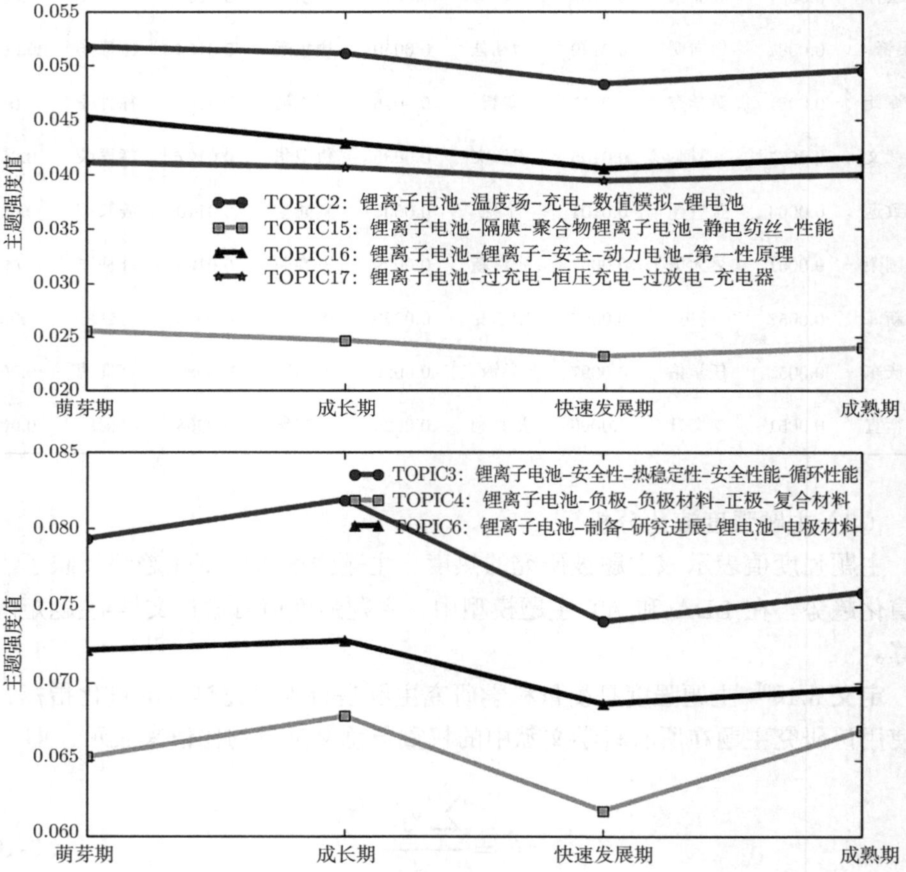

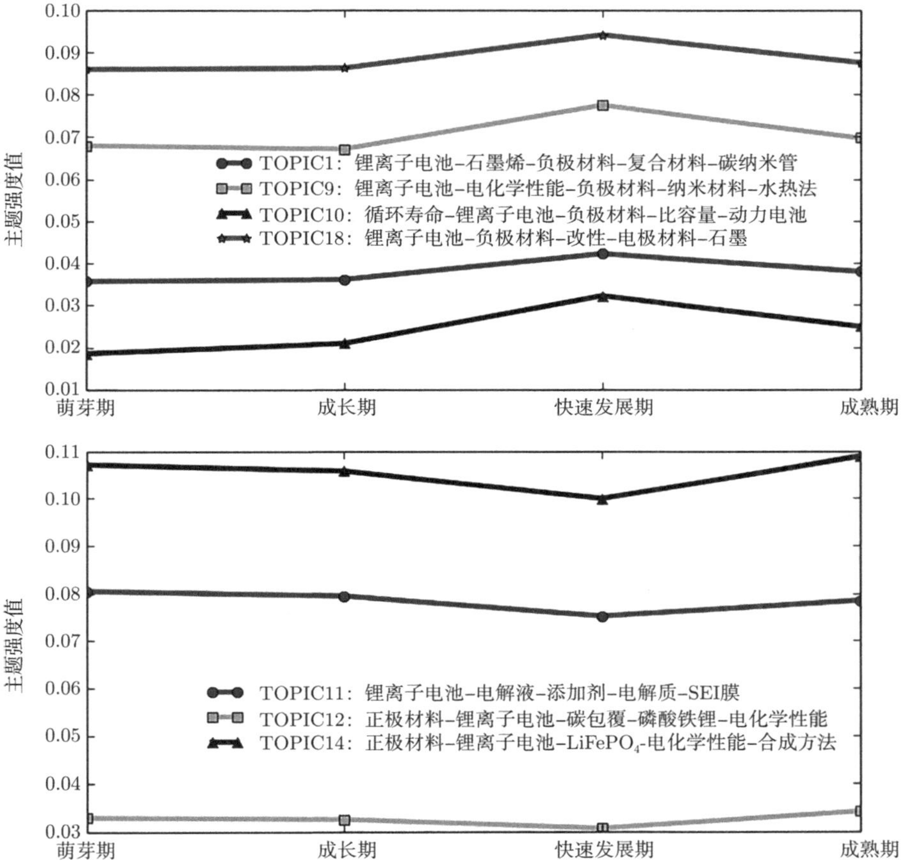

图 3-13 国内锂离子电池领域研究主题演化趋势图

（3）核心作者研究主题及其演化分析

利用全局文献发表量和作者-主题概率分布作为衡量核心作者的依据，这种选择的核心作者的方法既可保证其研究论文的数量排在前列，又可保证其对某主题的研究主题度排在前列。首先从全局发文量中选出前 10 的作者，然后在作者-主题概率分布中选出对某研究主题兴趣度最大的作者，将这些作者定位为核心作者，进行研究主题演化研究，一共有六位：吴锋、何向明、李伟善、唐致远、李新海、翟玉春。经查阅资料，他们是国内锂离子电池领域的学术带头人。利用作者-主题概率矩阵统计学科发展不同阶段中每个核心作者对每个研究主题的兴趣度值，并将其演化趋势表示如图 3-14 所示。

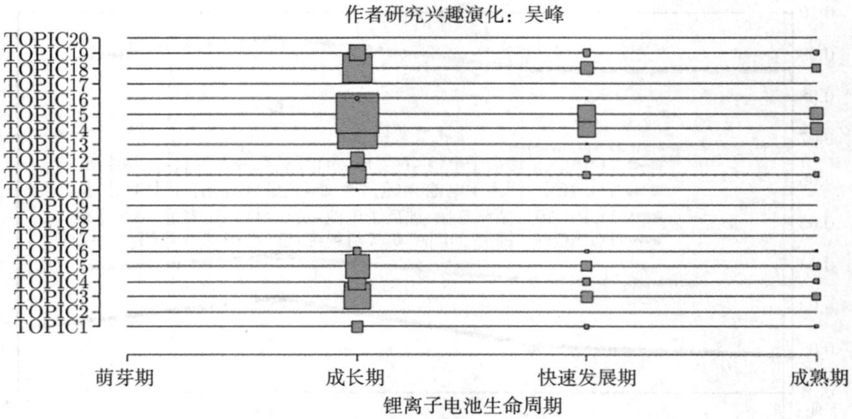
作者研究兴趣演化：吴峰
TOPIC20
TOPIC19
TOPIC18
TOPIC17
TOPIC16
TOPIC15
TOPIC14
TOPIC13
TOPIC12
TOPIC11
TOPIC10
TOPIC9
TOPIC8
TOPIC7
TOPIC6
TOPIC5
TOPIC4
TOPIC3
TOPIC2
TOPIC1
萌芽期
成长期
快速发展期
成熟期
锂离子电池生命周期

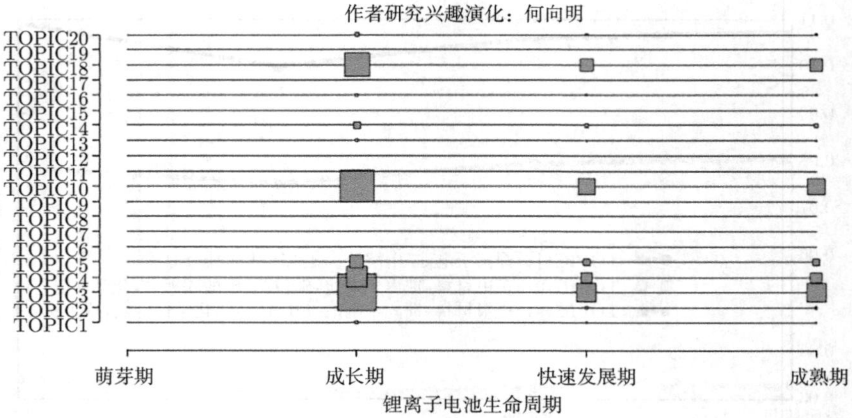
作者研究兴趣演化：何向明
TOPIC20
TOPIC19
TOPIC18
TOPIC17
TOPIC16
TOPIC15
TOPIC14
TOPIC13
TOPIC12
TOPIC11
TOPIC10
TOPIC9
TOPIC8
TOPIC7
TOPIC6
TOPIC5
TOPIC4
TOPIC3
TOPIC2
TOPIC1
萌芽期
成长期
快速发展期
成熟期
锂离子电池生命周期

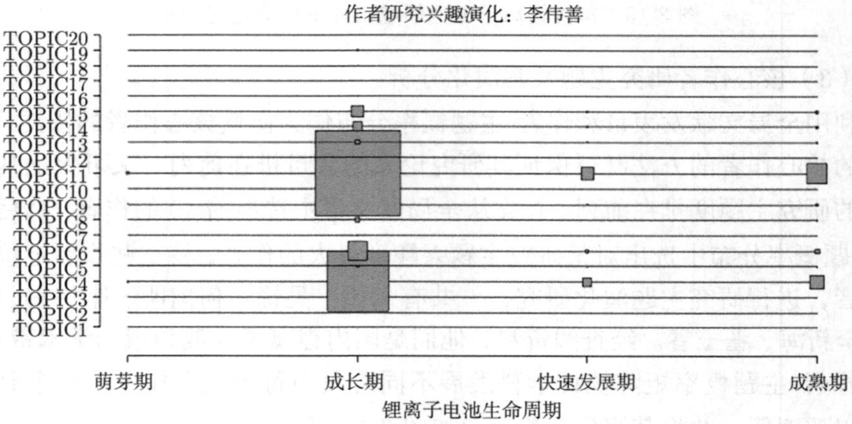
作者研究兴趣演化：李伟善
TOPIC20
TOPIC19
TOPIC18
TOPIC17
TOPIC16
TOPIC15
TOPIC14
TOPIC13
TOPIC12
TOPIC11
TOPIC10
TOPIC9
TOPIC8
TOPIC7
TOPIC6
TOPIC5
TOPIC4
TOPIC3
TOPIC2
TOPIC1
萌芽期
成长期
快速发展期
成熟期
锂离子电池生命周期

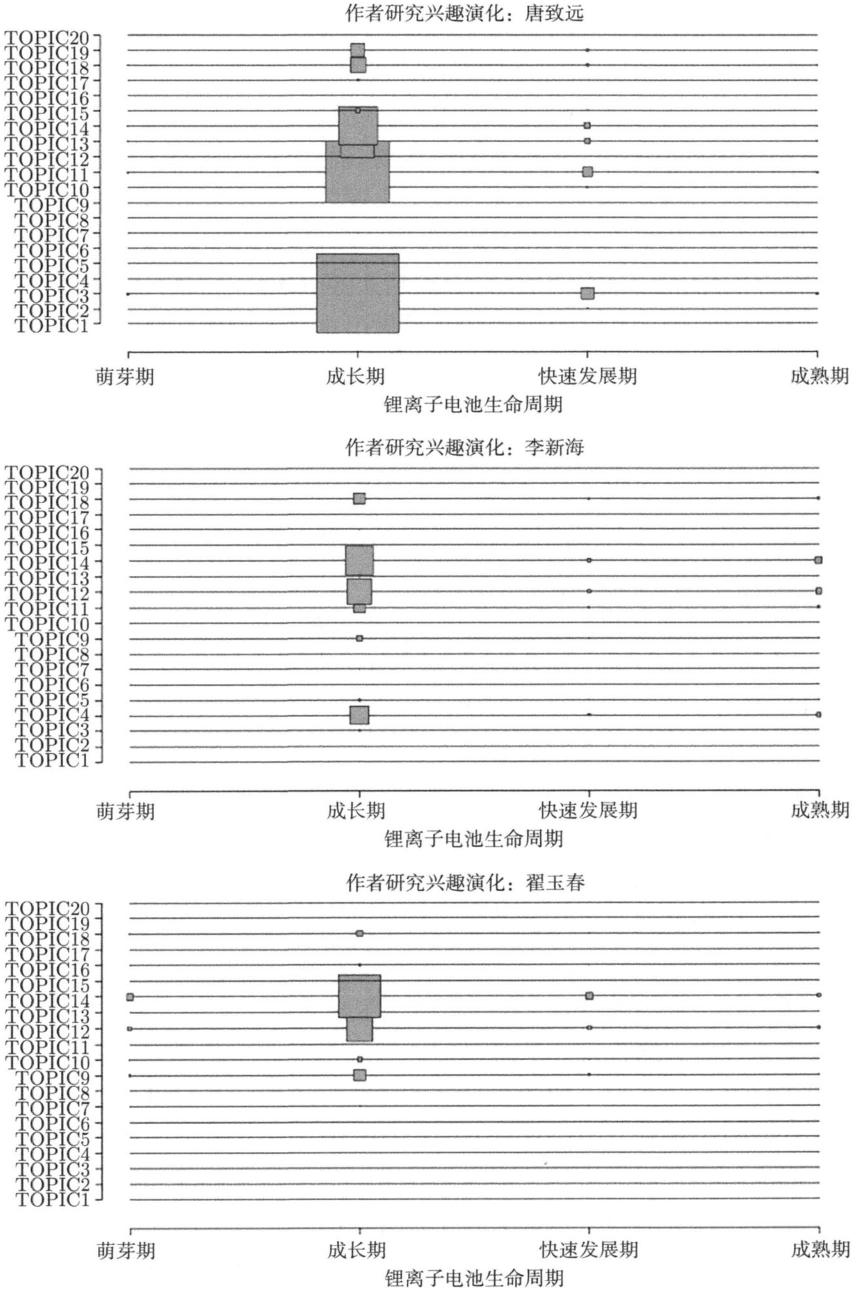

图 3-14　核心作者研究主题演化图

图 3-14 中横轴代表锂离子电池领域生命周期的四个阶段：萌芽期、成长期、快速发展期、成熟期，纵轴代表 20 个研究主题，图中的正方形面积大小代表了

作者在学科周期某阶段对应的研究主题的兴趣强度。通过对比图 3-13 中研究主题的演化和图 3-14 中作用研究主题演化，发现如下规律：

①核心作者在成长期对研究主题的兴趣度最大

从图 3-14 中可以看出，六位核心作者对其感兴趣的研究主题在成长期兴趣度是最大的。在学科发展的成长期，各个主题的研究刚刚起步，核心作者的加入及其浓厚的兴趣促进了该主题的快速发展。对核心作者的出生日期进行考察，发现六位核心作者中有 2 位 40 后，1 位 50 后，3 位 60 后，在成长期 1994~1999年，正值科研的黄金时期，他们对学科的发展做出重要的贡献，促进了学科的快速发展。而在快速发展期和成熟期，由于他们大部分已经成为硕导和博导，将更多的精力用在培养青年人才上，加之年龄的问题导致研究的兴趣度有所下降。但是 2 位 60 后的核心作者何向明、李伟善在快速发展期和成熟期依然保持着较强的研究主题，这也说明年龄是影响研究主题度的重要因素。

②核心作者的研究兴趣演化趋势与研究主题的演化趋势相一致时，能够引领该研究主题的发展

从图 3-14 中以及作者-主题概率分布矩阵（表 3-20 中的一部分）可以看出，作者李伟善最关注的两个主题是 TOPIC4（锂离子电池复合材料研究）和 TOPIC11（锂离子电池电解液研究）。从研究兴趣演化图来看，该作者的研究兴趣在成长期最大，在快速发展期降低，在成熟期又处于递增趋势。作者的这种兴趣演化与图 3-13 中这两个研究主题的演化趋势非常一致。对 TOPIC4 感兴趣的其他作者，如吴峰、何向明、李新海等演化趋势也比较一致，只是他们对 TOPIC4 的兴趣强度没有那么大，李新海在成长期对 TOPIC4 表现出较强的研究兴趣，但是后期就没有怎么涉及该主题的研究。唐致远在成长期也表现出对 TOPIC11 的较强研究兴趣，但是随后研究兴趣快速降低。所以，李伟善在这两个研究主题中处于重要的位置，具有引领该主题发展的作用。又如 TOPIC3（锂离子电池安全性），唐致远、吴峰和何向明等都对此主题感兴趣，其兴趣演化与该主题演化也是一致的，随着相关技术方法的成熟，安全性已经不是锂离子电池所面临的最大问题，所以其研究强度逐渐递减。其他主题如 TOPIC10 等也具有相同的情况。由此可见，当核心作者的研究演化趋势与研究主题的演化趋势相一致时，确实起到了引领学科发展的作用。

但研究主题的演化趋势并不总是与核心作者研究兴趣的演化趋势相一致。如 TOPIC14（锂离子电池的正极材料），这个主题是全局研究主题中最热的一个研究主题，在图 3-13 中的演化图中，该主题的演化趋势是先递减，在成熟期时又呈现递增趋势。对比对 TOPIC14 感兴趣的核心作者可以看出，吴峰、唐

致远、李新海、翟玉春等，其研究兴趣强度都比较平均，研究兴趣的变化趋势基本上是递减的，与图 3-13 中的演化趋势不同。进一步分析发现，TOPIC14 主要涉及锂离子电池的正极材料的合成方法及电化学性能的研究，其主题的强度值在各个阶段都是最高的，并且涉及的研究方向比较多，给出的核心作者的研究趋势并不能代表该主题的演化趋势，还需要利用其他因素进行综合分析。

（4）结果讨论

实证研究通过采集国内锂离子电池领域的期刊文献数据对作者研究兴趣演化分析框架进行验证。利用发文量排名以及研究主题度排名选取核心作者作为分析对象，分析核心作者研究兴趣演化的特征。结果显示，国内锂离子电池领域核心作者对相关主题的研究兴趣度在成长期最大；核心作者的研究兴趣演化趋势与研究主题的演化趋势相一致时，能够引领该研究主题的发展。但研究兴趣的演化趋势并不总是与核心作者研究兴趣的演化趋势相一致，一些研究强度值较大、研究方向较多的主题，其演化趋势并不能用核心作者的研究兴趣演化趋势来替代，还需要综合其他因素来分析。

3.4　本 章 小 结

学科领域主题挖掘从微观角度对学科知识单元进行组织和分析，是探测潜在学科知识结构的重要方法。本章首先界定“主题”的内涵，对词频表示法、基于共词矩阵的聚类方法、基于共词网络的社区挖掘表示方法和基于主题模型表示法四种常用主题表示方法进行对比分析。通过对比分析提出基于 LDA 的主题表示方法在主题语义信息表示、主题之间语义关联的计算方面比其他表示方法具有明显的优势。其次，本章对 LDA 进行优化，提出 LDA 主题数目确定方法、语料库构建方法以及主题抽取效果评价指标。最后，结合主题挖掘和生命周期理论，提出作者研究主题挖掘及演化分析框架，并通过实证分析验证了框架的可操作性和有效性。

第 4 章 整合主题的学科知识网络构建与结构演化分析

整合主题的学科知识网络构建是在主题挖掘支撑下展开研究的。基于 LDA 和 AT 主题模型的主题挖掘方法提供了可度量与其他学科知识节点之间语义关联度的学科研究主题，使整合主题的学科知识网络构建成为可能。整合主题可以从两个方面来理解：一方面，从学科知识网络概念的完整性方面来理解。主题作为中观层次的知识单元，可通过与其他学科知识要素之间的关联构建学科知识网络（表 2-2）。但缺少有效度量主题与其他学科知识节点之间关联强度的方法，导致对基于主题关联的学科知识网络研究的缺失，从这个意义上讲，本书提出度量主题与其他学科知识节点之间关联强度的方法，从而将主题整合到学科知识网络中，进一步完善学科知识网络的概念体系。另一方面，从主题对学科发展的影响来看，要深入探究主题在整个学科领域内的影响力、科学研究应该向哪个方向努力，以及主题对其他要素的影响，仅靠微观层面的学科知识网络建模是不够的，构建整合主题的学科知识网络，进而分析知识节点在网络中的影响力以及网络结构的演化趋势是必由之路。

Price 在《小科学、大科学》一书中用科学分子形象地表示科学知识节点，他认为应该用科学的、严谨的方式对科学分子之间的相互作用、科学分子的运行轨迹进行研究，以科学的方法研究科学结构和科学发展动态[206]。本书将主题视为隐性科学分子，将其整合到显性科学分子中，构建整合主题的学科知识网络，并建立一套网络动态分析框架，以探测学科领域发展的演化机理。目前只考虑与主题有直接关联的知识节点，尝试构建主题-主题关联的一模学科知识网络、作者-主题关联的二模学科知识网络以及整合作者研究主题的学科知识合作网络，并通过实证分析验证模型的有效性和可行性。

4.1 整合主题的一模学科知识网络构建及结构演化分析

主题在学科领域中的影响力不仅表现在主题的研究热度、主题被学者关注的程度等外在因素，还表现在主题与主题之间的内在关联方面，如哪些主题是重要基础性研究课题、哪些主题起到桥梁纽带作用等，而要度量主题的内在关联影响力，需要构建整合主题的一模学科知识网络。

4.1.1　学科知识网络中主题影响力概念与度量方法

主题在学科领域中不是孤立的，主题之间往往具有某种语义上的关联性，从而在学科演化过程中相互影响。主题结构是指学科中各主题之间由于相互关联、相互影响而形成的具有层次性、演化性等特点的时空结构。

关于主题的影响力测度，已有不少学者提出有效的度量方法，如 Mann 等从文档对主题的支持度方面度量主题的影响力，当越多的文档支持主题时，主题的影响力就越大。支持文档的选择是以文档中的词由该主题生成的概率超过10%为判断标准，可以通过支持文档将对主题的影响力刻画转化为对支持文档的刻画，如类似于期刊影响因子，可以提出基于文档引用数据的主题影响因子[207]。祝娜等利用 LDA 提取主题，并通过主题的支持文档设计了主题的三种影响力度量指标：发文量、被引量和新颖度[208]。以上研究对主题的影响力测度是从知识传播的角度进行分析，是将论文引用指标转移到主题上来，刻画了主题的被关注程度，但并不能测度主题之间的相互影响作用。所以，主题结构的测度不能仅仅着眼于外部因素，主题之间的相互影响也是推动学科发展和知识创新的重要因素。因此，提出从主题关联的视角刻画和测度主题的影响力。

一般来说，一篇文献中会同时存在若干个主题，那么这些主题围绕文献的主旨会存在语义上的关联性。所以，若能够利用主题在文献中的语义关联构建主题-主题关联的一模学科知识网络，那么，就可以通过该网络测度主题在网络中的位置和作用。基于此，本书提出学科知识网络中主题影响力指的是主题在主题-主题关联的一模学科知识网络中的地位或作用，这种地位或作用是通过主题之间的语义关联和在网络中的位置测度出来的。

通过主题-主题关联的一模学科知识网络，借鉴社会网络分析中节点重要性度量方法，可以测度主题在主题-主题关联的一模学科知识网络中的影响力和作用。社会网络中节点重要性可以是节点的影响力，地位或者其他因素的综合，一般通过中心性指标来度量，例如，度中心性（degree centrality）、邻近中心性（closeness centrality）和居间中心性（betweenness centrality）。

1）度中心性

度中心性指标直接反映的是一个节点对于网络其他节点的直接影响力。在主题-主题关联的一模学科知识网络中，有大量的邻居数目的主题可能有更大的影响力，通常表明该主题是该学科领域中的重要基础性研究课题，是其他主题开展研究的前提和基础。

2）邻近中心性

邻近中心性是用来度量网络中的节点通过网络对其他节点施加影响的能力。节点的邻近中心性越大，表明该节点越居于网络的中心，在网络中就越重要[209]。邻近中心性指标通过节点到达其他节点的最短距离来度量，是通过网络拓扑结构度量节点重要性的方法。在主题-主题关联的一模学科知识网络中，邻近中心性高的主题往往具有较强的交叉性和渗透性，是学者普遍关注的对象，也是最容易成长为学科领域新兴和前沿方向的主题。

3）居间中心性

Freeman 于 1977 年在研究社会网络时提出介数指标[210]，该指标是用于衡量个体社会地位的参数，通常反映节点的“交际能力”。在主题-主题关联的一模学科知识网络中，居间中心性高的主题往往在该学科领域的研究中起到桥梁和中介作用，成为连接不同研究方向的关键主题，代表着这个学科领域中的重要方法或者工具。

4.1.2 主题-主题关联的一模学科知识网络构建

主题-主题关联的一模学科知识网络是一个学科领域中主题之间语义关联的表达形式，是度量主题影响力的重要载体。本书提出的主题-主题关联的一模学科知识网络由 $\mathrm{TTN}=(T,E)$ 表示，其中，T 表示主题集合，E 表示主题与主题之间的连线。主题与主题之间的连线表示主题之间的关联，关联强度的计算有多种方法，如基于相似度的计算、基于共现强度的计算。主题作为知识节点，和词一样可以在文档中有所体现，并且可以通过 LDA 度量主题在文档中的占比，所以选择基于主题在文档中的共现来建立主题与主题之间的关联。

通过 LDA 主题抽取，可以获取文档-主题矩阵，根据该矩阵可度量每个文档中主题的分布情况。基于此，可以计算每个主题对在文档集中的共现频次，得到主题与主题之间的关联强度，构建共现矩阵，进而可以构建 TTN 网络。共现强度值的计算是网络构建的关键，目前已有的共现强度值计算主要有：共现频次、包容指数、邻近指数、相互包容指数（E 指数）、Ochiia 系数等。

主题共现频次是最初级的关联强度，仅体现了两个主题在文档中共同出现的次数，但由于部分主题可能为泛型主题（如基础理论方面的主题），在每个文档中都会出现，造成和其他任何主题之间都存在较高的共现频次，但这无法衡量二者之间的关联度。另外，共现频次低的主题对之间的关联度未必比共现频次高的主题对关联强度低，如两个典型主题之间的共现，虽然比两个泛型主题的共现频次低，但是语义关联度肯定比泛型主题高。

基于包容指数的共现强度在低频之间或者低频与高频之间的共现强度值往往较大，只适合选取高频共现分析的情况下使用。基于邻近指数的共现强度会出现低频之间的共现强度值远远大于高频共现之间的强度值，故也不适合主题共现分析。E 指数和 Ochiia 系数相比较其他的指数在低频共现的强度值计算方面优化不少，使低频之间的共现强度有所降低，但在主题共现分析时仍不能解决泛型主题共现强度值较大的现象。为了平衡低频共现和高频共现之间的强度值，同时减少泛型主题对共现的影响，本书对 E 指数进行改进，将主题的逆向文档频率（inverse document frequency，IDF）考虑进来，进而降低泛型主题对共现强度的影响。

考虑主题的逆向文档频率改进的 E 指数（简称 IE 指数）的主题共现强度值计算公式如下：

$$\mathrm{IE}=\frac{C_{ij}}{C_i}\times\frac{C_{ij}}{C_j}\times\log(\frac{D}{C_i}\cdot\frac{D}{C_j}) \tag{4-1}$$

式中，C_{ij}表示主题 T_i和 T_j在文档集中的共现频次；C_i表示主题 T_i在文档集中出现的次数（也称为主题的文档支持度）；D 表示文档集的文档数。

4.1.3　实证研究

为了检验本书提出的 TTN 网络构建、主题影响力度量方法和网络结构演化分析方法的可操作性和有效性，本节展开了实证研究。实证研究的数据来源于 Web of Science 的锂离子电池（lithium-ion battery）领域，检索策略如表4-1所示。

表 4-1　锂离子电池领域 WOS 检索策略

检索策略	主题（“lithium-ion battery”）或主题（“li-ion battery”）
来源数据库	SCI-EXPANDED, CPCI-S, CCR-EXPANDED, IC
文献类型	ARTICLE OR PROCEEDINGS PAPER
语种	ENGLISH
起止时间	1996~2016 年

实证研究的数据来源于 Web of Science 的锂离子电池（lithium-ion battery）领域，检索策略如表 4-1 所示，检索时间为 2017 年 1 月 8 日。经过去重，去除

与主题无关的文献，去除缺失等数据预处理过程，最终获得锂离子电池语料14693篇。

1）锂离子电池领域生命周期划分

根据学科领域生命周期划分方法，统计了锂离子电池领域每一年文献的发表量，通过拟合文献增长速率，按照不同的速率，将锂离子电池领域的发展划分为四个阶段。第一阶段（Period 1）为萌芽期: 1996~2000 年，第二阶段（Period 2）为成长期：2001~2005 年，第三阶段（Period 3）为发展期：2006~2010 年，第四阶段（Period 4）为快速发展期：2011~2016 年。从图 4-1 中可以看出，文献增长速率随着时间增长，萌芽期最小，到了快速发展期文献增长的速度非常快。

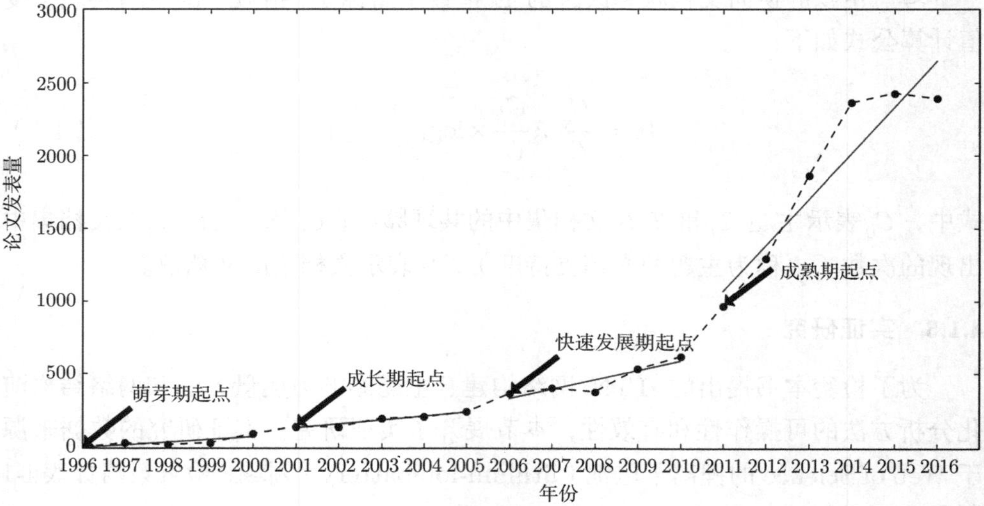

图 4-1　锂离子电池领域生命周期示意图

表 4-2 描述了每个阶段的发展情况，指标有：作者数量（# of unique authors）、文献数量（# of literatures）、关键词数量（去重，# of unique key words）、文献的平均作者数（# of unique authors/# of literatures）、文献的平均关键词数量（# of unique key words/# of literatures）。从表中可以看出，锂离子电池领域在萌芽期到快速发展期的四个发展阶段中，作者数量、文献数量和关键词数量都是呈指数递增的，而且在第三阶段到第四阶段有一个快速的增加，文献的平均作者数呈现线性递增趋势，表明锂离子电池领域合作趋势不断增强，每篇文献的合作者数量由平均 3.97 递增到 5.21，但是文献的平均关键词数量随着时间是线性递减的，且在第三阶段到第四阶段有一个快速的衰减，这说明锂离子电池领域创新速度整体是在衰减的。

表 4-2　锂离子电池领域每个阶段文献的基本信息

指标信息	阶段 1	阶段 2	阶段 3	阶段 4	总计
# of unique authors	583	2092	5202	20425	23965
# of authors	734	3770	10642	58910	74056
# of literatures	185	915	2285	11308	14693
# of unique key words	373	1310	2535	7241	8397
# of authors/# of literatures	3.97	4.12	4.66	5.21	5.04
# of unique key words/# of literatures	2.02	1.43	1.11	0.64	0.57

2）锂离子电池领域主题挖掘

（1）基于 perplexity-var 指标的主题数目确定

perplexity-var 指标是结合了主题之间的相似度和模型的困惑度的指标，可以综合反映 LDA 的主题抽取效果和模型的泛化能力。本书中 perplexity-var 指标的计算由 Python 语言编写而成，全局主题数目设置为 35 是最优的选择，各阶段主题数目的 perplexity-var 指标如图 4-2 所示。

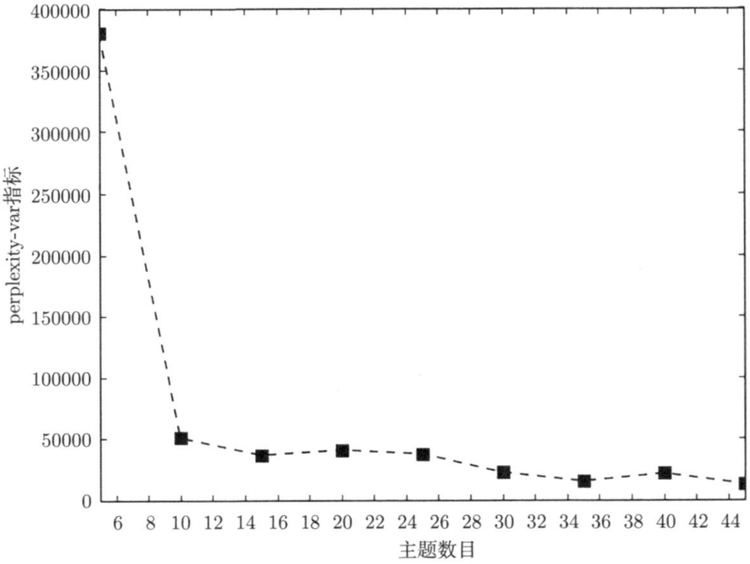

(a) 合计

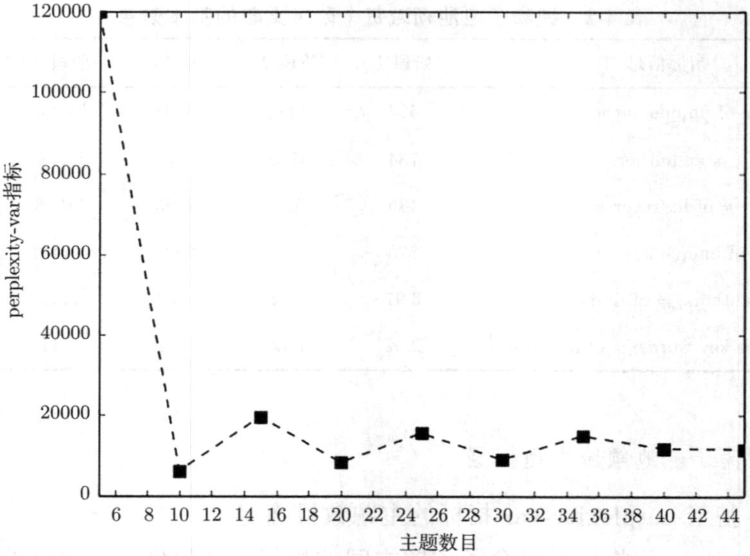
120000
100000
80000
60000
40000
20000
0
perplexity-var指标
6 8 10 12 14 16 18 20 22 24 26 28 30 32 34 36 38 40 42 44
主题数目

(b) 阶段 1

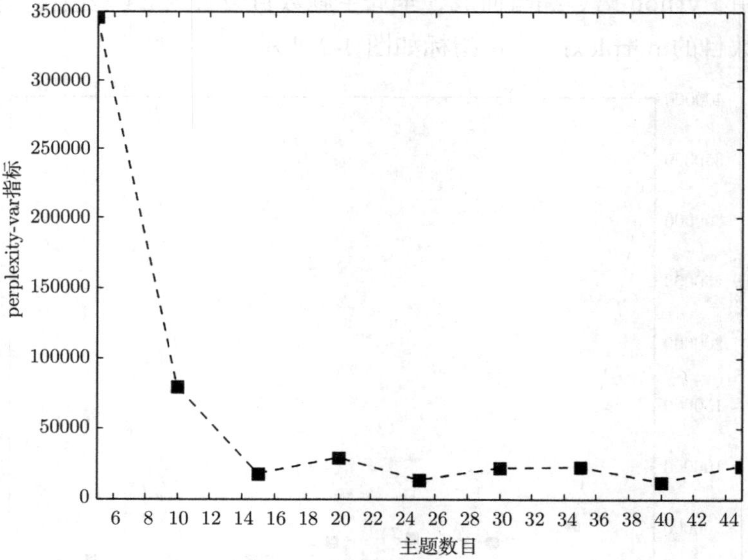
350000
300000
250000
200000
150000
100000
50000
0
perplexity-var指标
6 8 10 12 14 16 18 20 22 24 26 28 30 32 34 36 38 40 42 44
主题数目

(c) 阶段 2

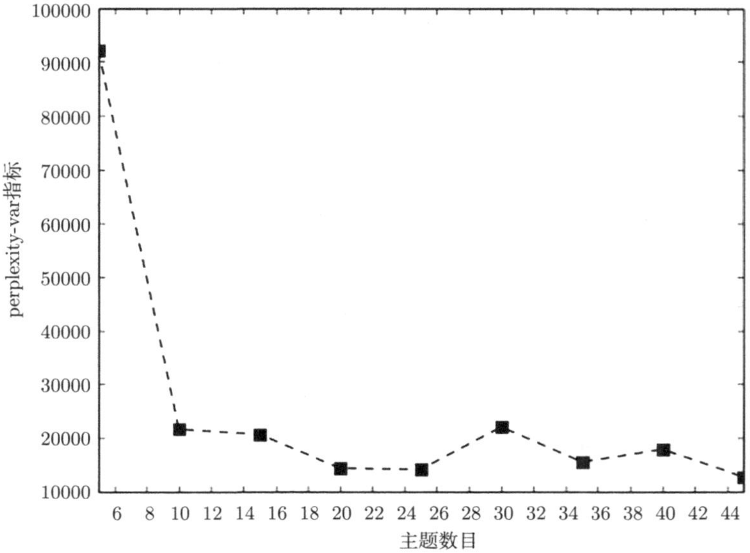

(d) 阶段 3

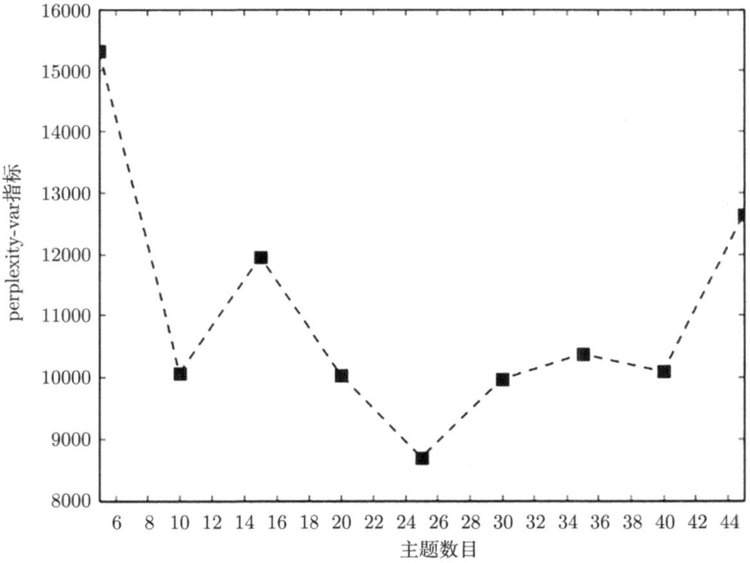

(e) 阶段 4

图 4-2　锂离子电池领域全局及各阶段主题抽取数目确定

当 perplexity-var 指标由较大值衰减至较小值时，一般会出现较为明显的拐点，最佳主题数目往往出现在拐点附近，且 perplexity-var 指标取最小值。全局及各阶段主题数目取锂离子电池领域各阶段主题数目的确定如表 4-3 所示。

表 4-3　各阶段主题数目确定

	阶段 1	阶段 2	阶段 3	阶段 4	总计
主题数目	10	15	20	25	35

（2）锂离子电池领域各阶段研究主题展示

经过 LDA 主题抽取，所有文献构成的全局语料库共抽取主题 35 个，根据专家经验和人工筛选，从 35 个主题中识别出 30 个典型主题，这 30 个典型主题也称为全局主题。全局主题将作为锂离子电池学科领域发展阶段主题过滤的依据。部分全局主题的表示如表 4-4 所示，受篇幅所限，这里只展示了每个 Topic 的主题词（top20）。从每个主题下的前 20 主题词的语义可以归纳出该主题的含义。如：Topic5 是“锂离子电池薄膜研究”，Topic6 是“XRD 分析”，Topic11 是“静电纺丝与纳米纤维”，Topic14 是“石墨烯纳米复合材料”，Topic16 是“锂离子电池回收利用”，Topic17 是“SOC 估算”，Topic23 是“混动动力系统设计”，Topic28 是“锂离子电池热管理”。

从表 4-4 中看出，每个主题的词向量基是一致的，由于不同的主题下主题词的概率值不同，所以每个主题表达的语义是不同的。Topic5 主题下概率值最大的词为 film，语义为膜，概率值为 0.0699；其次是该词的复数形式 films，概率值为 0.0515；其次是 thin，语义为薄，概率值为 0.0486；再结合其他词如 deposition、surface、electrode 等，可以明显推断出该主题为“锂离子电池薄膜研究”。全局主题抽取及主题强度展示如图 4-3 所示（锂离子电池领域全局主题抽取结果详见附录 F），图中只展示与主题最相关的前 5 个主题词，且省略主题词概率。

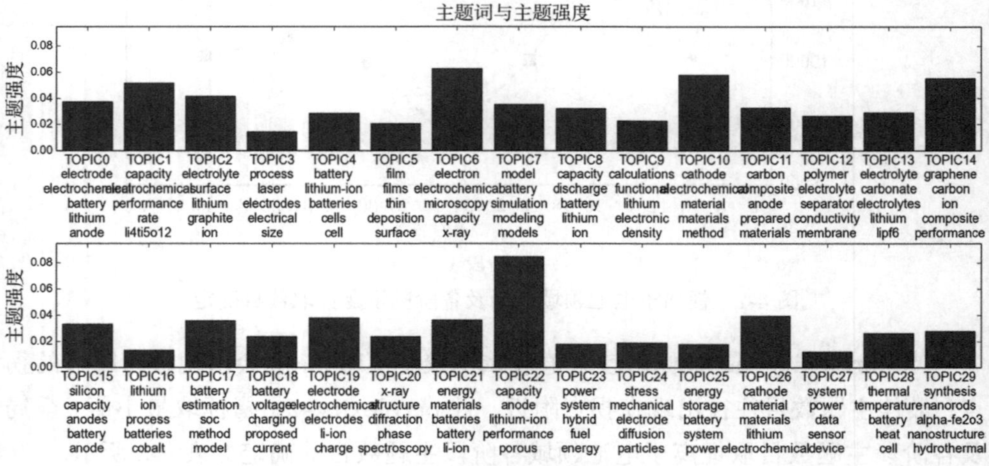

图 4-3　锂离子电池全局主题展示

表 4-4　锂离子电池领域全局典型主题展示

Topic 5 锂离子电池薄膜研究		Topic 6 XRD 分析		Topic 11 静电纺丝与纳米纤维		Topic 14 石墨烯纳米复合材料		Topic 16 锂离子电池回收利用		Topic 17 SOC 估算		Topic 23 混动动力系统设计		Topic 28 锂离子电池热管理	
词项	概率	词项	概率	词项	概率	词项	概率	词项	概率	词项	概率	词项	概率	词项	概率
film	0.0699	electron	0.0411	carbon	0.0537	graphene	0.0398	lithium	0.0542	battery	0.0565	power	0.0743	thermal	0.0704
films	0.0515	electrochemical	0.0366	composite	0.0268	carbon	0.0310	ion	0.0320	estimation	0.0356	system	0.0516	temperature	0.0638
thin	0.0486	microscopy	0.0320	anode	0.0211	ion	0.0183	process	0.0232	soc	0.0274	hybrid	0.0423	battery	0.0446
deposition	0.0238	capacity	0.0286	prepared	0.0174	composite	0.0179	batteries	0.0182	method	0.0258	fuel	0.0315	heat	0.0409
surface	0.0219	x-ray	0.0247	materials	0.0156	performance	0.0174	cobalt	0.0179	model	0.0215	energy	0.0192	cell	0.0191
electrode	0.0168	mah	0.0217	nanofibers	0.0153	rate	0.0167	acid	0.0164	lithium-ion	0.0193	cell	0.0187	cooling	0.0145
deposited	0.0146	scanning	0.0209	particles	0.0151	tio2	0.0163	materials	0.0148	proposed	0.0169	battery	0.0175	li-ion	0.0131
copper	0.0143	diffraction	0.0184	powders	0.0145	nanoparticles	0.0149	battery	0.0131	algorithm	0.0147	control	0.0165	management	0.0130
substrate	0.0139	lithium	0.0182	electrochemical	0.0134	oxide	0.0147	recovery	0.0107	charge	0.0125	vehicle	0.0162	generation	0.0130
electrodes	0.0125	composite	0.0182	properties	0.0119	capacity	0.0146	recycling	0.0105	voltage	0.0112	electric	0.0155	cells	0.0113
tin	0.0124	material	0.0181	composites	0.0115	lithium	0.0131	method	0.0100	filter	0.0102	design	0.0116	degrees	0.0105
layer	0.0118	performance	0.0166	material	0.0108	hybrid	0.0124	time	0.0099	batteries	0.0097	source	0.0103	system	0.0102
alloy	0.0104	anode	0.0165	capacity	0.0101	anode	0.0121	copper	0.0095	kalman	0.0088	test	0.0096	rate	0.0093
foil	0.0099	battery	0.0162	nanoparticles	0.0092	nanotubes	0.0115	spent	0.0092	parameters	0.0088	vehicles	0.0065	temperatures	0.0087
thin-film	0.0097	transmission	0.0160	size	0.0089	nanocomposite	0.0106	solution	0.0092	prediction	0.0087	load	0.0060	pack	0.0086
fabricated	0.0096	spectroscopy	0.0152	structure	0.0089	surface	0.0103	extraction	0.0090	accuracy	0.0087	designed	0.0059	discharge	0.0082
collector	0.0091	discharge	0.0138	degrees	0.0083	capability	0.0102	metal	0.0087	estimate	0.0073	solar	0.0058	distribution	0.0080
li-ion	0.0086	ion	0.0133	electrospinning	0.0080	material	0.0101	waste	0.0086	data	0.0071	li-ion	0.0057	lithium-ion	0.0079
investigated	0.0085	characterized	0.0121	matrix	0.0077	conductive	0.0099	chemical	0.0086	approach	0.0069	operation	0.0055	internal	0.0078
oxide	0.0084	structure	0.0114	graphite	0.0075	composites	0.0093	leaching	0.0082	circuit	0.0068	management	0.0054	air	0.0078

在抽取锂离子电池领域各发展阶段的主题时，本书使用全局的主题词典，其目的是确保各发展阶段的主题都具有相同的维度和词向量基，只是各主题词向量的概率分布不同。由于各主题的维度和词向量基相同，则定义适当的度量（如余弦距离、KL 散度等）计算主题之间的语义相似度，从而分析主题的语义演化。有关锂离电池领域萌芽期、成长期、发展期、快速发展期主题抽取结果参见附录 B~附录 E。

基于全局词典的 LDA 抽取的各阶段主题词及主题强度展示分别如图 4-4~图 4-7 所示。从图 4-4 看出，在锂离子电池领域的萌芽期，Topic1-2（锂离子电池电极材料化学性能研究）的主题强度为 0.54，Topic1-6（锂离子电池性能研究：能量特性、工作特性和环境特性）的主题强度为 0.27，二者主题强度之和为 0.81，其他主题强度值都较小，说明在萌芽期该领域主要围绕这两个主题展开研究。

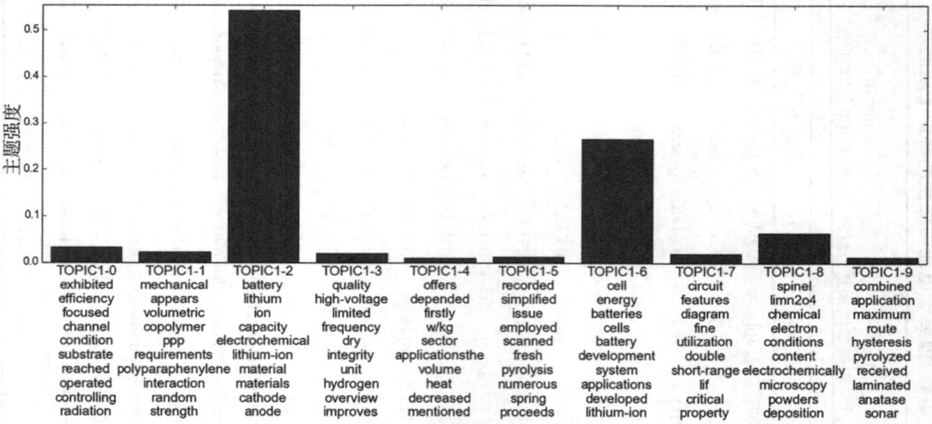

图 4-4　萌芽期主题词及主题强度展示

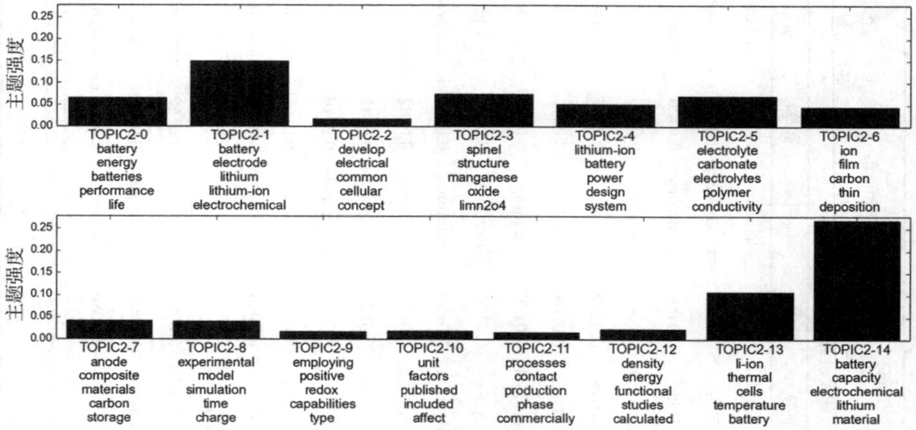

图 4-5　成长期主题词及主题强度展示

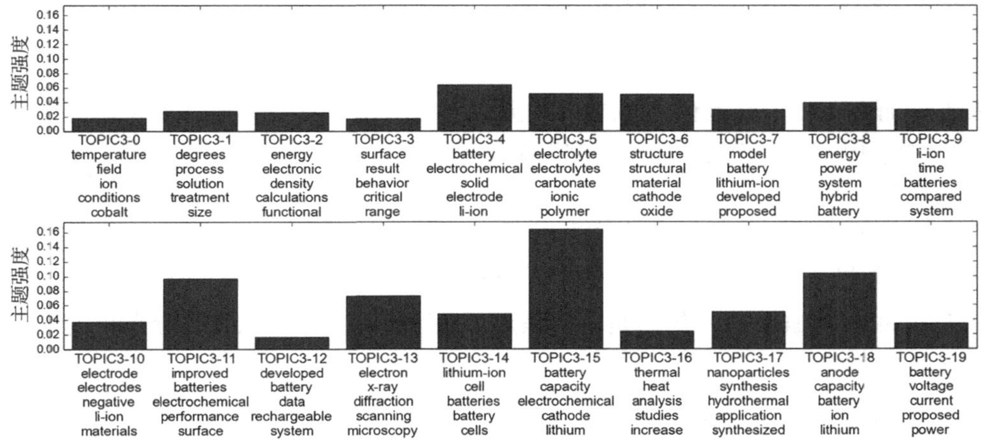

图 4-6　发展期主题词及主题强度展示

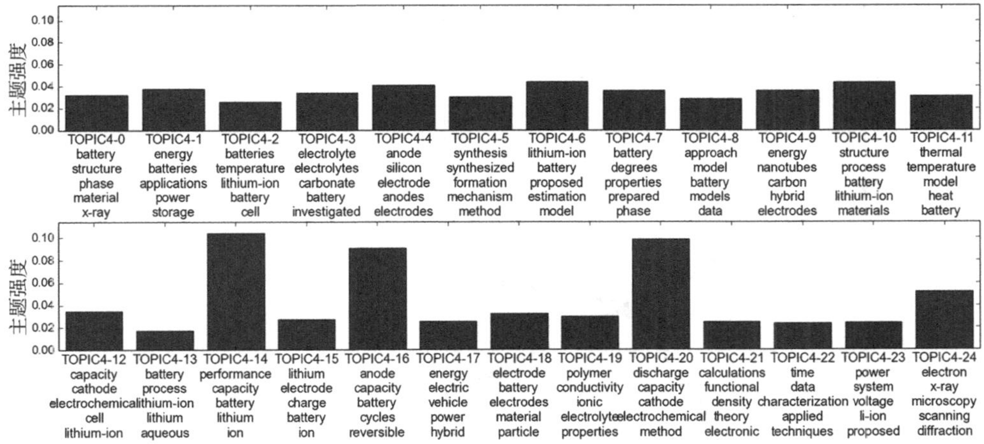

图 4-7　快速发展期主题词及主题强度展示

在成长期，主题强度值进一步分化，说明主题的研究强度进一步分散，主题强度值大于 0.1 的主题有三个，分别是 Topic2-1（锂离子电池电极化学性能研究）、Topic2-13（锂离子电池热管理）和 Topic2-14（锂离子电池正极材料结构及性能研究）。同时，还存在一些主题强度值不大但是新出现的研究主题，如 Topic2-3（尖晶石型正极材料）主题强度为 0.074、Topic2-4（锂离子电池组电路设计）主题强度为 0.051、Topic2-5（电解质材料）主题强度为 0.069、Topic2-6（锂离子电池薄膜研究）主题强度为 0.044 等。相比较萌芽期，成长期的研究主题形成了以 Topic2-1/Topic2-13/Topic2-14 为主，其他研究主题逐步成长的局面。

在发展期，Topic3-15（锂离子电池正极材料结构及性能研究）是阶段最热的研究主题，主题强度值为 0.16，其次是 Topic3-18（锂离子电池负极材料结构及性能研究）主题强度值为 0.10。由此也可以看出，在萌芽期和成长期研究主题“锂离子电池电极化学性能研究”在发展期分为“正极材料性能研究”和“负极材料性能研究”两个主题。

在快速发展期，单一研究主题的强度值较高的现象进一步弱化，但是锂离子电池电极材料改性研究、锂离子电池正极/负极材料结构及性能研究（Topic4-14,4-16,4-20）仍然是研究焦点。其他研究主题的强度值分布较前三个阶段更加均匀。

3）锂离子电池领域各阶段 TTN 网络图谱

抽取锂离子电池领域全局及各个阶段的主题，通过计算主题在文档中的共现强度值（IE 指数），以主题为节点，以 IE 指数值为边权重，构建了锂离子电池领域 TTN 网络，各阶段及全局网络图谱分别如图 4-8~图 4-12 所示。

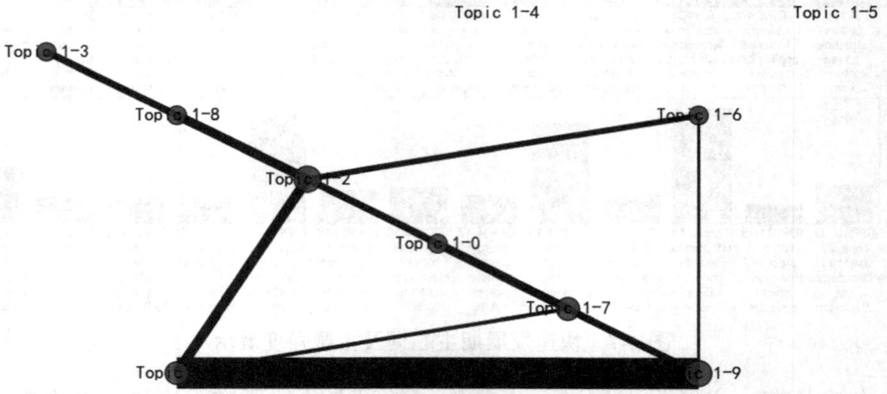

图 4-8　萌芽期 TTN 网络图谱

TTN 网络图谱是主题之间语义关联的直观表示，从图 4-8 中可以看出，在锂离子电池领域萌芽期，主题之间的关联较少，网络呈线形分布，并且此时的 TTN 网络是非连通网络，有两个孤立节点。这说明在萌芽期，主题的研究相对封闭，主题之间的交叉和融合现象较少。网络中节点之间的强联系主要发生在 Topic1-1 与 Topic1-9 之间，而 Topic1-2 显然处于网络的中心地位，涉及锂离子电池电极化学性能研究，这是锂离电池萌芽期的主要研究方向。

在成长期，随着新主题的产生，主题数目的增加，TTN 网络变成了连通网络，且主题之间的联系明显加强。从图 4-9 中可以看出，网络中节点的强联系发生在 Topic2-0 与 Topic2-4、Topic2-1 与 Topic2-13、Topic2-13 与 Topic2-14 之间等等。网络中出现几个较为重要的中心节点，如 Topic2-0、Topic2-10、Topic2-13 和 Topic2-14 等。

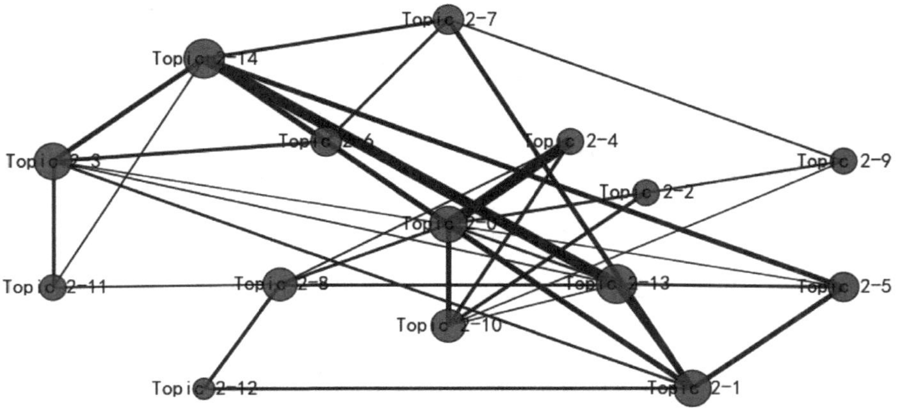

图 4-9　成长期 TTN 网络图谱

从图 4-10、图 4-11 中可以看出，随着学科的快速发展，发展期和快速发展期的 TTN 网络具有更加明显的特征，主题之间的联系越来越紧密，同时网络的模块度也在增加。但是网络中节点的度分布是比较平均的，节点大小代表了度值，从图中可以看出没有出现度值明显较大的节点，说明 TTN 网络是均匀网络，图 4-12 全局 TTN 网络也说明了同样的问题，除了少数几个主题之间的关联相对比较密切外，其他主题之间的关联强度比较平均，而且网络中的节点度也比较平均，没有出现节点度比较大的中心节点。

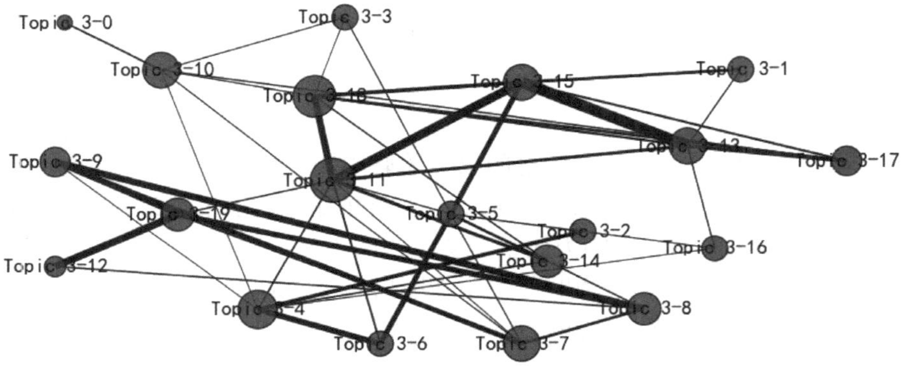

图 4-10　发展期 TTN 网络图谱

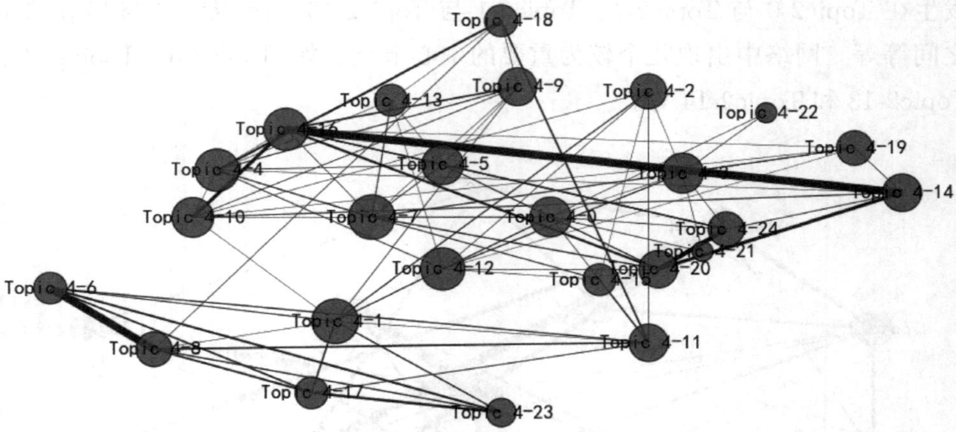

图 4-11　快速发展期 TTN 网络图谱

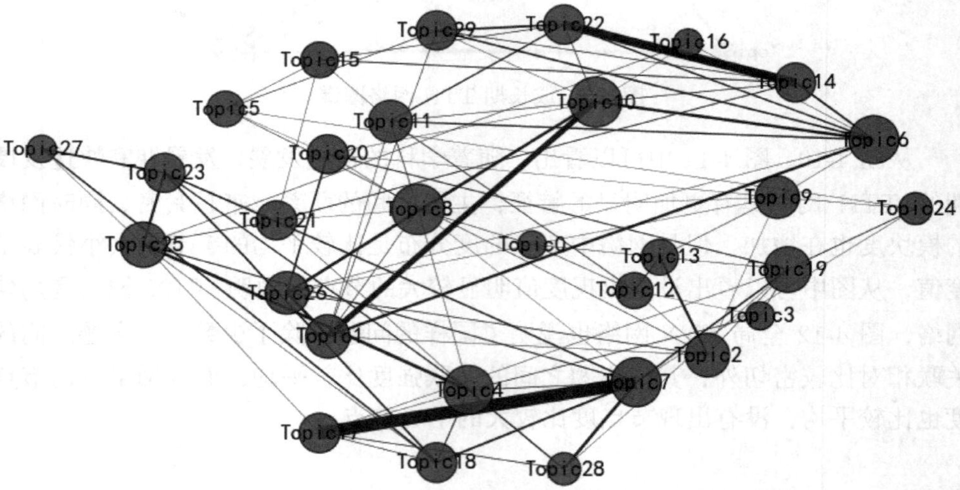

图 4-12　锂离子电池领域全局 TTN 网络图谱

4）主题影响力度量

本节中主题影响力是从主题之间语义关联视角分析主题在学科领域中的地位和作用，不同于前面讲述的主题强度。主题强度是基于主题的外部特征来分析主题的研究热度，主题影响力侧重于从主题的内部关联特征分析主题的作用。所以，本节在分析主题影响力时与主题强度指标进行对比分析。

由 Python 语言编写的复杂网络分析工具包 NetworkX 集成了网络中心性计算算法，由此计算锂离子电池各阶段主题的影响力分别如表 4-5~表 4-8 所示。

由图 4-4 可以看出，在萌芽期，主题强度排名前 2 位的是 Topic1-2（锂离子电池电极化学性能研究）和 Topic1-6（锂离子电池性能研究：能量特性、工作特性和环境特性），但是从表 4-5 中可以看出，无论是度中心性还是邻近中心性、居间中心性，Topic1-2 都是排名第一，这说明 Topic1-2 不仅具有较高的研究热度，而且在主题-主题关联的一模学科知识网络中起到重要的中心作用和桥梁作用，可以影响到其他主题的研究。但是 Topic1-6 除了邻近中心性外，其他网络影响力指标都比较靠后，说明在萌芽期该主题的研究比较孤立，与其他主题之间的关联比较少。而 Topic1-9（锂离子电池综合应用）虽然主题强度值较小，但是其各项中心性指标均较高，所以该主题在网络中的作用是不容忽视的。

表 4-5　萌芽期主题影响力指标一览表

Topic ID	度中心性	Topic ID	邻近中心性	Topic ID	居间中心性
1-2	0.4444	1-2	0.5444	1-2	0.1713
1-9	0.4444	1-9	0.5444	1-9	0.1481
1-1	0.3333	1-1	0.4949	1-7	0.0556
1-7	0.3333	1-6	0.4537	1-8	0.0417
1-0	0.2222	1-7	0.4537	1-1	0.0370
1-3	0.2222	1-0	0.4188	1-3	0.0370
1-6	0.2222	1-3	0.4188	1-0	0.0231
1-8	0.2222	1-8	0.4188	1-6	0.0139
1-4	0.0000	1-4	0.0000	1-4	0.0000
1-5	0.0000	1-5	0.0000	1-5	0.0000

从图 4-5 可以看出，在成长期，主题强度排名前三的主题是 Topic2-1（锂离子电池电极化学性能研究），Topic2-13（锂离子电池热管理）和 Topic2-14（锂离子电池正极材料结构及性能研究）。虽然 Topic2-14 的主题强度值最高，但是其网络影响力如度中心性、邻近中心性和居间中心性只排名第 4。Topic2-13 具有最高的网络影响力，再加上其具有较高的主题强度，所以 Topic2-13 才是成长期最热点的研究主题。从表 4-6 中还可以看出，一些研究强度较低的主题却具有较高的网络影响力，如 Topic2-0（锂离子电池性能研究：能量特性、工作特性和环境特性）虽然主题强度只有 0.0643，但是邻近中心性为 0.6364，居间中心性为 0.1570，说明该主题在网络中起到桥梁和纽带作用，与其他主题的

联系非常紧密，由成长期 TTN 网络图谱（图 4-9）也可以清晰地观测到这一情况。事实上，在成长期，锂离子电池性能研究是一个基础性的课题，是锂离子电池应用领域关注的焦点。在成长期阶段，制约锂离子电池进入某些重要应用的最主要问题是电池的安全性及低温电池性能有待进一步提高[211]。

表 4-6　成长期主题影响力指标一览表

Topic ID	度中心性	Topic ID	邻近中心性	Topic ID	居间中心性
2-13	0.5000	2-13	0.6667	2-13	0.1973
2-14	0.5000	2-0	0.6364	2-0	0.1570
2-0	0.4286	2-14	0.6087	2-8	0.1253
2-1	0.4286	2-1	0.5833	2-1	0.0969
2-3	0.4286	2-3	0.5600	2-10	0.0886
2-8	0.3571	2-6	0.5600	2-14	0.0853
2-10	0.3571	2-8	0.5600	2-7	0.0833
2-5	0.2857	2-10	0.5600	2-6	0.0469
2-6	0.2857	2-7	0.5385	2-3	0.0379
2-7	0.2857	2-5	0.5185	2-9	0.0339
2-2	0.2143	2-11	0.5000	2-11	0.0176
2-4	0.2143	2-4	0.4667	2-4	0.0114
2-9	0.2143	2-9	0.4667	2-12	0.0104
2-11	0.2143	2-12	0.4667	2-2	0.0082
2-12	0.1429	2-2	0.4516	2-5	0.0000

从图 4-10 可以看出，在发展期，Topic3-15（锂离子电池正极材料结构及性能研究）、Topic3-18（锂离子电池负极材料结构及性能研究）和 Topic3-11（锂离子电池电极材料改性研究）是主题强度最高的三个主题。从表 4-7 中可以看出，研究强度值最大的 Topic3-15 并非在网络中具有较高的影响力，各种中心性指标都较低；而 Topic3-11 的度中心性、邻近中心性和居间中心性均最高。所以，可以认为在发展期 Topic3-11 是最重要的研究主题，无论是主题强度还是主题影响力均较高。特别值得注意的是，Topic3-4（锂离子电池电化学阻抗谱分析）虽然主题强度不高，但是网络影响力非常高。事实上，电化学阻抗谱（electrochemical impedance spectroscopy，EIS）是研究电化学界面过程的重

要方法，在过去的十多年里，EIS 被广泛应用于研究锂离子在碳材料和过渡金属氧化物中的嵌入和脱出过程[212]。因此，Topic3-4 这个主题是一种重要的方法性和工具性主题，在网络中具有重要的桥梁作用。由此可以看出，仅仅依靠主题强度来判断主题的影响力是远远不够的，无法度量主题之间的语义关联影响。

表 4-7　发展期主题影响力指标

Topic ID	度中心性	Topic ID	邻近中心性	Topic ID	居间中心性
3-11	0.473684	3-11	0.633333	3-11	0.232258
3-18	0.421053	3-4	0.575758	3-4	0.180872
3-4	0.368421	3-18	0.575758	3-10	0.165017
3-7	0.315789	3-10	0.558824	3-18	0.134183
3-10	0.315789	3-14	0.558824	3-7	0.101681
3-13	0.315789	3-7	0.542857	3-14	0.075738
3-15	0.315789	3-13	0.527778	3-19	0.075219
3-8	0.263158	3-15	0.513514	3-13	0.063952
3-14	0.263158	3-19	0.5	3-8	0.048757
3-19	0.263158	3-6	0.487179	3-15	0.037928
3-9	0.210526	3-3	0.475	3-9	0.027875
3-17	0.210526	3-8	0.463415	3-16	0.022643
3-1	0.157895	3-17	0.463415	3-5	0.016569
3-2	0.157895	3-9	0.452381	3-17	0.011696
3-3	0.157895	3-16	0.452381	3-2	0.010721
3-5	0.157895	3-5	0.44186	3-6	0.007049
3-6	0.157895	3-1	0.413043	3-3	0.004215
3-16	0.157895	3-2	0.413043	3-0	0
3-12	0.105263	3-0	0.365385	3-1	0
3-0	0.052632	3-12	0.351852	3-12	0

从图 4-7 中可以看出，在快速发展期，研究强度排名前三的主题依次为 Topic4-14（锂离子电池电极材料改性研究）、Topic4-16（锂离子电池正极材料结构及性能研究）和 Topic4-20（锂离子电池负极材料结构及性能研究）。但是

从网络影响力（表 4-8）中可以看出，三个网络影响力指标与主题强度排名相差甚远。如 Topic4-14 的度中心性排名 12，邻近中心性排名 13，居间中心性排名 15。Topic4-16 和 Topic4-20 的排名也都比较靠后。反而是主题强度值不高的 Topic4-1（高能量密度锂离子电池研究）在网络中的度中心性和居间中心性指标最高。事实上，在快速发展期，由于消费电子产品的飞速发展，纯电动汽车对延长续航里程的要求，迫切希望大幅度提升电池的能量密度，研发高能量密度动力电池，提高电动汽车续航里程在未来很长时间内将是行业研究的热点[213]。因此，Topic4-1 能够在网络中凸显其地位和作用是因为它代表了锂离子电池领域未来的研究前沿。

表 4-8　快速发展期主题影响力指标

Topic ID	度中心性	Topic ID	邻近中心性	Topic ID	居间中心性
4-1	0.4167	4-12	0.6154	4-1	0.2421
4-7	0.4167	4-1	0.6000	4-12	0.1276
4-4	0.3750	4-10	0.5854	4-3	0.0969
4-12	0.3750	4-2	0.5581	4-10	0.0725
4-16	0.3750	4-7	0.5581	4-0	0.0666
4-0	0.3333	4-9	0.5581	4-9	0.0605
4-3	0.3333	4-4	0.5455	4-7	0.0569
4-5	0.3333	4-0	0.5333	4-11	0.0561
4-10	0.3333	4-3	0.5217	4-4	0.0473
4-9	0.2917	4-15	0.5217	4-18	0.0428
4-11	0.2917	4-16	0.5217	4-2	0.0420
4-14	0.2917	4-5	0.5106	4-15	0.0331
4-20	0.2917	4-14	0.5106	4-5	0.0295
4-2	0.2500	4-11	0.5000	4-16	0.0261
4-8	0.2500	4-13	0.5000	4-14	0.0223
4-19	0.2500	4-19	0.5000	4-8	0.0178
4-24	0.2500	4-20	0.5000	4-13	0.0139
4-6	0.2083	4-18	0.4706	4-19	0.0129
4-13	0.2083	4-24	0.4528	4-20	0.0127

续表

Topic ID	度中心性	Topic ID	邻近中心性	Topic ID	居间中心性
4-15	0.2083	4-8	0.4444	4-24	0.0117
4-17	0.2083	4-22	0.4444	4-22	0.0107
4-18	0.2083	4-6	0.4211	4-6	0.0015
4-23	0.1667	4-17	0.4211	4-17	0.0015
4-21	0.0833	4-23	0.4068	4-21	0.0000
4-22	0.0833	4-21	0.3810	4-23	0.0000

通过对锂离子电池各阶段主题网络影响力的分析可以看出，主题的网络影响力是与主题强度完全不同的主题重要性测度指标，主题强度值高的主题未必具有高的网络影响力。所以，主题网络影响力可以作为主题强度指标的有力补充，通过网络影响力指标可以找到那些在学科主题中起到桥梁和纽带作用的主题，这些主题对新兴主题的产生起到重要的催化作用或者本身就是代表了这个时期的新兴和热点研究，是值得引起重视的研究主题。

5）网络结构演化分析

本书基于 NetworkX 计算出锂离子电池领域 TTN 网络的各种结构指标，主要有平均度数、平均聚类系数和平均最短路径长度。从表 4-9 中可以看出，随着学科发展，TTN 网络中节点的平均度数递增，萌芽期平均一个主题只有 2.2 个关联主题，到了成长期则增加到 4.5 个，快速发展期则有 6.56 个，这说明随着学科的发展，新主题的增加使主题之间的关联变得更加紧密。网络中一个节点的聚类系数指的是该节点的朋友之间还是朋友的可能性，网络的平均聚类系数是所有节点聚类系数的平均值，表征一个网络中节点聚集程度的指标。锂离子电池领域在萌芽期 TTN 网络的平均聚集系数较低，只有 0.0833，到了成长期平均聚类系数达到 0.4305，到了快速发展期平均聚类系数超过了 0.5。最短路径长度指连接两个节点的最短路径上的边数，网络的平均最短路径长度是所有节点对之间最短路径长度的平均值，能够表征网络的连通程度。由表 4-9 可以看出，锂离子电池领域具有较短的平均路径长度，发展期最长为 2.09，可见锂离子电池领域的 TTN 网络具有较好的连通性。

表 4-9　锂离子电池领域 TTN 网络结构指标

指标	萌芽期	成长期	发展期	快速发展期	全局
平均度数	2.2000	4.5333	4.6000	6.5600	6.2000
平均聚类系数	0.0833	0.4305	0.4492	0.5056	0.4198
平均最短路径长度	1.6786	1.8667	2.0947	2.0167	2.1931

节点度分布是网络的重要结构特征，能够测度网络的基本属性。本书对锂离子电池领域四个发展阶段的 TTN 网络的节点度分布进行计算，绘制节点度分布图如图 4-13 所示。

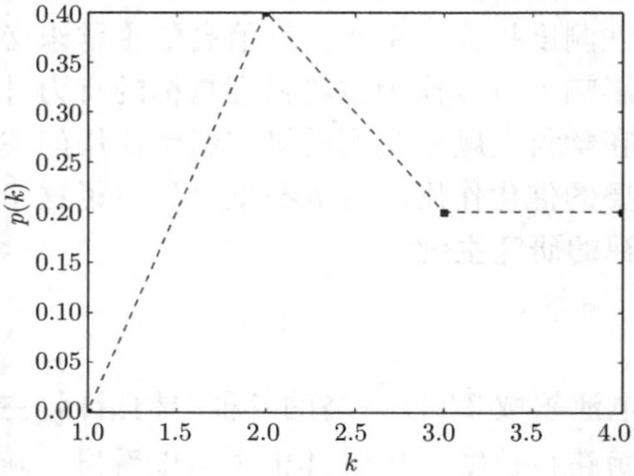

(a)萌芽期

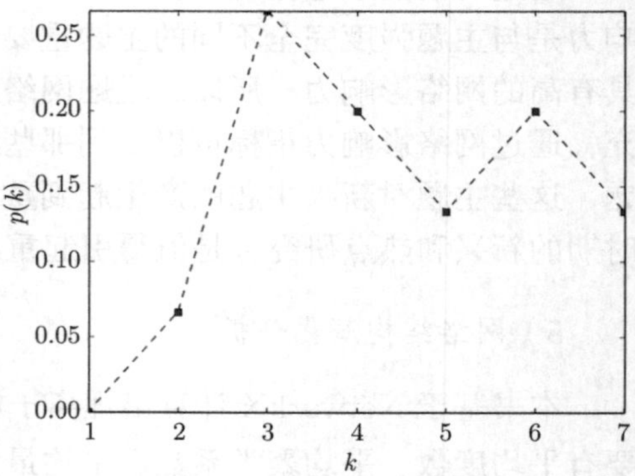

(b)成长期

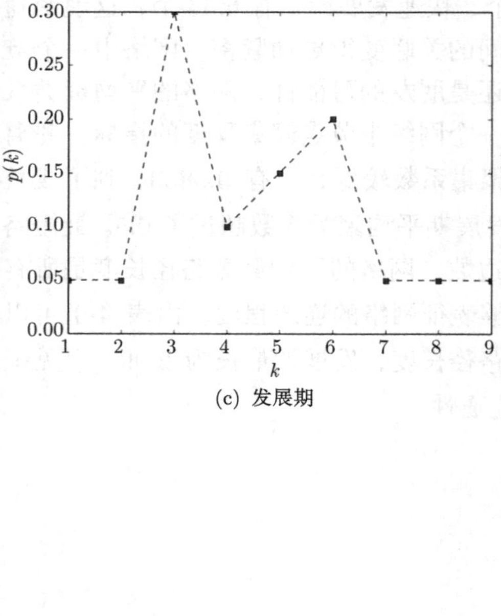

(c) 发展期

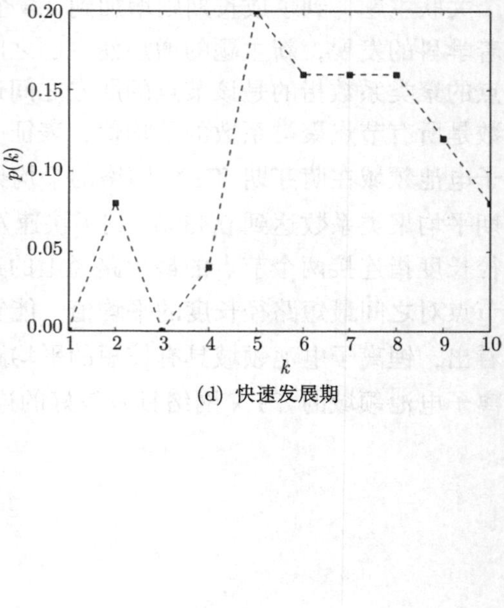

(d) 快速发展期

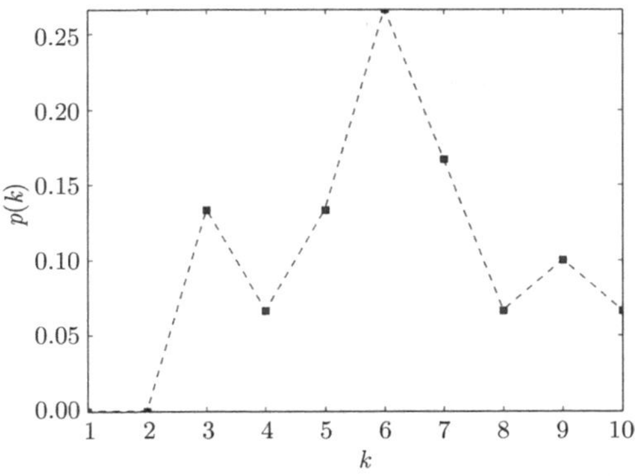

(e) 全局

图 4-13　锂离子电池领域 TTN 网络的节点度分布图

特别地，对快速发展期和全局的节点度分布进行泊松分布的检验，检验方法是使用非参数检验方法：单个样本（Kolmogorov-Smirnov 检验），检验的结果如表 4-10 所示。快速发展期节点度分布单样本 Kolmogorov-Smirnov 检验显示渐近显著性 p 值为 0.973，远大于 0.05，表明快速发展期 TTN 网络节点度分布服从泊松分布，而全局 Kolmogorov-Smirnov 检验显示渐近显著性 p 值为 0.990，也是远大于 0.05，说明全局 TTN 网络节点度分布也服从泊松分布。

表 4-10　快速发展期节点度分布单样本 Kolmogorov-Smirnov 检验

指标		快速发展期节点度分布	全局节点度分布
N		25	30
Poisson 参数 a,b	均值	6.20	6.56
最极端差别	绝对值	0.081	0.097
	正	0.051	0.070
	负	−0.081	−0.097
Kolmogorov-Smirnov Z		0.485	0.442
渐近显著性(双侧)		0.973	0.990

由图 4-13 可以看出，锂离子电池领域的 TTN 网络节点度分布在萌芽期近似于泊松分布，并且随着学科领域的发展，这种趋势愈加明显，而到了快速发展期，由表 4-10 可知，网络节点度分布为泊松分布，这种网络被称为均匀网络。均匀网络中节点的度分布比较平均，没有出现节点度非常大的中心节点。小世界网络是介于具有高聚集度但平均路径较长的规则网络和具有低聚集度但平均

路径较短的随机网络之间的一种网络，它同时具有高聚集度和短路径特征，这样在网络结构和网络传播功能上具有特殊的效应[87]。结合聚类系数和平均最短路径长度，可以看出 TTN 网络具有较高的聚类系数、较短的平均路径长度，再加上其节点度分布为泊松分布，所以 TTN 网络是典型的小世界网络。

4.2 整合主题的二模学科知识网络构建及结构演化分析

二模网络（bipartite network）是复杂网络研究的热点之一，很多实际网络表现出二分性，如演员-电影网络[89]、科学家-论文网络[214]等。二模网络由两类节点以及两类节点之间的连边组成，同类节点之间不存在连边[215]。二模网络可以揭示单模网络无法表现的网络属性和结构特征，提供了复杂网络研究的新视角。本书受到科学家-论文网络的启发，提出度量学科知识网络中作者-主题语义关联的方法，探讨学科知识网络中作者主题关联影响力概念，以测量网络中的关键作者和关键主题。基于此，构建作者-主题关联的二模学科知识网络，并对网络的结构特性及其演化分析进行研究。

目前对二模网络的研究主要从两个方面入手：一是将二模网络通过某种网络映射机制，如无权和加权投影，将二模网络投影为单模网络进行分析；二是直接利用原始二模网络进行分析。二模网络投影为单模网络虽然可以借助单模网络分析的成熟方法，但是会丢失二模网络的信息，导致分析结果的不完整。利用原始二模网络直接分析虽然在方法上尚需进一步优化，但是可以保留所有的网络信息，分析的结果完整、准确。

4.2.1 学科知识网络中作者主题关联影响力概念与度量方法

科学计量学领域对于学者的影响力度量主要从两个层面开展：一个是基于文献引用分析的学术影响力分析，比较典型的如高引用量、基于引文的 H 指数、AuthorRank 指数等；另一个是基于学术社交媒体数据的社会影响力分析，比较典型的是替代计量学（altmetrics）的各种测度指标[216]。无论是学术影响力还是社会影响力均是基于学者研究成果的外部特征的度量方法，是从知识传播和知识共享方面度量学者的重要性，而缺少从学者研究内容层面度量其重要影响力的方法和指标。研究主题是直接表达学者研究内容的学科知识节点，若能度量学者与研究主题之间的语义关联，进而构建基于作者-主题关联的二模学科知识网络，则可通过作者在网络中的位置和作用度量其影响力，本书将这种影响力称为学科知识网络中作者主题关联影响力。该影响力旨在度量作者节点和主题节点在作者-主题关联的二模学科知识网络中的重要性，可反映学者在学科领域中的研究活跃程度和潜在合作前景，以及主题在学科发展中的被关注度、在学者研究过程中的桥梁和纽带作用等，是学术影响力和社会影响力的重要补充。

二模网络的节点重要性度量方法不同于一模网络节点重要性度量方法，借鉴了社会网络节点中心性指标，重新设计了适合作者-主题关联的二模学科知识网络的节点重要性度量方法，分别为度中心性、邻近中心性和居间中心性。每个指标均将作者节点和主题节点区别计算，其计算方法和具体含义如下所示。

1）度中心性

二模网络的度中心性指标与一模网络不同，节点度的归一化方法也不同。针对基于作者主题关联的学科知识网络提出以下度中心性归一化方法：作者节点的度中心性归一化方法为作者节点的度值除以主题数，而主题节点的度中心性归一化方法为主题节点的度值除以作者数。因为作者节点只与主题节点相连，一个作者度值最大可能性是与所有的主题节点相连，所以这种归一化方法比节点度值除以所有的连接数的方法更加科学合理。

作者节点的度中心性指标表征了学者的研究广度，有些学者的研究范围较大，其研究涉及多个主题，而有些学者则倾向于单个主题。通过该指标可以度量学者的研究活跃程度，度中心性越大的学者研究活跃程度则越大。

主题节点的度中心性指标表征了被学者直接关注的程度，指标值越大表明被关注的程度越大，通过该指标可初步确定学科领域中热点主题。

$$d_a = \frac{\deg(a)}{|T|}, \quad a \in A \tag{4-2}$$

$$d_t = \frac{\deg(t)}{|A|}, \quad t \in T \tag{4-3}$$

2）邻近中心性

一个节点的邻近中心性是指该节点到达网络中其他节点的距离，通常采用平均路径长度来计算。如果网络是非连通的，则计算包含该节点的最大连通子网。邻近中心性指标刻画了一个节点接近其他节点的难易程度。但是二模网络的邻近中心性指标的计算与一模网络是不同的，二模网络中相同的节点是不相连的，这就导致了原来指标的计算方法不再适用。本书基于文献[217]提出的二模网络节点邻近中心性，改进了基于作者主题关联的学科知识网络中邻近中心性的定义方法。由于作者-主题关联的二模学科知识网络中，相同的节点之间是不直接相连的，所以作者与作者之间、主题与主题之间不直接相连。如此，提出了计算作者节点邻近中心性和主题节点邻近中心性的方法，其中作者到其他作者的邻近中心性，刻画了节点作者与其他作者潜在合作的程度，表征了该学者的潜在合作前景，也是学术影响力的重要表现形式；主题到其他主题的邻近中心性，刻画了该主题与其他主题之间发生交叉和融合的程度。

（1）作者节点到其他作者节点的邻近中心性（ C_a^A ）

假设$a \in A$是作者集合中的一个节点，则a到 A 中其他作者节点的邻近中心性为

$$C_a^A = \frac{2(n_A - 1)}{d_a^A} \tag{4-4}$$

式中，d_a^A 表示节点a到 A 中其他节点的最短路径长度之和。

（2）主题节点到其他主题节点的邻近中心性（ C_t^T ）

假设$t \in T$是主题集合中的一个节点，则t到 T 中其他主题节点的邻近中心性为

$$C_t^T = \frac{2(n_T - 1)}{d_t^T} \tag{4-5}$$

式中，d_t^T 表示节点t到 T 中其他节点的最短路径长度之和。

3）居间中心性

居间中心性是计算所有经过该节点的最短路径对的长度之和，它反映了节点在网络中的影响力，其归一化的方法如下：

作者节点的居间中心性表示为经过该作者节点的实际最短路径对的长度之和除以最大可能最短路径对的长度之和，公式表示为

$$b_u = \frac{\frac{1}{2}\sum_{i \neq u}^{n}\sum_{j \neq u,i}^{n} g_{iuj}}{\frac{1}{2}\left[n_T^2\left(s+1\right)^2 + n_T\left(s+1\right)(2t-s-1) - t(2s-t+3)\right]} \tag{4-6}$$

式中，u表示作者节点；n表示网络中的所有节点；g_{iuj} 表示网络中分别以i,j为起点和终点经过节点u的最短路径长度；n_A表示作者节点数量；n_T表示主题节点数量；$s = \left(n_A - 1\right) \div n_T$；$t = \left(n_A - 1\right) \bmod n_T$。

主题节点的居间中心性表示为经过该主题节点的实际最短路径对的长度之

和除以最大可能最短路径对的长度之和，公式表示为

$$b_k = \frac{\frac{1}{2}\sum_{i\neq k}^{n}\sum_{j\neq k,i}^{n} g_{ikj}}{\frac{1}{2}\left[n_A^2\left(p+1\right)^2 + n_A\left(p+1\right)(2r-p-1) - r(2p-r+3)\right]} \tag{4-7}$$

式中，k 表示主题节点；n 表示网络中的所有节点；g_{ikj} 表示网络中分别以 i, j 为起点和终点经过节点 k 的最短路径长度；n_A 表示作者节点数量；n_T 表示主题节点数量；$p=\left(n_T-1\right)\div n_A$；$r=\left(n_T-1\right) \bmod n_A$。

由于在作者-主题关联的二模学科知识网络中，作者节点只与主题节点相连，所以作者居间中心性的大小表征了该作者对学科领域内所有研究主题的了解程度，是作者学识广博程度的度量指标。主题节点只与作者节点相连，所以主题居间中心性刻画了主题作为学者之间沟通交流的桥梁作用的大小。

4.2.2　作者-主题关联的二模学科知识网络构建

作者-主题关联的二模学科知识网络（two mode discipline knowledge network of author-topic association，以下简称 ATN 网络）由 ATN $=(A, T, E)$ 表示，其中 A 表示作者集合，T 表示主题集合，E 表示作者与主题之间的连线。作者与主题之间的关联强度通过主题建模来决定。本书使用 AT 主题模型抽取作者-主题矩阵，通过设定合理的阈值，确定每个作者的研究主题集合，从而建立作者与主题之间的关联。ATN 网络的示意图由图 4-14 所示，在图中 Author 节点代表作者，Topic 节点代表主题，Author 节点只与 Topic 节点相连，而 Author 节点之间没有连线，Topic 节点亦是如此。

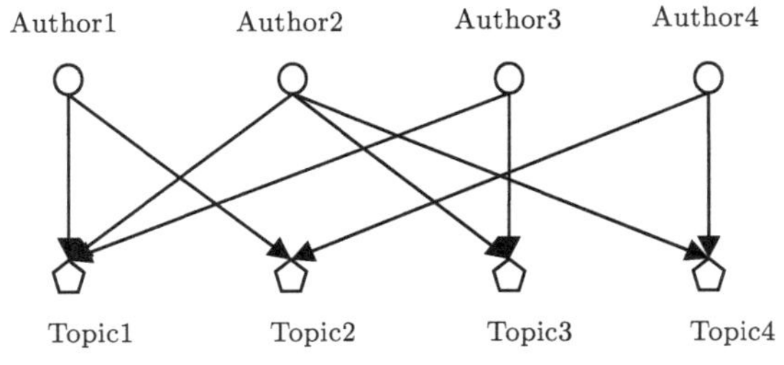

图 4-14　基于作者主题关联的学科知识网络示意图

在构建 ATN 网络之前，首先要解决两个关键问题，其一是作者-主题关联矩阵的抽取，其二是作者-主题关联强度的确定。

1）基于 AT 主题模型的作者-主题关联矩阵抽取

作者-主题关联矩阵的抽取主要是通过 AT 模型，下面以锂离子电池领域萌芽期发文量 top10 作者的主题矩阵为例，说明作者-主题关联矩阵的结构及其含义。

从表 4-11 中可以看出，在锂离子电池领域萌芽期阶段，通过 AT 主题模型，共抽取了 10 个主题，分别为 Topic1-0 至 Topic1-9。抽取作者-主题矩阵，即抽取每个作者下的主题分布，以发文量第一的作者 LIU QG 为例，主题 Topic1-2 的概率值为 0.9541，而其他主题的占比都很小，所以作者 LIU QG 的研究主题可判定为 Topic1-2。当然，也有作者的研究主题不止一个，如作者 MARSH RA，主题 Topic1-2、Topic1-6 这两个主题的占比分别为 0.5484、0.4391，占比总和为 0.9875，所以该作者在锂离子电池领域萌芽期主要关注这两个主题。

表 4-11 锂离子电池领域萌芽期作者-主题矩阵（发文量 top10 作者）

作者	Topic1-0	Topic1-1	Topic1-2	Topic1-3	Topic1-4	Topic1-5	Topic1-6	Topic1-7	Topic1-8	Topic1-9
LIU QG	0.0247	0.0012	0.9541	0.0012	0.0012	0.0012	0.0012	0.0012	0.0129	0.0012
AMINE K	0.0134	0.0012	0.7573	0.0012	0.0012	0.0012	0.2207	0.0012	0.0012	0.0012
ENDO M	0.0011	0.0011	0.8912	0.0011	0.0011	0.0011	0.0011	0.0121	0.0890	0.0011
MARSH RA	0.0016	0.0016	0.5484	0.0016	0.0016	0.0016	0.4391	0.0016	0.0016	0.0016
SCROSATI B	0.0011	0.0011	0.7215	0.0871	0.0011	0.0011	0.1839	0.0011	0.0011	0.0011
UCHIDA I	0.0011	0.0011	0.9798	0.0011	0.0011	0.0011	0.0117	0.0011	0.0011	0.0011
YANG LL	0.0032	0.0032	0.6484	0.0032	0.0032	0.0032	0.0032	0.0032	0.3258	0.0032
AIHARA Y	0.0016	0.0016	0.9689	0.0016	0.0016	0.0016	0.0016	0.0180	0.0016	0.0016
BROUSSE T	0.0015	0.0015	0.9106	0.0015	0.0015	0.0015	0.0621	0.0167	0.0015	0.0015
DRESSELHAUS MS	0.0023	0.0721	0.1884	0.0023	0.0023	0.0023	0.0721	0.0256	0.6302	0.0023

2）作者的研究主题集合及作者-主题关联强度的确定

从表 4-11 中可以看出，每一个作者的研究主题分布是不同的，每个主题在该作者下的概率值也不同，概率值的大小决定了作者对该主题的关注程度，也是 ATN 网络中作者与主题的关联度。但是，在作者的主题向量中，存在大量概率值较小的主题，如作者 LIU QG 的主题空间中，除了 Topic1-2，其他主题的概率值均小于 0.03。根据概率理论，小概率事件发生的可能性很小，所以在 ATN 网络构建中可以不考虑这些小概率主题。这就需要在 ATN 网络构建时设置合理的主题向量权重阈值，以过滤那些小概率主题。

考虑到一个学者的研究精力是有限的，不可能研究该领域内的所有研究主题。所以，假设学者的研究主题数量是有上限的，设上限为 u，u 的取值需根据具体的学科领域进行文献调研。本节设置了优化目标函数 $S(a)$，用来确定主题的概率阈值，该函数为所有作者中研究主题数为 0 以及研究主题数大于 u 的作者的比例，而优化的目标是该函数取最小值。其中，a 为需要确定的概率阈值，通过设置概率阈值作者的研究主题集合可表示为：$\text{Topics}_{\text{au}} = \left\{T_i \mid p(T_i \mid \text{au}) > a\right\}$。

优化目标函数可以表示为：

$$S(a) = \frac{\sum_{\text{au}}\left\{1 \mid \#\text{Topics}_{\text{au}} > u \text{ or } \#\text{Topics}_{\text{au}} = 0\right\}}{\#\text{AU}} \tag{4-8}$$

$$\min_a S(a)$$

式中，$\#\text{AU}$ 表示科学合作网络中所有作者的数量；$\#\text{Topics}_{\text{au}}$ 表示作者 au 的研究主题集合中研究主题的数量。当目标函数取最小值时的概率值 a，即为最佳概率阈值。目标函数 $S(a)$ 取最小值的含义为使该学科领域内主题数为 0 或超过 u 的作者比例取最小值。

3）ATN 网络的基本属性

由于 ATN 网络为二模网络，不同于一模网络的属性计算方法，本书提出了 ATN 网络基本属性的计算方法，包括节点平度和网络密度，其定义如下：

节点的度即与该节点一阶邻居的个数，则作者节点的平均度值为 $\frac{m}{n_A}$，主题节点的平均度值为 $\frac{m}{n_T}$，整个网络的平均度为 $\frac{2m}{n_A + n_T}$，其中 $n_A = |A|$ 表示网络中作者节点的个数，$n_T = |T|$ 表示网络中主题节点的个数，$m = |E|$ 表示网络中边的个数。

网络的密度可由公式 $\delta(G) = \frac{m}{n_A n_T}$ 计算，即为二模网络中实际连边个数与理论连边个数的比。

4.2.3 实证研究

为了检验本书提出的作者-主题关联的二模学科知识网络构建及演化分析方法的可操作性和有效性，本节展开实证研究。同时，通过对比分析检验作者主题关联影响力度量方法的有效性。实证研究的数据仍采用来源于 Web of Science 的锂离子电池（lithium-ion battery）领域，检索策略如表 4-1 所示。

1）锂离子电池领域作者-主题矩阵阈值的确定方法

根据作者-主题矩阵阈值确定方法，假设学者的研究主题数量是有上限的，至于这个上限是多少，还需文献调研。在 Web of Science 文献题录信息中有“WC”这一项，表示“Web of Science 类别”，该类别是在学科领域的基础上对研究方向进行细分，所以利用这个信息对学科领域发文量排名 top10 作者进行调研，确定学者研究主题数目的上限，如表 4-12 所示。

表 4-12 锂离子电池领域发文量 top10 作者研究主题个数统计表

作者	论文发表量	占所有文献的比例	研究主题个数
WANG Y	164	1.08%	6
WANG J	155	1.02%	6
LI XH	117	0.77%	4
LI J	115	0.76%	6
ZHANG Y	115	0.76%	6
LIU J	114	0.75%	6
WANG ZX	114	0.75%	6
LI WS	111	0.73%	4
LI Y	107	0.70%	4
YANG Y	102	0.67%	6

从表 4-12 可以看出，发文量排名前 10 的作者，其研究主题的个数不超过 6 个，将锂离子电池领域学者研究主题个数上限 u 设置为 6。利用式（4-6），对目标函数 $S(a)$ 进行优化，即可确定全局及生命周期各阶段作者-主题矩阵中的最佳阈值。经过计算，全局学科合作网络的作者研究主题概率阈值取值曲线如图 4-15 所示。从图中可以看出，当概率阈值 a 取值为 0.15 时，目标函数 $S(a)$ 取值最小。

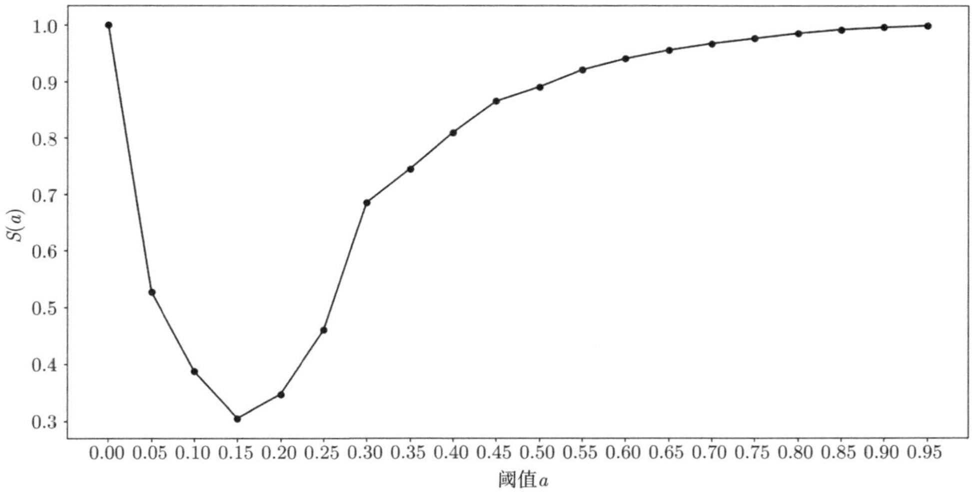

图 4-15 锂离子电池领域全局作者研究主题概率阈值的确定

各阶段作者研究主题集合的确定仍然采用优化目标函数 $S(a)$ 的方法，各阶段作者研究主题概率阈值的确定如图 4-16 所示。萌芽期、成长期、发展期作者研究主题概率阈值 a 取 0.2，而快速发展期作者研究主题概率阈值 a 则取 0.15。

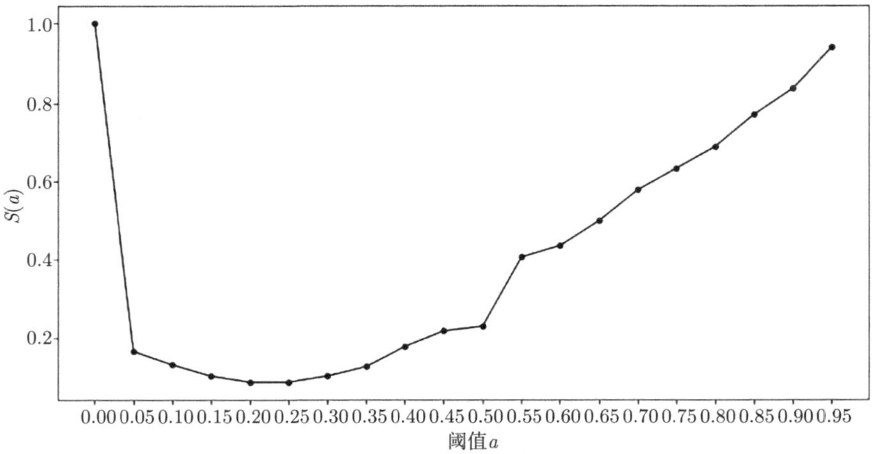

(a) 萌芽期

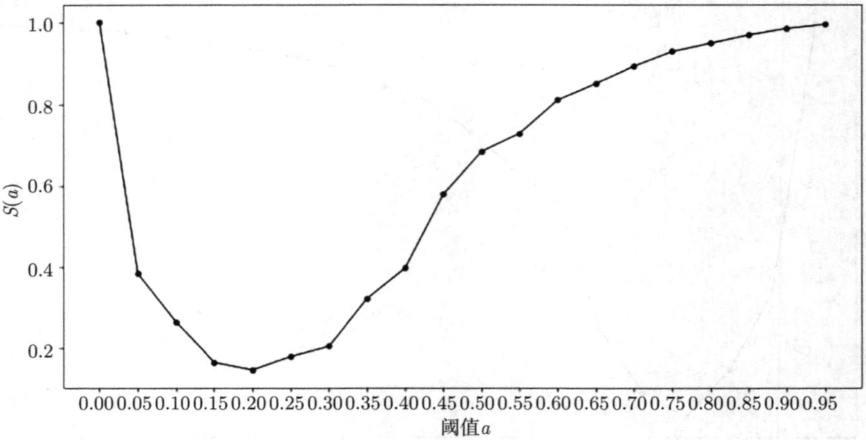

(b) 成长期

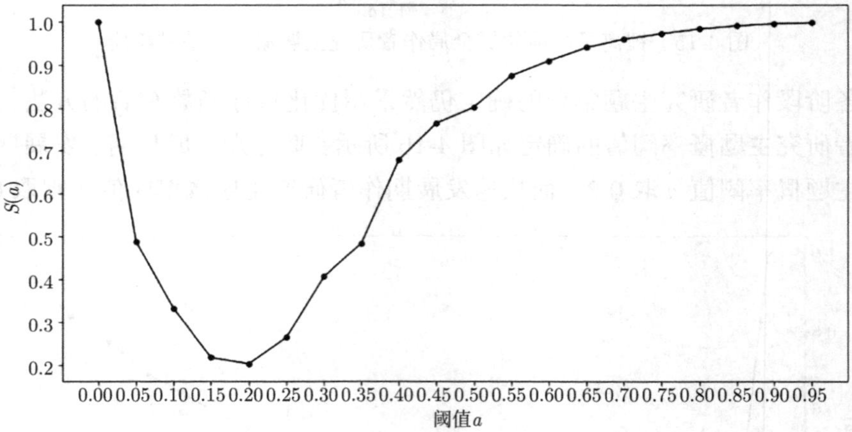

(c) 发展期

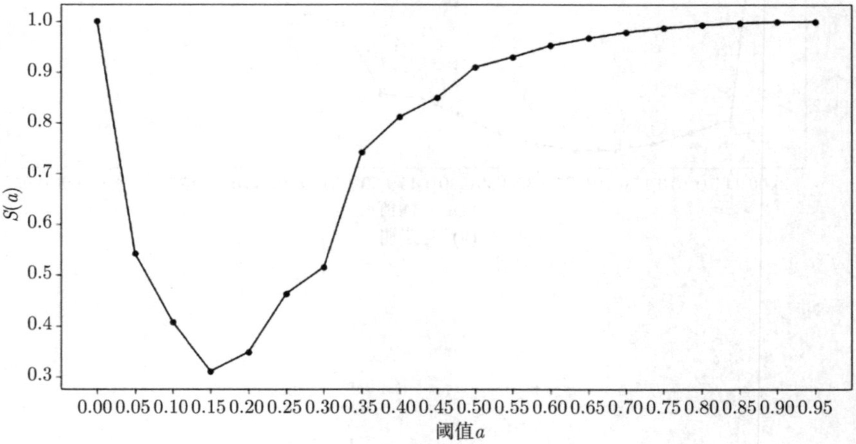

(d) 快速发展期

图 4-16　锂离子电池领域各阶段作者研究主题概率阈值的确定

2）锂离子电池领域 ATN 网络构建及网络图谱

只要确定各个发展阶段的作者-主题矩阵概率阈值，则可以确定每个作者的研究主题集合，作者与主题之间的关联强度就确定了，基于作者主题关联的学科知识网络也就确定了。利用基于 Python 语言编写的复杂网络分析工具 NetworkX 平台，本书绘制了锂离子电池领域学科发展各阶段基于作者主题关联的学科知识网络图谱（图 4-17~图 4-20），由于图谱规模太大，在绘制时作者节点只选取被引用数 top100 学者。图中节点的大小表示节点度值的大小。

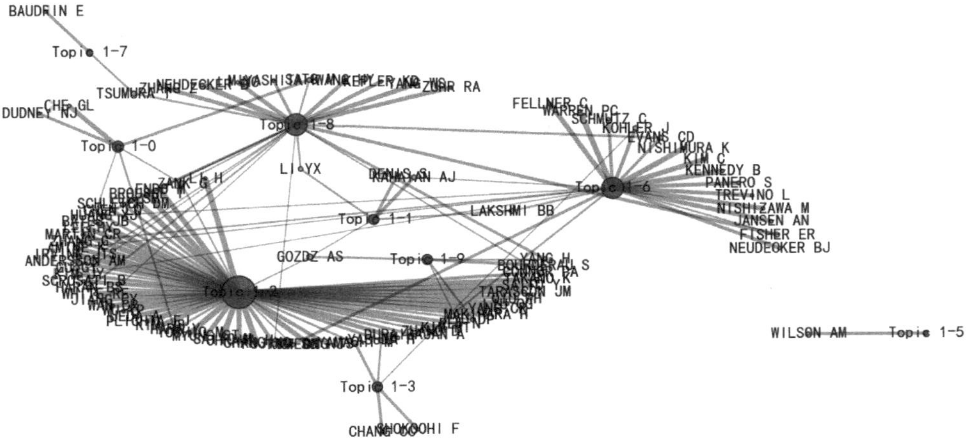

图 4-17 萌芽期 ATN 网络结构图谱

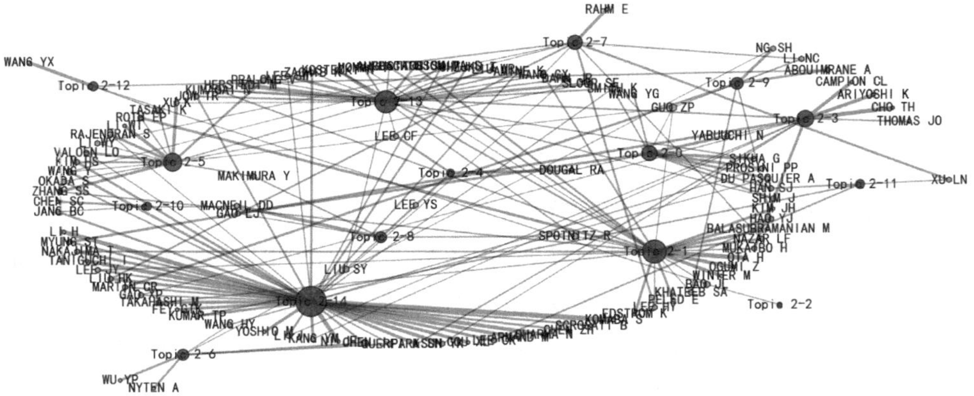

图 4-18 成长期 ATN 网络结构图谱

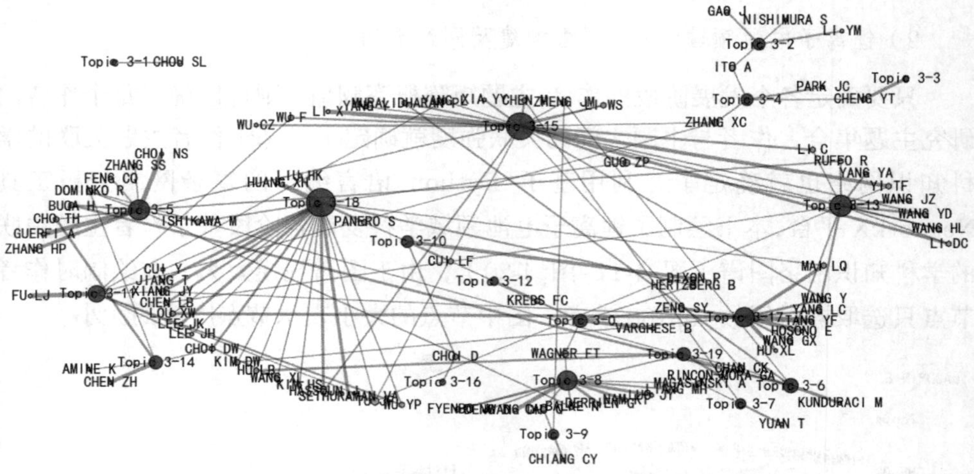

图 4-19　发展期 ATN 网络结构图谱

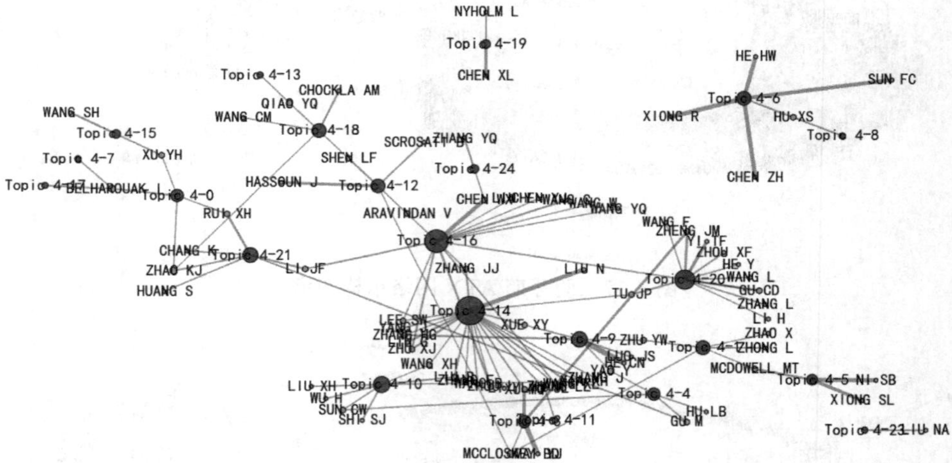

图 4-20　快速发展期 ATN 网络结构图谱

从以上各阶段 ATN 网络图谱可以得出以下几点结论：

（1）随着锂离子电池领域的发展，主题节点所连接的作者数量趋向于平均。在萌芽期，Topic1-2 和 Topic1-6 所连接的作者数量相比于其他主题，占据绝对的优势，这当然与这两个研究主题的强度值较高有很大的关系。同时也说明在学科发展初期，一两个主要的主题占据了较多的科研资源。但是随着学科发展，这种情况逐渐改善，到了快速发展期，从图 4-20 中可以看出所有的主题节点大小几乎相同，也就是说科研资源得到平均分配。

（2）处于网络中心地位的作者越来越多。ATN 网络结构图谱是利用

NetworkX 中的 networkx.drawing.nx_pydot 模块的 graphviz_layout 布局方式来绘图的，该网络布局方式将处于网络中心地位的节点放在网络中心位置。从萌芽期 ATN 网络图谱中可以看出，网络中主题占据绝对的中心位置，只有极少数的作者处于网络中心为位置。从成长期开始，ATN 网络中越来越多的作者处于网络中心位置，发展期和快速发展期则更多。这说明，随着学科领域的发展，作者在 ATN 网络中的影响力逐渐提升，作者通过主题为中介连接其他作者或者主题的作用越来越大。

3）作者-主题关联影响力分析

从锂离子电池领域 ATN 网络作者-主题关联影响力整体情况（表 4-13）来看，节点平均度中心性是随着学科发展递减的，整体上呈现线性衰减。主要原因是随着学科的不断壮大，不断有新的学者和新的研究主题加入到网络中，拉低了平均度中心性指标。

表 4-13　锂离子电池领域 ATN 网络作者-主题关联影响力整体情况

指标	萌芽期	成长期	发展期	快速发展期
节点平均度中心性	0.1372	0.1066	0.0765	0.0567
作者节点平均邻近中心性	0.7188	0.6524	0.6681	0.7720
主题节点平均邻近中心性	0.0145	0.0077	0.0046	0.0017
作者节点平均居间中心性	0.0012	0.0005	0.0002	0.0001
主题节点平均居间中心性	0.1535	0.1184	0.0934	0.0766

节点的平均邻近中心性指标将作者和主题两类节点分开来计算。从表 4-13 中可以看出，作者节点的平均邻近中心性较高，且在四个发展阶段变化不大，这说明虽然作者节点之间不直接相连，但是通过主题为桥梁，作者节点之间的联系还是非常紧密的。与作者节点相反，主题节点的平均邻近中心性要小得多，而且随着学科的发展递减。

在节点的居间中心性方面，主题节点的平均居间中心性显然要比作者节点的平均居间中心性要大得多，这说明在 ATN 网络中主题作为桥梁作用的地位无可取代，主题连接了作者和其他主题，从而促进学科的不断发展。

为了评价作者-主题关联影响力在揭示关键作者和关键主题中的作用，将作者影响力指标和基于发文量和被引用次数的指标进行对比分析，将主题影响力指标和主题强度指标以及 4.1.1 节中的 TTN 网络中的主题影响力指标进行对比分析。作者在某个阶段的总发文量一定程度上表明其研究活跃程度[218]，而作者所著论文的被引用次数可以很好地体现学者的学术价值[219]。因而发文量和被引用次数是从知识传播的角度对作者影响力进行分析的典型代表，但不同于直接使用发文量和被引用次数。本书考虑了论文中不同署名顺序对学者影响力的影响，采用调和计量方法[220]对不同署名顺序的作者赋予权重，以此计算其发文量和被引用次数。假设作者 a 在一篇由 N 位作者合作完成的论文 p 中排在第 r_a 位，那么作者 a 的权重为：

$$w_a\left(r_a, N\right)=\frac{\frac{1}{r_a}}{\left(1+\frac{1}{2}+\frac{1}{3}+\cdots+\frac{1}{N}\right)} \tag{4-9}$$

通过作者 a 的权重可以计算作者在学科领域发展的某一个阶段内发文量和被引用次数。

（1）锂离子电池领域 ATN 网络中作者影响力度量和分析

基于 Python 语言编写程序计算锂离子电池领域各发展阶段作者节点重要性指标和主题节点重要性指标，下面以锂离子电池领域的萌芽期和发展期为例，对作者的影响力进行分析。

对比表 4-14 和表 4-15 可以看出，基于发文量和被引用次数在度量作者影响力方面与本书提出的 ATN 网络作者-主题关联影响力有很大的区别。以中国科学院黄学杰（HUANG XJ）教授为例，黄教授在纳米储能材料的研究方面已处于国际前沿地位①。虽然黄教授发文量不多（没有进 top20），被引用次数 154 次，排在第 20 位，但是从表 4-15 中可以看出度中心性指标排名前十，居间中心性排名 4，邻近中心性更是排名第 1。这说明黄教授在 ATN 网络中桥梁和中介作用不容忽视，黄教授通过其研究主题与其他学者的关联度也比较紧密，潜在合作程度很大。类似的情况还有作者 HANAFUSA K、KIM JY、VAN ROERMUND AHM 虽然发文和被引次数均未进 top20，但具有较高的网络影响力。GOZDZ AS 的被引用次数排在第 14 位，但是其度中心性排名第 1，因而该学者具有较广泛的研究领域，也表明其研究活跃程度很高。

① http://e01.iphy.ac.cn/index.php?q=zh/people/huangxuejie

表 4-14　萌芽期作者发文量和被引用次数（top20）

作者	发文量	作者	被引用次数
AMINE K	3.2	BATES JB	590
MAJIMA M	3	AMINE K	429.8
YANG WS	3	TARASCON JM	403.17
MARSH RA	2.64	ENDO M	394.58
PELED E	2.33	CHE GL	363
QIU WH	2.33	SCROSATI B	333.08
TAKANO K	2.33	LI H	304
WU YP	2.33	DUDNEY NJ	278.5
AIHARA Y	2.2	YOSHIO M	243
ENDO M	2.08	BOURDERAU S	231
BROUSSE T	2	MARTIN CR	211.5
DAYALAN E	2	JANSEN AN	205
DOKKO K	2	KIM C	197.5
EHRLICH GM	2	GOZDZ AS	194.5
GOODENOUGH JB	2	BROUSSE T	194
HE LP	2	YASUDA H	193
IWATA N	2	NEUDECKER B	185.67
JUZKOW MW	2	LAKSHMI BB	181.5
KALIKMANOV VI	2	LI NC	181
SIAPKAS DI	2	HUANG XJ	154

表 4-15　萌芽期 ATN 网络中作者节点影响力指标（top10）

作者	度中心性	作者	邻近中心性	作者	居间中心性
GOZDZ AS	0.3	HUANG XJ	0.9717	AMINE K	0.0193
AMINE K	0.3	KIM JY	0.9717	MOHAMEDI M	0.0179
IMHOF R	0.3	VAN ROERMUND AHM	0.9222	IKEUCHI Y	0.0139
HATZIKRANIOTIS E	0.3	BOUVIER S	0.9222	HUANG XJ	0.0114

续表

作者	度中心性	作者	邻近中心性	作者	居间中心性
MARSH RA	0.3	MARSH RA	0.9222	KIM JY	0.0114
ZANK G	0.3	MATTHEWS MJ	0.9178	KIM DH	0.0105
MATTHEWS MJ	0.3	AMINE K	0.9135	MATTHEWS MJ	0.0097
HUANG XJ	0.3	IKEUCHI Y	0.9035	VAN ROERMUND AHM	0.0084
VAN ROERMUND AHM	0.3	HOLLANDSWORTH RP	0.8952	BOUVIER S	0.0084
BOUVIER S	0.3	LIM KC	0.8952	MARSH RA	0.0084

对比分析表 4-16 和表 4-17 可以看出，发文量和被引用次数与作者在 ATN 网络中的影响力之间并不存在特定的关联关系，找出表 4-16 和表 4-17 中都存在的作者进行对比分析，共有 TU JP、CHAN CK、XIANG JY、HUANG XH 和 YI TF 五位学者。首先看 TU JP（涂江平，浙江大学教授），主要从事纳米复合材料和复合涂层的制备与摩擦磨损、电极材料和新型储氢材料等方面的研究。涂江平教授在锂离子电池领域发展期发文量 13.12 篇，排名第 3，发表的论文被引用次数至今 811.05 次，排名第 8。但是从表 4-17 可以看出，涂江平教授在 ATN 网络中度中心性和邻近中心性均排名第 1，这说明涂教授在锂离子电池领域发展期具有较高的研究活跃度，同时与其他学者进行合作的潜在可能性也最大。斯坦福大学的 CHAN CK 虽然论文被引用次数排名第 1，但是在 ATN 网络中各项指标均不是最高；YI TF 的居间中心性很高，表明该学者对学科领域内的研究主题比较熟悉；而 XIANG JY 和 HUANG XH 在网络中的各项指标均排名不同，与其发文量和论文被引用次数排名也不同。

表 4-16 发展期作者发文量和被引用次数（top20）

作者	发文量	作者	被引用次数
YI TF	14	CHAN CK	1281.2
LEE JH	13.3	NAM KT	1193
TU JP	13.12	WANG HL	1124
CHEN LR	12.5	MAGASINSKI A	944
WU F	11.63	KIM DW	871.28
LI XH	11.03	LOU XW	824.33

续表

作者	发文量	作者	被引用次数
WANG QS	11	CUI Y	819.61
HUANG XH	10.93	TU JP	811.05
ZHANG HP	10.83	HUANG XH	808.45
HU GR	10.82	CUI LF	801.83
XIANG JY	10.72	RUFFO R	782.17
KIM HS	10.36	KREBS FC	773
YANG L	10.33	HASSOUN J	771.5
WANG ZX	9.95	XIANG JY	767.38
GUO HJ	9.85	WANG DH	680.58
HE XM	9.83	LIU H	644
CHEN CH	9.75	WANG Y	617.4
HASSOUN J	9.5	CHEN M	611
LI WS	9.34	YI TF	578
WANG XL	9.17	DERRIEN G	566

表 4-17　发展期作者节点重要性指标度量（top10）

作者	度中心性	作者	邻近中心性	作者	居间中心性
TU JP	0.2	TU JP	0.7731	LIN CC	0.0024
HUANG XH	0.2	YI TF	0.7618	RAHMAN MM	0.0023
GUO ZP	0.2	NAHM KS	0.7588	YI TF	0.0023
ZHANG XY	0.15	XIANG JY	0.7428	CRAMER SP	0.0023
YOSHIDA H	0.15	WEN ZY	0.7428	HUANG XH	0.0021
BANNO K	0.15	KAWASAKI S	0.7428	WANG JM	0.0021
AMETANI A	0.15	HUANG XH	0.7391	CHAN CK	0.0020
UMEDA S	0.15	CHAN CK	0.7391	FANG XP	0.0020
JIA DZ	0.15	YANG L	0.7391	LI HY	0.0020
CHAN CK	0.15	WANG ZX	0.7391	XIANG JY	0.0018

综合以上分析可以看出，作者的发文量和论文被引用次数仅是从文献的外部特征来刻画作者的影响力，并不全面。而作者在 ATN 网络中的影响力指标可

以很好地从语义内容层面刻画作者的影响力，如作者的研究活跃性、对学科领域的熟悉程度以及与其他学者潜在合作和交流的可能性等，是基于引文的学术影响力和社会影响力指标的有力补充。

（2）锂离子电池领域 ATN 网络中主题影响力度量和分析

主题影响力一般是通过主题强度来度量，还可以通过TTN 网络中的中心性指标来度量。下面以锂离子电池领域的萌芽期和发展期为例，对主题在 ATN 网络中的影响力进行对比分析。

从表 4-18 可以看出，在萌芽期邻近中心性、度中心性和居间中心性都较大的两个主题节点是 Topic1-2、Topic1-6，而这个结果和主题的强度值保持一致（图 4-4），且度中心性指标的排名和主题强度是一致的。从表 4-18 还可以看出，主题节点的度中心和居间中心排名基本一致，而邻近中心性明显不同。邻近中心性高的主题表明与其他主题之间发生交叉和融合的可能性大，如 Topic1-1。

表 4-18　萌芽期主题节点重要性指标度量

主题	度中心性	主题	邻近中心性	主题	居间中心性
Topic1-2	0.5733	Topic1-2	0.0166	Topic1-2	0.7182
Topic1-6	0.3064	Topic1-6	0.0166	Topic1-6	0.3622
Topic1-8	0.1729	Topic1-7	0.0166	Topic1-8	0.1822
Topic1-0	0.0658	Topic1-1	0.0150	Topic1-7	0.0571
Topic1-7	0.0658	Topic1-8	0.0150	Topic1-0	0.0524
Topic1-3	0.0564	Topic1-9	0.0150	Topic1-3	0.0455
Topic1-1	0.0489	Topic1-0	0.0136	Topic1-1	0.0408
Topic1-9	0.0338	Topic1-3	0.0136	Topic1-5	0.0338
Topic1-5	0.0301	Topic1-5	0.0125	Topic1-4	0.0223
Topic1-4	0.0188	Topic1-4	0.0100	Topic1-9	0.0206

从表 4-19 和图 4-6 可以看出，发展期主题节点在 ATN 网络中的度中心性指标排名与主题强度的排名是一致的。同样，与萌芽期相同的是主题节点的度中心和居间中心排名也是基本上一致的。从表 4-19 中看，主题的邻近中心性排名既不同于主题强度，也不同于 TTN 网络中主题的邻近中心性排名。ATN 网络中主题的接近中心性只是测度与其他主题之间关联的潜在程度，而 TTN 网

络中主题的邻近中心性是测度该主题与其他主题已经发生的关联程度。

表 4-19　发展期主题节点重要性指标度量

主题	度中心性	主题	邻近中心性	主题	居间中心性
Topic3-15	0.1368	Topic3-14	0.0046	Topic3-15	0.1805
Topic3-18	0.1074	Topic3-15	0.0046	Topic3-18	0.1378
Topic3-11	0.1057	Topic3-16	0.0046	Topic3-11	0.1305
Topic3-8	0.0963	Topic3-17	0.0046	Topic3-8	0.1269
Topic3-13	0.0936	Topic3-18	0.0046	Topic3-13	0.1123
Topic3-4	0.0871	Topic3-19	0.0046	Topic3-4	0.1071
Topic3-17	0.0844	Topic3-0	0.0046	Topic3-17	0.1058
Topic3-6	0.0806	Topic3-1	0.0046	Topic3-14	0.0976
Topic3-14	0.0789	Topic3-2	0.0046	Topic3-6	0.0955
Topic3-7	0.0731	Topic3-3	0.0046	Topic3-7	0.0897
Topic3-10	0.0704	Topic3-4	0.0046	Topic3-10	0.0849
Topic3-19	0.0683	Topic3-5	0.0046	Topic3-19	0.0821
Topic3-5	0.0673	Topic3-6	0.0046	Topic3-5	0.0810
Topic3-1	0.0622	Topic3-7	0.0046	Topic3-9	0.0700
Topic3-9	0.061	Topic3-8	0.0046	Topic3-1	0.0690
Topic3-0	0.0552	Topic3-9	0.0046	Topic3-0	0.0671
Topic3-2	0.0543	Topic3-10	0.0046	Topic3-2	0.0639
Topic3-11	0.0046	Topic3-11	0.0046	Topic3-16	0.0624
Topic3-12	0.0046	Topic3-12	0.0046	Topic3-12	0.0558
Topic3-13	0.0046	Topic3-13	0.0046	Topic3-3	0.0479

综合以上分析可以发现，ATN 网络中主题的度中心性和居间中心性这两个指标差别不明显，而且与主题强度指标具有相同的作用。究其原因，主要是在 ATN 网络中，作者节点数量庞大，而主题节点数目相对较少，而主题节点的度中心性和居间中心性均为刻画主题与作者的连接程度，由于主题分布相对平均，所以区别并不明显。但是邻近中心性指标差别比较明显，而且与主题在TTN 网络中的邻近中心性指标的含义是有区别的。

4）网络结构及演化分析

锂离子电池领域 ATN 网络的结构分析主要侧重于基于学科生命周期的演化分析，通过演化分析找出学科发展规律。表 4-20 描述了锂离子电池领域各阶段 ATN 网络结构指标。

表 4-20　锂离子电池领域各阶段 ATN 网络结构指标

指标	萌芽期	成长期	发展期	快速发展期
主题节点平均度	73.0000	191.4000	316.9500	781.5200
作者节点平均度	2.6937	3.1706	3.0439	2.8304
网络密度	0.1372	0.1066	0.0765	0.0567
平均最短路径长度（作者间）	3.1073	3.5783	3.7519	3.8383
平均最短路径长度（主题间）	2.3556	2.0000	2.0000	2.0000
Robins_clustering 平均聚类系数	0.1376	0.0832	0.0561	0.0350
Latapy_clustering 平均聚类系数	0.6344	0.5007	0.5280	0.5905

从表 4-20 中可以看出，随着锂离子电池领域的不断发展，主题节点平均度是递增的，且呈指数增长，如图 4-21 所示。因为在 ATN 网络中主题节点只与作者节点直接相连，所以主题节点的度平均值指数递增趋势。这说明，随着学科发展，越来越多的作者参与到主题的研究中，并且在发展期出现了拐点，可见发展期对于锂离子电池领域来说至关重要。作者节点平均度是先增后减，在

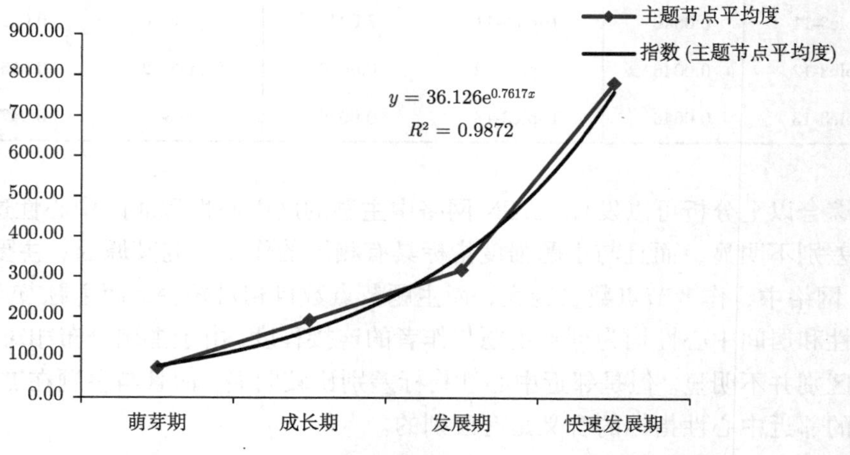

图 4-21　锂离子电池 ATN 网络各阶段主题节点平均度曲线图

成长期达到最大值 3.1706，即在成长期一个作者平均研究 3.17 个主题，但在发展期和快速发展期下降，快速发展期降至 2.83 个。这说明，随着学科发展日益专业化、精细化，作者会有针对性地选择自己擅长的研究主题，而不是追求规模效益。

网络密度反映了网络中节点之间联系的紧密程度，是介于 0~1 的数值，越接近 1，说明网络中节点之间关系越紧密。从表 4-20 中可以看出锂离子电池领域 ATN 网络密度较低，是一个比较分散的网络，且随着学科发展呈线性衰减。

作者和主题两类节点在平均最短路径长度的演化趋势相反，作者节点之间的平均最短路径大于 3 且呈线性递增趋势，而主题节点之间的平均最短路径在成长期降为 2 且持续到快速发展期。结果表明，在 ATN 网络中一个作者与另一个作者发生关联平均要经过 2 个以上的主题，而两个不同主题之间只需一个作者即可发生关联。

网络聚类系数方面，Robins 等提出的 CC_4 聚类系数计算方法是基于网络中的四元组在网络中的占比来计算的，在 ATN 网络中，四元组则意味着两个作者具有两个相同的研究主题。从表 4-20 中可以看出，锂离子电池领域 ATN 网络 Robins_clustering 平均聚类系数较低，且随着学科领域发展而降低，这说明网络中四元组是比较少的。Latapy 等提出的二分网络 LC 聚类系数，是基于节点的局部连接密度。从表 4-20 中可以看出，锂离子电池领域 ATN 网络 LC 聚类系数大于 0.5，且在领域发展过程中较稳定。所以，从结果来看，LC 聚类系数比较适合 ATN 网络的实际情况。

ATN 网络作者节点度分布以直方图的形式给出。因为作者节点连接的主题节点数量有限，所以直方图能够清晰地看出作者节点度的分布情况。从图 4-22 中可以看出，在萌芽期度值为 1 的作者数占比为 66.73%，较少的作者连接 3 个或以上的主题。到了成长期，度值为 1 的作者数占比下降，度值为 2 的作者数占比增加，有部分作者连接 3 或者 4 个主题。这种情况在发展期得以维持，但到了快速发展期节点度分布则与萌芽期类似，超过 60%的作者只连接一个主题。通过以上分析发现，在学科发展的初期，由于可研究的主题数较少，科学家基本上都从事较为专一的研究主题，随着学科领域的发展，很多研究者尝试了多个主题的研究，以试图寻找合适的研究方向，到了快速发展期，学科主题的数量快速增加，学科领域研究更加细化，同时对研究质量提出更高的要求，所以为了確保研究质量，绝大多数研究者将自己的研究范围缩小在 2 个主题以内。

ATN 网络主题节点度分布以箱线图的形式给出，箱线图能够全面、综合地反映一组数据的集中趋势、离散程度和分布形状，而利用多组数据的箱线图进行比较分析数据的分布特征也是箱线图应用的一大特点。

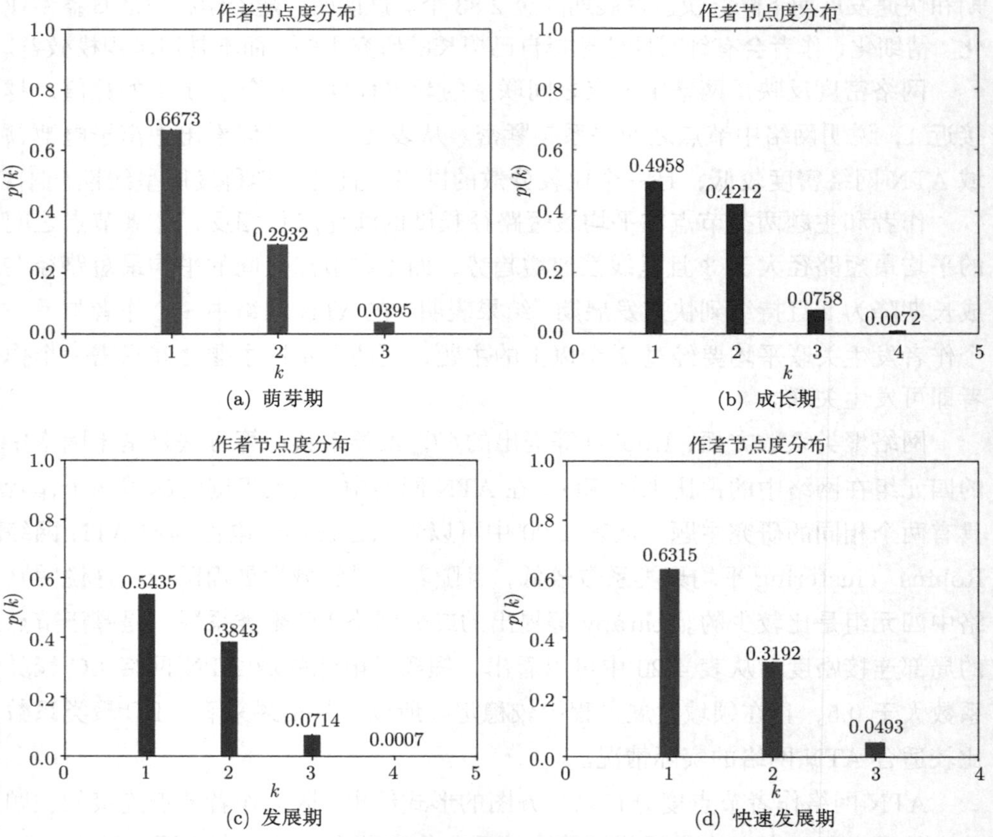

图 4-22　锂离子电池领域不同发展阶段 ATN 网络作者节点度分布直方图

为了便于比较各阶段 ATN 网络主题节点度分布，首先将各阶段主题节点的度值归一化，归一化的方法是各主题度值除以该阶段所有度值之和。归一化后的各阶段度值分布的箱线图如图 4-23 所示。

从图 4-23 可以看出，各个阶段 ATN 网络主题节点度分布特征各不相同。首先，从数据的离散程度来看，箱体的长度越短说明数据越集中，越长说明数据越离散。从图 4-23 中可以看出，随着学科领域的发展，箱体长度快速递减，萌芽期主题度分布最离散，快速发展期主题度分布最集中。也就是说随着学科发展，主题之间的发展实际上是趋于均衡的。其次，从分布形态来看，萌芽期、成长期和快速发展期是偏左的，而发展期则是呈现正态分布。最后，在萌芽期、成长期和发展期均出现异常值，而快速发展期无异常值，这说明在学科发展的前期，均存在一些主题被学者关注的程度非常高，成为热门主题中的热门。

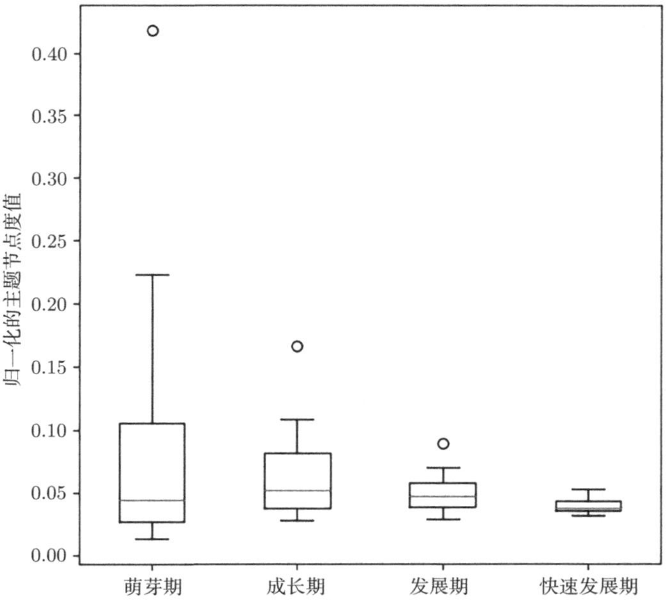

图 4-23　锂离子电池领域各阶段 ATN 网络主题节点度分布箱线图

4.3　整合作者研究主题的学科知识合作网络构建研究

学科知识合作网络是指某一学科领域内的学者基于科研合作而形成的合作网络，通常的合作关系有论文合著关系、项目合作关系等，而论文合著关系由于数据的易获取而得到学者的广泛关注和研究。

科研合作已经逐渐成为“大科学”时代下科研界的主流现象[221]。当前对学科知识合作网络的研究大多是从知识主体的角度入手，认为人的主观能动性是推动学科知识演化的主要动力，而很少考虑知识本身的演进规律。事实上，知识客体的内容单元，如关键词、主题、文献等，在知识传播的过程中，由知识主体创造的同时又反作用于知识主体，影响知识主体创造新知识的过程。所以，整合作者研究主题的学科知识合作网络旨在探讨研究主题对科研合作的作用和影响机制。

4.3.1　整合作者研究主题的学科知识合作网络构建

整合作者研究主题的学科知识合作网络(decipline knowledge collaboration network based on research topic，以下简称 RTCN 网络) 由 RTCN $=(A, A, E)$ 表示，其中 A 表示作者集合，E 表示作者与作者之间的合作关系，而这种合作关系是基于共同的研究主题建立的。两个作者之间具有基于研究主题的合作关系是指作者之间具有相同的研究主题且合著过论文，而连接强度是由作者之间合著的论文数和共同拥有的主题数确定，取二者之和。基于作者研究主题的一模学科知识合作网络的构建框架图如图 4-24 所示。

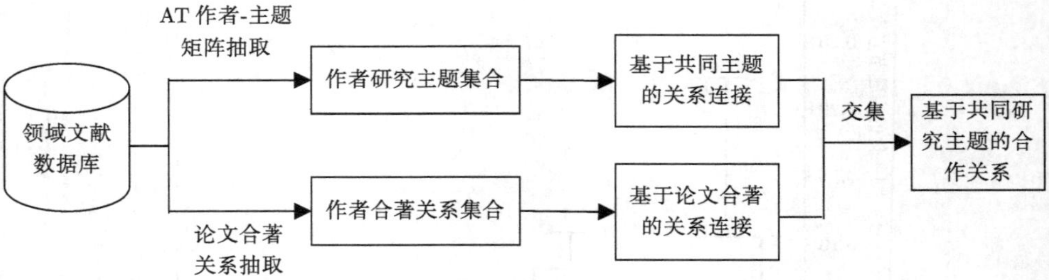

图 4-24　整合作者研究主题的学科知识合作网络构建框架图

从图 4-24 可以看出，在 RTCN 网络中，作者与作者之间的关联包含两个部分：其一，作者与作者之间的论文合著关系，论文合著关系数据即作者在文献中的共现矩阵，可通过文献计量学的方法获取，论文合著关系的强度为论文合作数量；其二，作者与作者之间的共同研究主题关系，首先通过 AT 主题模型抽取作者-主题矩阵，确定作者研究主题集合。两个作者的研究主题集合交集非空则表明两个作者之间具有共同研究主题关系，关系强度为拥有共同研究主题的数量。作者与作者之间既有论文合著关系，又有共同研究主题关系，表明二者之间具有基于共同研究主题的合作关系，关系强度是论文合著数量和拥有共同研究主题数量之和。

RTCN 网络不同于一般的论文合著网络，论文合著网络仅从文献层面揭示一个学科领域内学者之间的社会关系，这种社会关系可能包括师生之间、同学之间、朋友之间的关系，或者由于共同完成一项科研项目而产生的项目成员关系等，但是无法揭示隐藏在这些关系背后真正的合作动机。本书尝试通过在作者之间的论文合著关系基础上限定共同研究主题这个条件，因为作者之间拥有共同的研究主题，在一定程度上意味着二者之间拥有共同的研究兴趣，这种共同的兴趣爱好体现了其合作的动机，所以，通过构建 RTCN 网络，并对网络结构及其演化进行分析，揭示由共同的研究兴趣作为合作的动机对科研合作的作用和影响。

4.3.2 整合作者研究主题的学科知识合作网络的结构演化分析

通过分析 RTCN 网络的拓扑结构演化规律，以揭示作者之间由共同的研究兴趣作为合作动机对合作的作用和影响机制，同时为整合作者研究主题的学科知识合作网络演化建模奠定基础。在网络拓扑结构指标中，本小节分为两类：一类是网络基本属性，如节点、边等的演化规律；一类是网络结构属性，主要是网络密度、聚类系数、平均最短路径长度以及节点度分布。

RTCN 网络具有连续性和持久性的特点，而通过单一年份构建的合作网络隔断了学科合作前后之间的连续性，不能够真实反映学科合作的演化特征。为了更合理的度量 RTCN 网络的网络拓扑结构特征，克服单一年份数据对网络的影响，使网络具有连续性，提出了一种划分网络演化阶段的时间平滑阶段划分方法。其构建方法如图 4-25 所示，t 为年代，则以 t 为中心构建的网络包含了年代（t–2）到（t+2）时间内共 5 年的数据；以（t+1）为中心构建的 RTCN 网络包含了年代（t–1）到（t+3）时间内共 5 年的数据，以此类推。

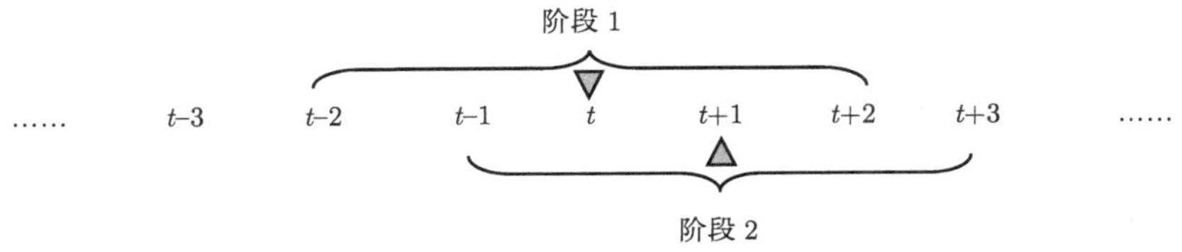

图 4-25　网络演化阶段的时间平滑划分方法示意图

1）网络基本属性

（1）节点演化

RTCN 网络中节点即科学家，节点演化规律反映了学科发展中参与合作的科学家的趋势，测量的指标包括：每个阶段参与合作的作者数、累积的作者数、新增的作者数。

（2）边的演化

RTCN 网络中的边表示两个科学家基于研究主题的合作关系，边的演化规律反映了合作的趋势，测量的指标包括：每个阶段边的数量（即合作数量）、累积合作数量和新增的合作数量。

2）网络拓扑结构属性

（1）网络密度

网络密度（density）指网络中已有的边与可能存在的所有边之比。在社会网络分析中，密度是一个介于 0 和 1 之间的数值，用来度量网络中节点的紧密程度。密度为 0 的网络表示网络中没有任何边，密度为 1 的网络则为完全网络，网络中任何两个节点之间均有边相连。RTCN 网络是一个通过共同研究主题构建两个节点之间关联的网络，网络密度表示某个学科领域内的科学家之间的合作紧密程度，是一个宏观的指标。由于 RTCN 网络是一个同质无向网络，所以网络密度的计算公式是

$$\delta(\text{RTCN}) = \frac{2m}{n(n-1)} \tag{4-10}$$

式中，m 表示 RTCN 网络中已存在的边数量；n 表示作者数量。

（2）聚类系数

在朋友社会网络分析中，一个人的两个朋友很可能也是朋友，这样的属性称为聚类特性。所以，在 RTCN 网络中，一个作者的两个合作者之间很可能也是潜在合作者。节点的聚类系数就是测量节点聚类特性的指标，而网络中所有节点聚类系数的平均值就是网络的平均聚类系数。网络平均聚类系数的取值在 0 到 1 之间，当聚类系数为 0 时表示网络中所有节点均为孤立节点；当聚类系数为 1 时，则表示网络是全局耦合的，即网络中任意两个节点之间均存在合作关系。

（3）最短路径长度

网络中两个节点之间的距离定义为两个节点之间最短路径上的边数，即最短路径长度。1967 年美国社会心理学家米尔格伦（Stanley Milgram）提出了“六度分离”理论。在 RTCN 网络中最短路径长度测度两个科学家之间的共同研究主题紧密程度，实际上 RTCN 网络中的平均最短路径长度可能小于 6。

（4）节点度分布

节点度分布决定了网络的属性，实证研究已经证实：随机网络的节点度分布服从泊松分布，无标度网络的节点度分布服从幂律分布。RTCN 网络是一类特殊的社会网络，随着学科的发展，网络的节点度分布在不同的发展阶段呈现出不同的结构特征，而这些结构特征是对网络的演化建模的依据。

4.3.3 实证研究

RTCN 网络的拓扑结构特征描述及演化的实证分析使用锂离子电池领域的科学文献数据。这些实证数据来源于 Web of Science 的锂离子电池（lithium-ion battery）领域，检索策略如表 4-1 所示。锂离子电池领域拓扑结构演化分析时间阶段划分如表 4-21 所示。从 1996~2016 年，共划分为 17 个阶段。第一个阶段从 1996~2000 年，该阶段以 1998 年为中心，取前后 5 年的数据。根据每个阶段的论文合著情况，构建每个阶段的学科知识合作网络。

表 4-21　锂离子电池领域 RTCN 网络演化阶段的划分

阶段	起点	阶段中心	终点	论文数量
1	1996	1998	2000	185
2	1997	1999	2001	631
3	1998	2000	2002	427
4	1999	2001	2003	602
5	2000	2002	2004	772
6	2001	2003	2005	915
7	2002	2004	2006	1133
8	2003	2005	2007	1395
9	2004	2006	2008	1575
10	2005	2007	2009	1904
11	2006	2008	2010	2285
12	2007	2009	2011	2891
13	2008	2010	2012	3785
14	2009	2011	2013	5274
15	2010	2012	2014	7105
16	2011	2013	2015	8916
17	2012	2014	2016	10340

从图 4-26 中可以看出，锂离子电池领域各阶段论文发表量服从幂指数为 0.220 的指数函数，表明该学科的发展较快，尤其是从第 11 阶段以后，论文发表量快速增长。

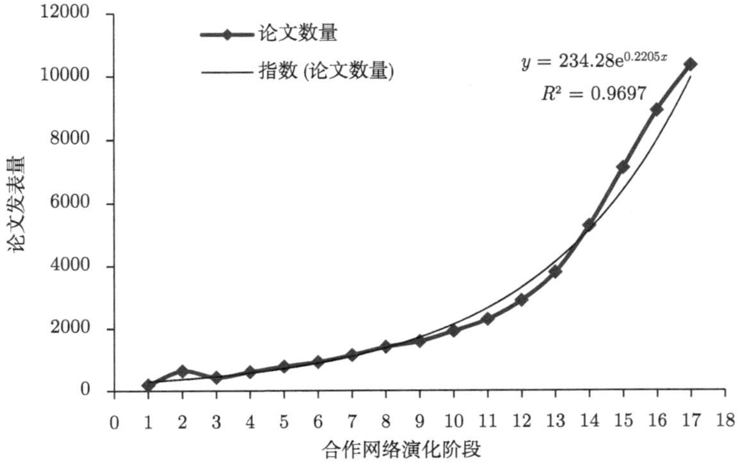

图 4-26　各演化阶段论文发表量拟合图

1）生命周期各发展阶段 RTCN 网络图谱分析

为了清晰地展示锂离子电池领域整合作者研究主题的学科知识合作网络图谱及其演化趋势，利用 NetowrkX 绘制了全局及部分发展阶段的合作网络图谱。

全局 RTCN 网络由学科领域内所有文献中基于作者共同研究主题的合作关系构建的。从图 4-27 中可以看出，锂离子电池领域除了少数几个孤立的二元组之外，其他的合著关系构成了一个庞大的连通网络，从而反映了 RTCN 网络是一个高聚类、低路径的小世界网络。

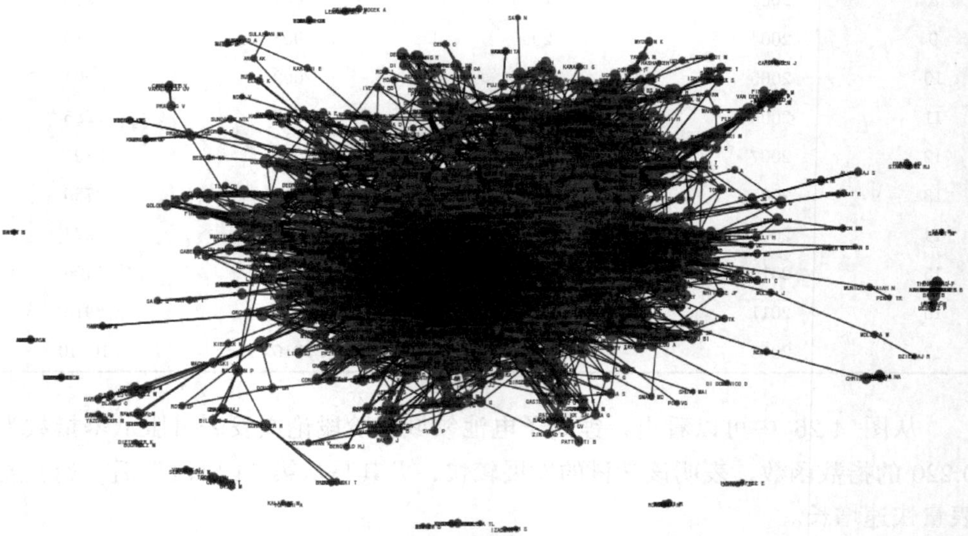

图 4-27　锂离子电池领域全局 RTCN 网络图谱

由于利用网络演化阶段的时间平滑划分方法可将锂离子电池领域基于研究主题的合作划分为 17 个阶段，本书没有展示所有发展阶段合作网络谱图，但为了确保 RTCN 合作图谱演化的效果，按照各阶段发文量分别取第 6 阶段、第 10 阶段、第 14 阶段和第 17 阶段进行展示，分别如图 4-28、图 4-29、图 4-30 和图 4-31 所示。

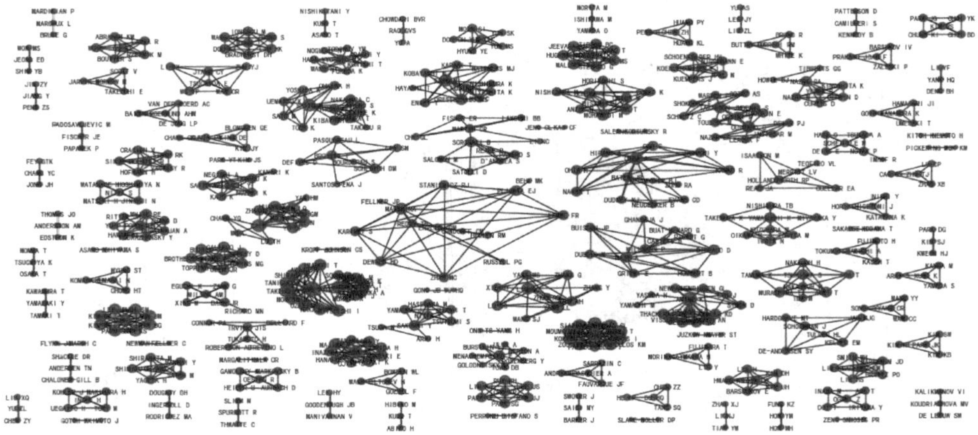

图 4-28 第 6 阶段 RTCN 合作网络图谱

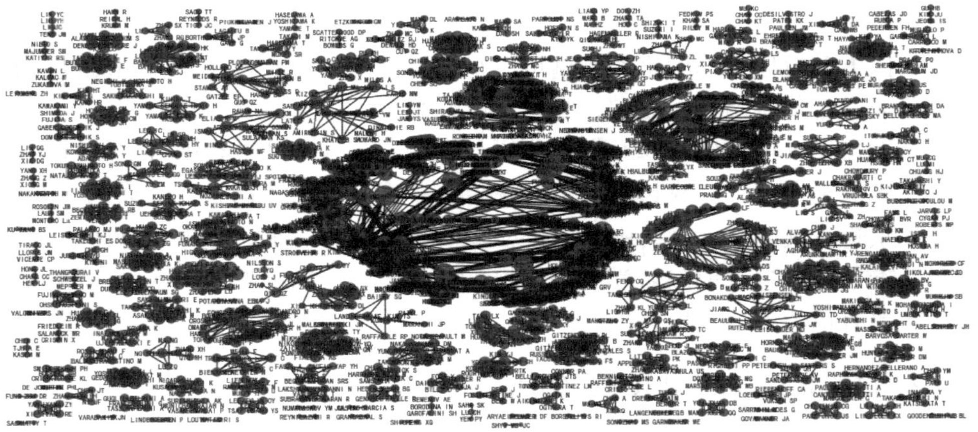

图 4-29 第 10 阶段 RTCN 合作网络图谱

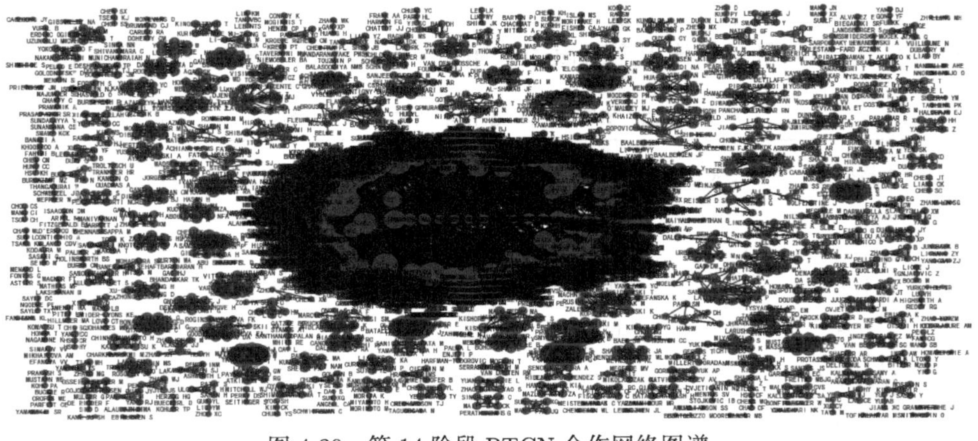

图 4-30 第 14 阶段 RTCN 合作网络图谱

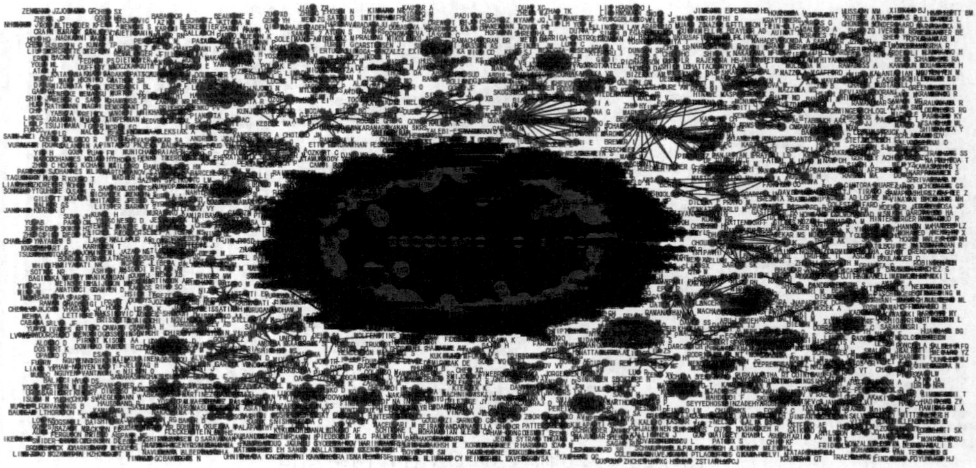

图 4-31　第 17 阶段 RTCN 合作网络图谱

从以上各阶段合作网络的图谱可以得出以下几个特点：在学科领域发展的萌芽阶段，合作网络比较分散，学术社区以小型团体为主，大量的三元组占有相当大的比例，网络中还没有形成比较有影响力的大型社区；随着学科发展，大型社区逐渐形成，在成长阶段，出现了 3~4 个比较大型的社区，而到了发展阶段和快速发展阶段，网络中形成了 1 个特大型团体，而其他的小型团体处于网络边缘地区。这说明随着学科的发展，学者倾向于向大型的学术团体靠拢，以寻找更有价值的学术信息。

2）网络基本属性测量及演化分析

锂离子电池领域各阶段 RTCN 网络的节点变化情况如表 4-22 所示，表中给出了每个阶段网络节点的数量、相比上个阶段节点的净增长量以及节点的累积增长量、边的数量、相比上个阶段边的净增长量以及边的累积增长量。

表 4-22　RTCN 网络节点及边的增长情况

阶段	节点数量	节点增长量	节点累积量	边数量	边增长量	边累积量	平均每增加一个节点边的增长量
1	569	0	569	1247	0	1247	—
2	924	364	933	2173	907	2154	2.491758
3	1124	277	1210	2777	763	2917	2.754513
4	1449	379	1589	3782	1082	3999	2.854881
5	1802	405	1994	5018	1329	5328	3.281481

续表

阶段	节点数量	节点增长量	节点累积量	边数量	边增长量	边累积量	平均每增加一个节点边的增长量
6	2071	449	2443	5923	1444	6772	3.216036
7	2514	680	3123	7538	2286	9058	3.361765
8	3070	701	3824	9473	2480	11538	3.537803
9	3563	737	4561	11357	2715	14253	3.683853
10	4291	1000	5561	14331	3991	18244	3.991000
11	5186	1162	6723	18268	5038	23282	4.335628
12	6521	1763	8486	24061	7725	31007	4.381736
13	8398	2348	10834	33166	11059	42066	4.709966
14	10858	2778	13612	47527	15673	57739	5.641829
15	14019	3595	17207	68137	23023	80762	6.404172
16	16893	3402	20609	88689	23873	104635	7.017343
17	19411	3293	23902	109487	26074	130709	7.918008

从图 4-32 和图 4-33 中可以看出，随着时间的演化 RTCN 网络边的增长要快于节点的增长，节点数量、节点增长量和节点累积增长量分别为幂指数为 0.165、0.208 和 0.222 的指数函数，而边的数量、边的增长量和边累积增长量分别为幂指数为 0.236、0.263 和 0.276 的指数函数。同时，随着阶段发展，每增加一个节点增加的网络边数量也在不断递增，由最初每增加一个节点可以增加 2.5 条边递增到每增加一个节点可增加约 8 条边。由此可见，随着学科的发展，合作的趋势在不断增强。而相比较新的合作者的加入，新的合作关系增长趋势更加迅猛，同时也印证了随着学科的发展，学科合作网络在发展的不同阶段节点和边的增长具有不同的机制和特点，在学科发展的萌芽阶段网络的增长更多的是连接新成员，而在成熟阶段网络的增长更多的是连接老成员。边的增长速度超过了节点的增长速度[222]。并且从图 4-34 所示的 RTCN 网络节点和边演化关系图中可以看出，节点数量与边数量，节点增长量和边增长量都是近似于线性关系，且边的增长远大于节点增长量，这为构建整合主题的学科知识合作网络演化模型奠定了基础。

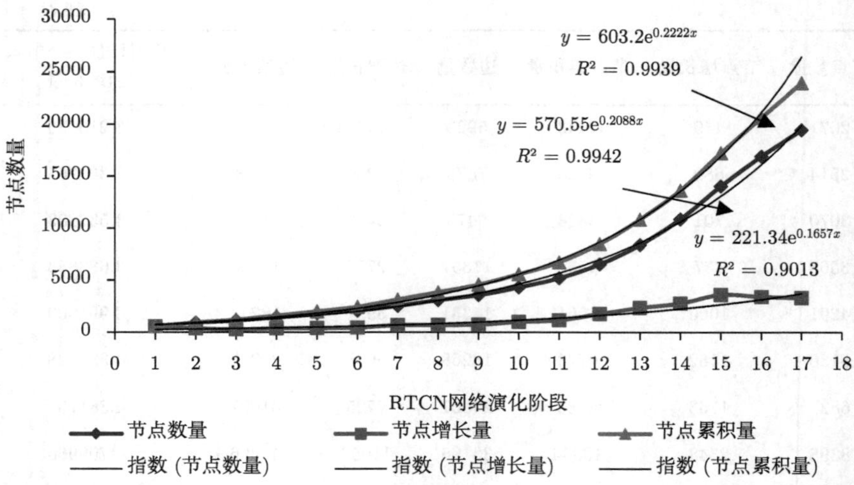

图 4-32　各演化阶段节点增长趋势拟合图

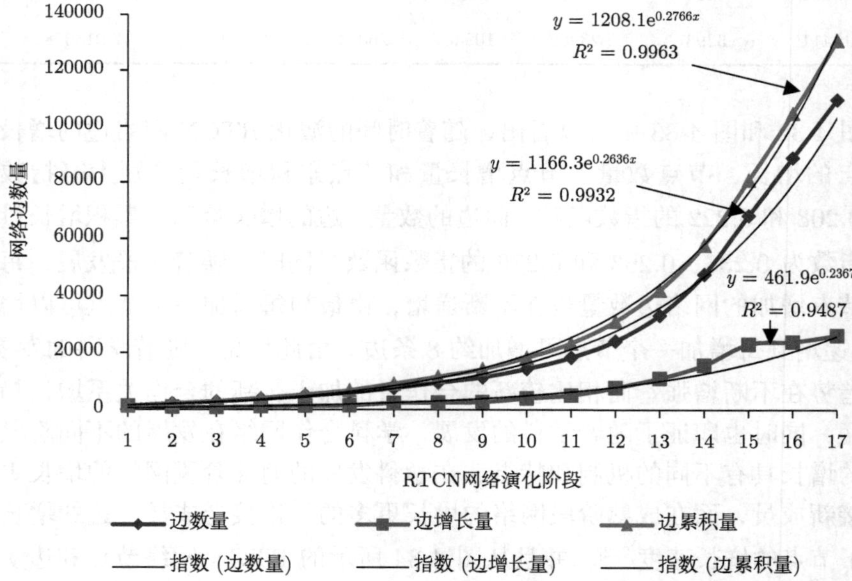

图 4-33　各演化阶段边增长趋势拟合图

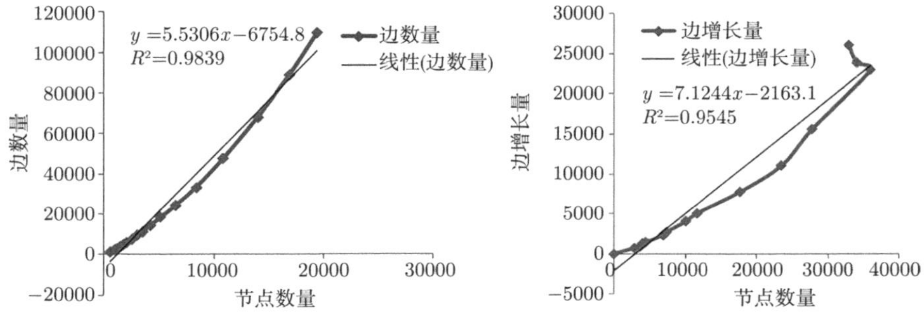

(a)节点与边数量关系函数拟合图　　(b)节点增长量与边增长量关系拟合图

图 4-34　RTCN 网络节点和边演化关系图

3）网络结构属性测量及演化分析

锂离子电池领域 RTCN 网络的结构属性特征及其演化规律可以从表 4-23 中看出。表 4-23 中显示 RTCN 网络的网络密度较低，第 1 阶段的网络密度最大但仍小于 0.01，并且呈现指数衰减的趋势，衰减指数为 0.156，如图 4-35 所示。

表 4-23　各演化阶段 RTCN 网络结构指标

阶段	网络密度（density）	聚类系数（AC）	平均最短路径长度（ASPL）
1	0.007574	0.880413	1.789474
2	0.004988	0.875006	2.16129
3	0.004284	0.865172	3.503844
4	0.003487	0.851098	4.51341
5	0.002972	0.846283	6.541405
6	0.002658	0.833673	6.657722
7	0.002272	0.832175	8.514881
8	0.001918	0.83245	8.783672
9	0.001708	0.832313	7.636946
10	0.001483	0.82831	6.706637
11	0.001293	0.828726	6.094321
12	0.001081	0.816678	5.77987
13	0.000897	0.810923	5.294933
14	0.000765	0.799968	4.97794
15	0.000657	0.789582	4.8213
16	0.000588	0.780296	4.614503
17	0.000551	0.777402	4.515739

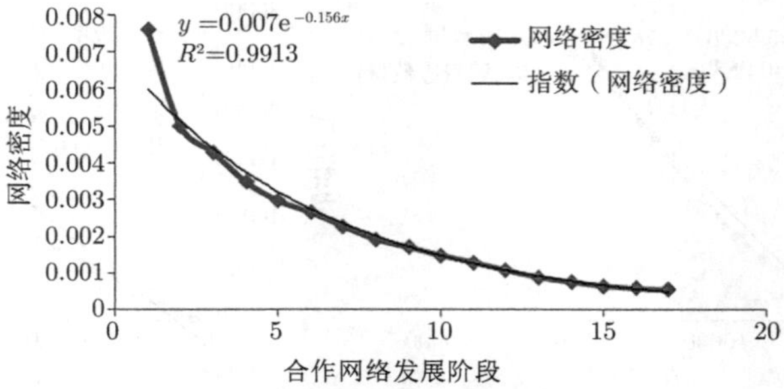

图 4-35　RTCN 网络密度演化趋势图

从图 4-36 所示的 RTCN 网络聚类系数及平均最短路径长度演化图中可以看出，锂离子电池领域 RTCN 网络具有较高的聚类系数，各阶段聚类系数平均值达到 0.83，并且呈现轻度的线性衰减，衰减系数仅为 0.005。可见，RTCN 网络的聚类系数从学科发展初期到学科发展的成熟期，一直可以保持较高的稳定值，也说明了该学科合作的紧密程度非常高。

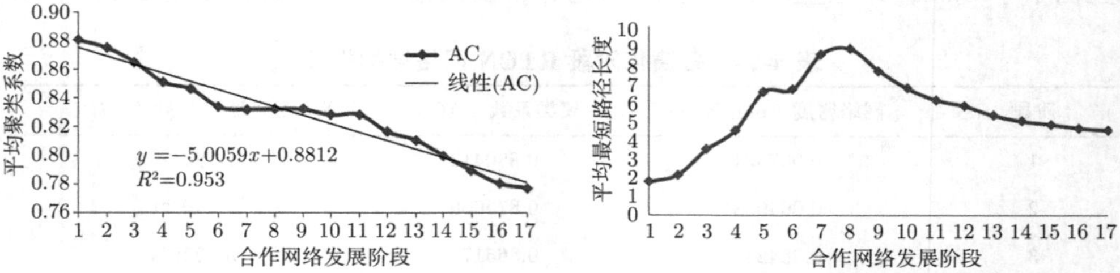

(a) 聚类系数　　(b) 平均最短路径长度

图 4-36　RTCN 网络聚类系数及平均最短路径长度演化图

从图 4-36 中还可以看出，锂离子电池领域 RTCN 网络的平均最短路径长度的演化趋势是先增后减，在学科发展的第 8 个阶段平均最短路径长度达到最大值 8.78，随后衰减，到第 17 个阶段，平均最短路径长度为 4.52，但仍高于初始阶段的 1.79。按照“六度分离”理论，锂离子电池领域 RTCN 网络各阶段平均最短路径长度为 5.46，小于 6。

图 4-37 显示了锂离子电池领域 RTCN 网络各阶段的节点度分布双对数曲线图（仅展示部分阶段），从图中可以清晰地看出节点度分布由泊松分布到无标度分布的演化过程。在阶段 1、阶段 3，网络节点度分布是典型的泊松分布；从阶段 5 到阶段 11 可以看作是从泊松分布到无标度分布的过渡阶段；到了阶段 13，网络已经具备典型无标度分布的特点。所以，RTCN 网络的节点度分布并不是完全服从无标度分布的，在学科发展的初期一般是服从泊松分布，随着新

的合作者和合作关系的不断加入，网络才会涌现出无标度特征。

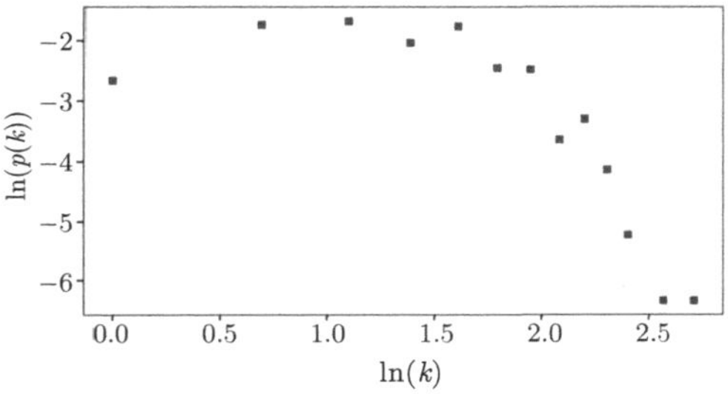

(a) 阶段 1:1996~2000 年

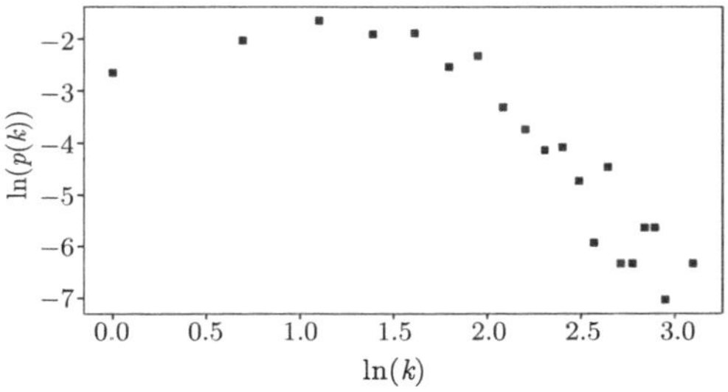

(b) 阶段 3:1998~2002 年

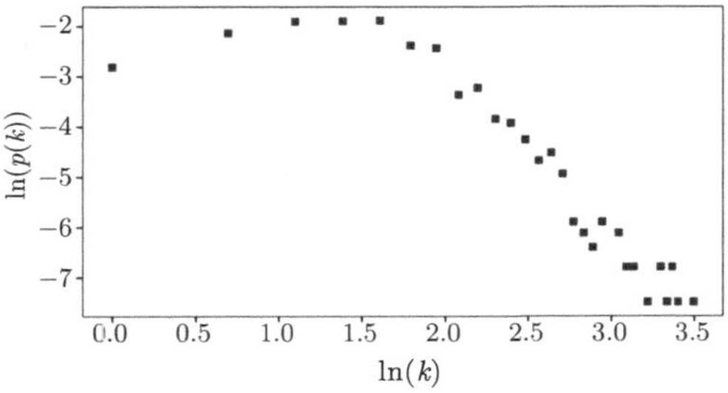

(c) 阶段 5:2000~2004 年

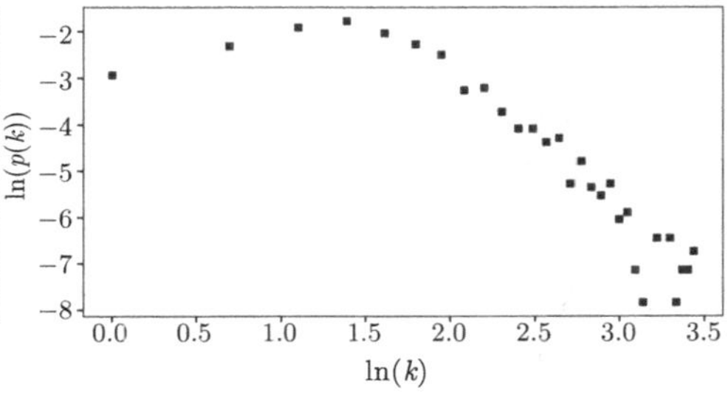

(d) 阶段 7:2002~2006 年

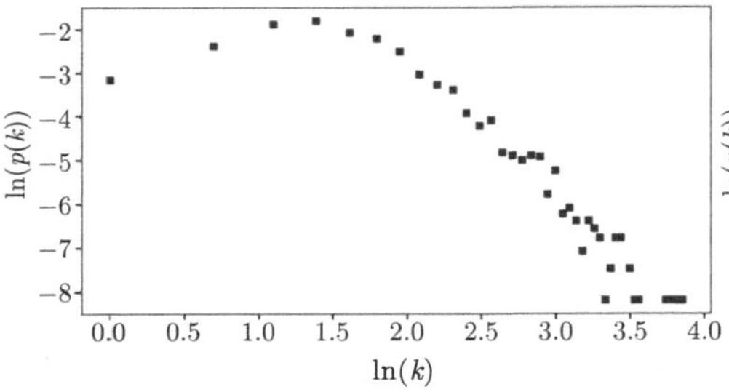

(e) 阶段 9:2004~2008 年

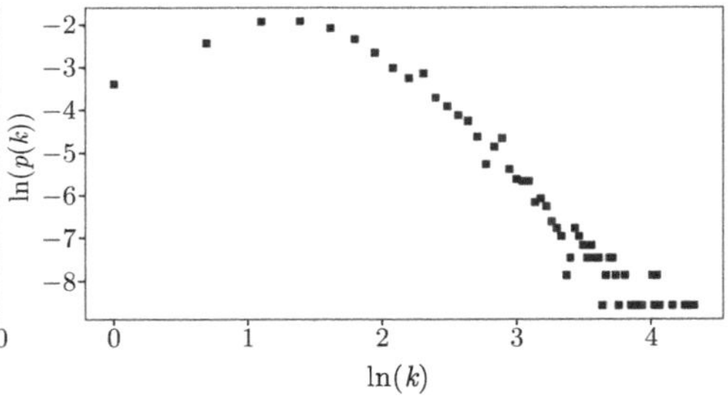

(f) 阶段 11:2006~2010 年

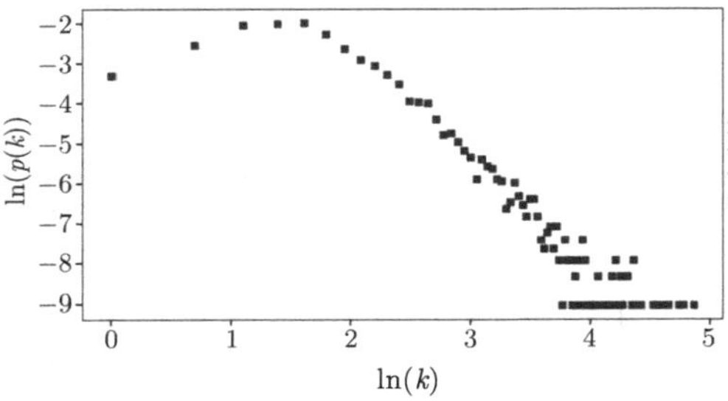

(g) 阶段 13:2008~2012 年

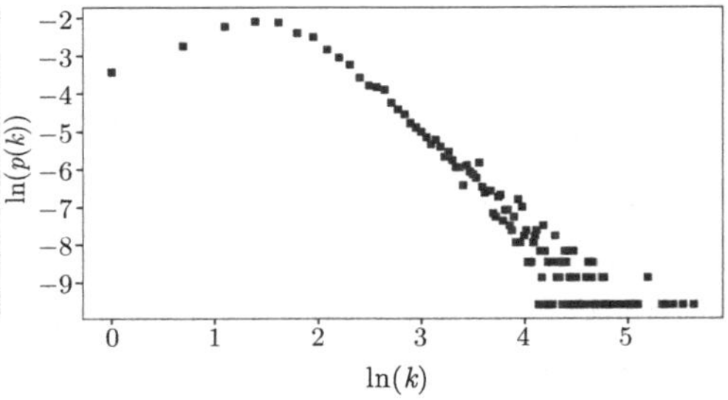

(h) 阶段 15:2010~2014 年

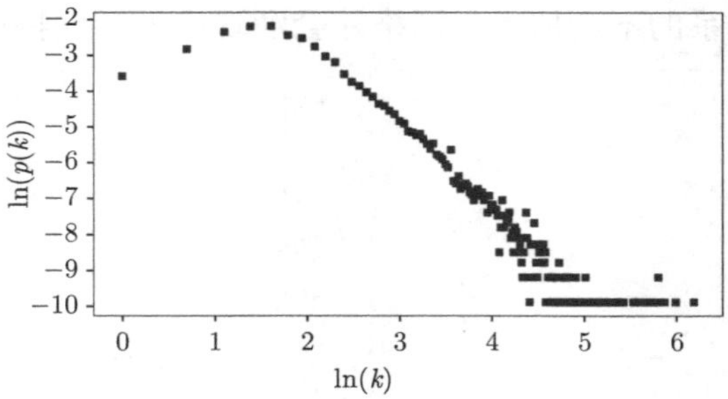

(i) 阶段 17:2012~2016 年

图 4-37 RTCN 网络节点度分布演化图

综合以上分析可以看出，整合作者研究主题的学科知识合作网络具有以下比较典型的特征：①在学科发展初期，基于共同研究主题的论文合著比较分散，网络比较稀疏，而随着学科的不断发展，这种基于共同兴趣爱好的合作关系越来越稠密，网络中逐渐形成比较庞大的社区；②在学科发展过程中，基于共同研究主题的论文合著关系具有一定的演化规律，节点与边的增长都是指数型增长曲线，节点数量与边数量、节点增长量和边增长量都是近似于线性关系，且边的增长远大于节点增长量；③网络结构拓扑表现出一定的演化规律，随时间变化，网络密度呈指数衰减趋势，聚类系数呈线性衰减趋势，最短平均路径长度先增后减且平均值小于 6，网络节点度分布表现出从泊松分布到无标度分布的逐渐过渡趋势。

4.4 本 章 小 结

本章在学科领域主题挖掘的基础上，将主题整合到学科知识网络的建模中，构建了主题-主题关联的一模学科知识网络、作者-主题关联的二模学科知识网络和整合作者研究主题的学科知识合作网络，并对各类网络的结构演化进行分析。

首先，在主题-主题关联的一模学科知识网络研究中，提出利用主题在文档中的共现关系构建主题之间关联强度的方法，并通过改进的 E 指数计算主题之间的共现强度。提出了学科知识网络中主题影响力概念，并利用主题在网络中的中心度指标度量影响力，实证分析表明，主题影响力可以作为主题强度指标的有力补充，找到那些在学科演化中起到桥梁和纽带作用的关键性主题。同时，通过实证研究表明，发现该类型网络的平均度数和平均聚类系数较快递增、平均最短路径长度较小、变化不大，而节点度分布逐渐演化为泊松分布，具有明显的小世界效应。

其次，在作者-主题关联的二模学科知识网络研究中，提出基于作者研究主题挖掘方法构建了作者-主题关联的二模学科知识网络的方法，提出作者主题关联影响力的概念和度量方法。通过实证研究表明，通过该类型网络可以发现具有较强潜在合作价值的作者和热点研究主题。同时，结构演化实证分析表明，该类型网络主题节点平均度指数增长，而作者节点平均度先增后减，网络密度呈线性衰减，作者间的平均最短路径长度线性递增，而主题间的平均最短路径长度则递减，整个演化过程中，平均聚类系数较高，变化不大。

最后，在整合作者研究主题的学科知识合作网络研究中，综合作者之间的共同研究主题关系和论文合著关系，提出了作者合作的关联计算方法。通过实证分析对网络的结构属性及其演化规律进行分析，实证研究表明，节点增长量和边增长量近似于线性关系，且边增长大于节点增长，网络密度和平均聚类系数均呈递减趋势，平均最短路径长度的平均值小于 6，而节点度分布的演化趋势为由泊松分布逐渐过渡到无标度分布。

第 5 章　整合作者研究主题的学科知识合作网络演化建模与仿真实验

科研合作是学科知识扩散的重要形式，也是知识创新的重要手段，但由于缺乏有效的学科知识合作网络的演化模型，对知识扩散和知识创新的模式、机制等研究缺少必要仿真实验条件，基于此，本书提出了整合作者研究主题的学科知识合作网络演化模型。

整合作者研究主题的学科知识合作网络演化建模与仿真实验研究，可以从两个方面来理解：其一，从主题对学者之间合作的影响方面来看。一方面，科学家在学科知识创新过程中存在“物以类聚、人以群分”的现象，具有相似研究主题的学者更容易形成一个学术团队，促进科学交流和合作，激发个体创新灵感。大量实证研究表明，学者之间的合作有助于降低单个学者的认知能力局限和有限理性，提高科研产出水平和科研影响力[224]。另一方面，主题的迁移和异变会对合作团队的新生、消亡、膨胀、收缩、融合、分解等产生影响，是科研合作演化的基本动力机制。其二，从合作的演化机制方面来看。研究主题相似性是学者之间科研合作的主要动机之一，是合作网络演化的重要机制。目前合作网演化机制的研究主要沿袭了 BA 无标度网络模型中的度择优机制，考虑的是科学家在网络中的权力和地位。而事实上，科学合作的动机并非全是基于学术地位的考虑，更多的合作是建立在相同或类似的研究主题基础上，毕竟志趣相投才能使合作关系更加稳固。所以，从这两个层面上来看，整合作者研究主题的学科知识合作网络演化建模与仿真实验研究既是理论创新，也是方法创新。

5.1　学科知识合作网络中作者研究主题相似性分析

科研合作是科研人员理性的选择和行为，其目的是为了实现资源的优化配置，并最终实现科研产出最大化。所以，和其他领域合作一样，科研合作是理性的个体为追求利益最大化而选择的科学研究方式[225]。一个作者在选择合作者的过程中可能是一个复杂的决策过程，考虑的因素可能有：合作者的科研地位、合作者拥有的科技人力资本（S&T human capital）、共同的或相似的研究主题等。学科知识合作网络属于社会关系网络，作者在合作过程中很可能会为了维系和壮大自己的科研地位和关系，综合考虑几种不同的合作动机，进而选择对自己最有利的合作模式。本书对学科知识合作网络中的学者研究主题相似性进行分析，并通过测量网络中共同研究主题指数，验证研究主题相似性是科研合作的基本机制。

5.1.1　学科知识合作网络共同研究主题指数及其度量

在科学研究领域，学者的研究成果在一定程度上也可以揭示该学者的研究主题。通过学术论文的基本知识节点，如关键词、标题、摘要等，挖掘学者的研究主题，从而确定其研究主题。而要想验证研究主题相似性是否为科学合作的基本机制，需要找到一种度量学者研究主题相似性的指标，而在学科知识合作网络中学者以学术社区的形式进行合作是基本特征。所以，本书提出学术社区共同研究兴趣指数（community common research interest index, CCRII）的概念及其计算方法，旨在度量学科知识合作网络中基于研究主题相似性的合作程度。需要特别强调的是，本章里所指研究兴趣是基于学者发表的学术文献，是通过分析学者的研究主题刻画出来的，而不同于带有较多个人感情色彩的研究兴趣。

社区是网络的子结构，可以看作是网络的子网络。把网络中每个节点的极大团（maximal clique）当作是属于该节点的学术社区。使用 Bron 和 Kerbosch 极大团检测算法[226]寻找网络中存在的所有学术社区，并度量共同研究兴趣指数。

定义 5.1　学术社区共同研究兴趣指数是指一个学术社区内，研究者共同具有的研究主题数占该社区内所有研究主题数的比例。学术社区共同研究兴趣指数是度量一个学术社区内研究主题相似性的指标。

作者的研究主题可由 AT 主题模型抽取作者-主题矩阵来确定，由于 AT 主题模型获取作者在主题空间中的多项式分布，所以每个作者可表示成主题的含权向量，还需要设定合理的权重阈值（式（4-11）），进一步确定每个作者的研究主题，从而构建作者的研究主题集合。作者 a_i 的研究主题集合记为 Topics_{a_i}，则社区 C 的共同研究兴趣指数 CCRII 的计算方法为

$$\text{CCRII}(C)=\frac{\left|\bigcap_{a_i\in C}\text{Topics}_{a_i}\right|}{\left|\bigcup_{a_i\in C}\text{Topics}_{a_i}\right|} \tag{5-1}$$

从以上公式可以看出，CCRII 指标的取值范围为 0~1，取值为 0 则意味着该学

术社区内所有成员的研究兴趣皆不相同，取值为 1 则表示该学术社区内所有成员的研究兴趣是一致的。

定义 5.2 学科知识网络共同研究兴趣指数，指网络中所有社区 CCRII 指数值的平均值。

从定义 5.2 及式（5-1）可以得出，学科知识网络共同研究兴趣指数取值范围仍然为 0~1，数值越大则意味着网络中基于研究主题相似性的合作关系占比越大。

5.1.2 学科知识合作网络中研究主题相似性的实证分析

实证数据来源于 Web of Science 的锂离子电池领域，检索策略如表 4-1 所示。为了真实的计算学科知识合作网络的共同研究兴趣指数及其演化情况，本节分为两个部分来进行实证分析，首先对锂离子电池领域所有文献构成的全局学科知识合作网络进行测算，然后对锂离子电池领域各发展阶段的科学文献构成的阶段学科知识合作网络进行测算，以分析合作网络共同研究兴趣指数的演化。

1）全局学科知识合作网络 CCRII 指数计算

由图 4-16 可见，全局学科知识合作网络的作者研究主题概率阈值应取值 0.15，由此可以确定每个作者的研究主题集合。确定了作者的研究主题集合，则可利用 Bron 和 Kerbosch 极大团检测算法寻找网络中存在的所有极大团，将这些极大团视为合作网络的学术社区。Bron 和 Kerbosch 极大团检测算法通过 Python 的复杂网络分析工具 NetworkX 来实现，共挖掘出学术社区 11947 个。通过编写的 Python 程序计算每个社区的 CCRII 指数值。经计算，所有社区的 CCRII 指数的平均值（即网络 CCRII）为 0.5128（表 5-1），而这其中有 3108 个社区的 CCRII 指数为 0，说明这些学术的合作并非起源于相似的研究兴趣，也说明了科学合作动机的复杂性。将这些 CCRII 指数为 0 的社区剔除后，合作网络的 CCRII 指数增加为 0.6890。由此可见，在学术社区中所有作者共享的研究主题占所有主题数目的比例平均达到 68.9%。所以，该结论证实研究兴趣相似是学科知识合作网络中的基本属性。

表 5-1 全局学科知识合作网络 CCRII 指数计算结果

社区个数	CCRII 平均值	社区个数（剔除 CCRII=0 的社区）	CCRII 平均值
11947	0.512836	8893	0.688952

下面对学术社区 CCRII 指数的分布情况进行分析。图 5-1 是学术社区 CCRII 指数分布的直方图，从图中可以看出，该分布是明显右偏的，且从表 5-2

中可以进一步看出，CCRII 指数大于 0.51 的社区比例大于 70%。占比最高的区域为[0.59,0.67]，比例为 26.09%，其次为区域[0.92,1]，比例为 18.76%。这进一步说明社区中作者研究主题的高度统一性，也说明了拥有共同的研究兴趣是合作社区形成的主要机制。

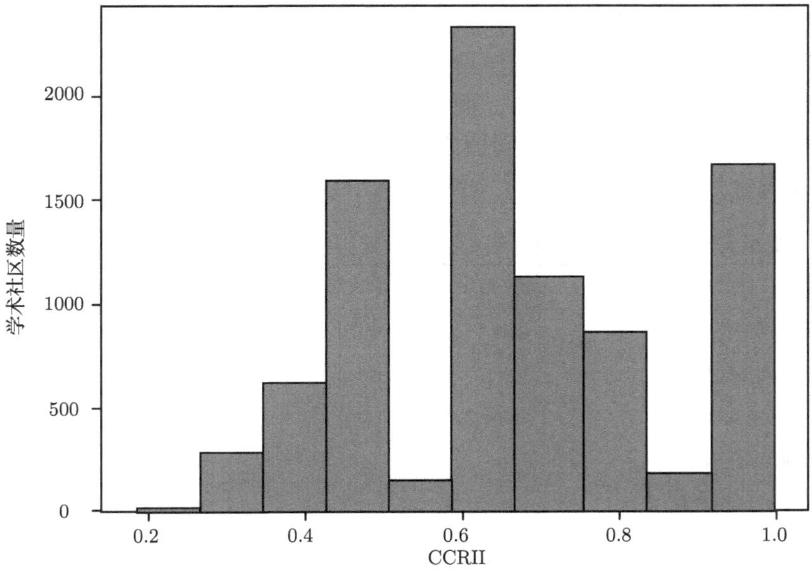

图 5-1　学术社区 CCRII 指数直方图

表 5-2　学术社区 CCRII 指数区间分配及占比情况

CCRII 区间分配	社区个数	占比	累积占比
0.18~0.26	23	0.26%	0.26%
0.26~0.35	301	3.38%	3.64%
0.35~0.43	637	7.16%	10.80%
0.43~0.51	1591	17.89%	28.69%
0.51~0.59	158	1.78%	30.47%
0.59~0.67	2320	26.09%	56.56%
0.67~0.75	1130	12.71%	69.27%
0.75~0.84	870	9.78%	79.05%
0.84~0.92	195	2.19%	81.24%
0.92~1	1668	18.76%	100.00%

2）生命周期各阶段学科知识合作网络 CCRII 指数计算及演化分析

由于 CCRII 指数的计算需要利用 AT 主题模型进行作者-主题挖掘，为了确保主题抽取的效果，对学科知识合作网络的阶段划分采用生命周期阶段划分方法。锂离子电池领域生命周期划分及各阶段主题数目确定方法参见 4.1.3节。

各阶段作者研究主题集合的确定仍然采用优化目标函数 $S(a)$ 的方法，各阶段作者研究主题概率阈值的确定如图 4-17 所示。萌芽期、成长期、发展期作者研究主题概率阈值均应取 0.15，而快速发展期作者研究主题概率阈值应该取 0.2。确定了作者研究主题概率阈值之后，作者的研究主题集合即可确定。各阶段学科知识合作网络社区分布以及网络 CCRII 指数计算结果如表 5-3 所示。

表 5-3 生命周期各阶段学科知识合作网络社区分布及网络 CCRII 指数

项目	萌芽期	成长期	发展期	快速发展期
合作网络作者数	569	2070	5186	20382
合作网络边数量	1224	5692	17389	110167
合作网络社区个数	159	684	1963	15147
最大社区作者数	10	15	16	36
最小社区作者数	2	2	2	2
社区平均作者数	4.21	4.51	4.92	5.12
网络 CCRII 指数	0.80	0.68	0.60	0.64

从表 5-3 中网络 CCRII 指数来看，四个阶段的网络 CCRII 指数均超过 0.60，萌芽期 CCRII 指数最高达到 0.80，这说明在萌芽阶段，学者之间进行科研合作主要是基于研究兴趣相似，而且萌芽期学术社团规模不大，最大的学术社团才 10 个人。随着参与学术合作的学者越来越多，合作网络规模的扩大，学术社团人数也在增加，网络 CCRII 指数也进一步降低，到发展期降低到最低 0.60。但是到快速发展期，虽然网络越来越庞大，但是 CCRII 指数却出现了递增。

由图 5-2 可见，学科知识合作网络的作者数和边数量随着学科发展呈指数增长，并且在发展期出现拐点，发展期到快速发展期是一个质的飞跃。但是边数量的增长显然要快于节点数量的增长，在快速发展期尤为明显。由图 5-3 可见，节点数量与边数量呈线性关系，边的数量近似于 5.644 倍节点数量。而学科知识合作网络中的学术社团数量的发展趋势与节点具有类似的趋势。

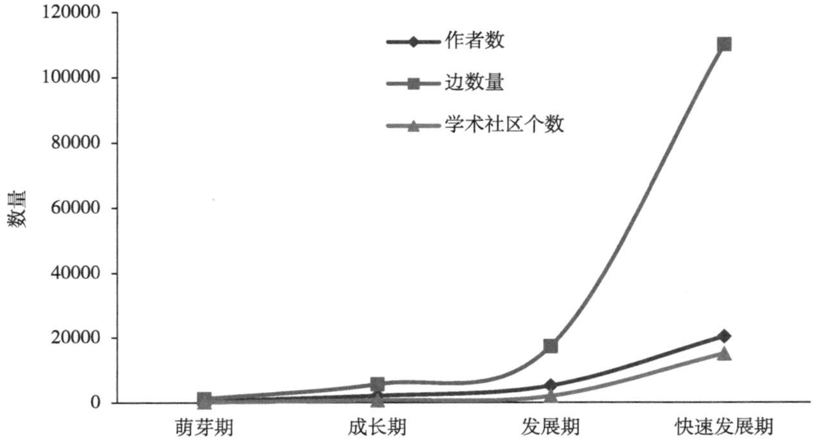

图 5-2　学科知识合作网络节点、边及学术社区数量演化趋势图

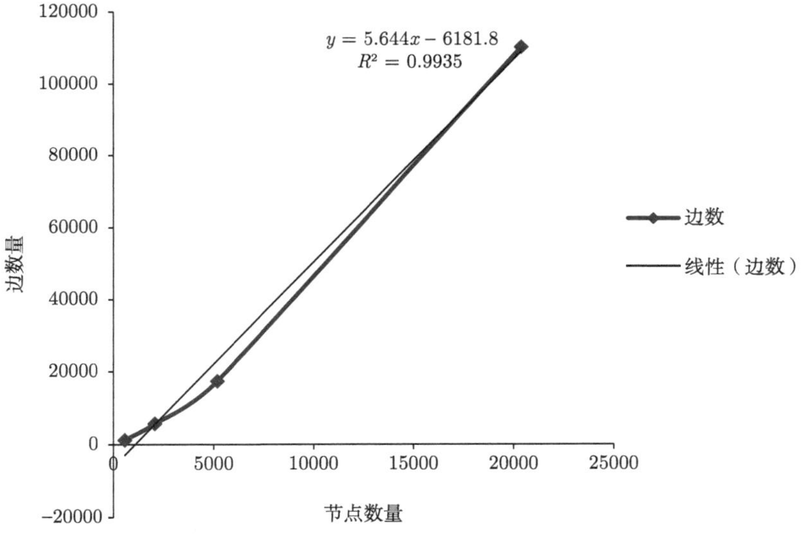

图 5-3　锂离子电池领域学科知识合作网络节点与边关系拟合图

从图 5-4 给出的各阶段合作网络 CCRII 指数直方图来看，当网络 CCRII 指数非常高时，直方图是向右偏的，特别是萌芽期，由表 5-4 可见，CCRII 指数取值在区间[0.93,1]的学术社团占比高达 39.29%。而发展期学术社团占比最高的区域出现在[0.49,0.58]为 25.02%，右偏的分布不明显，所以这个阶段 CCRII 指数是最低的。

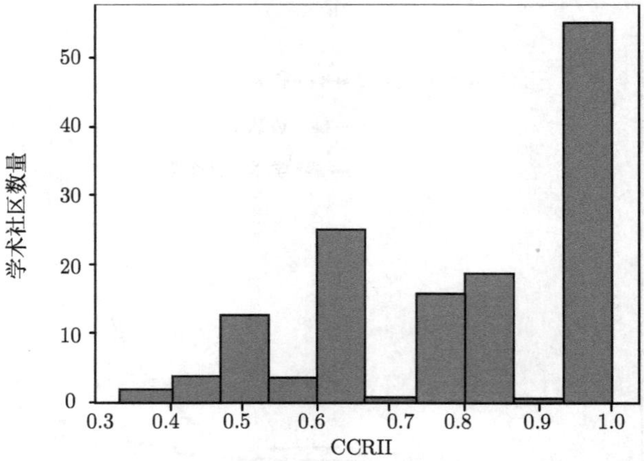

(a) 萌芽期

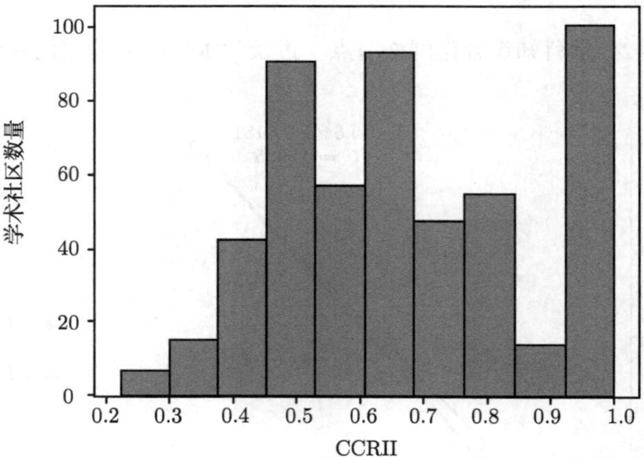

(b) 成长期

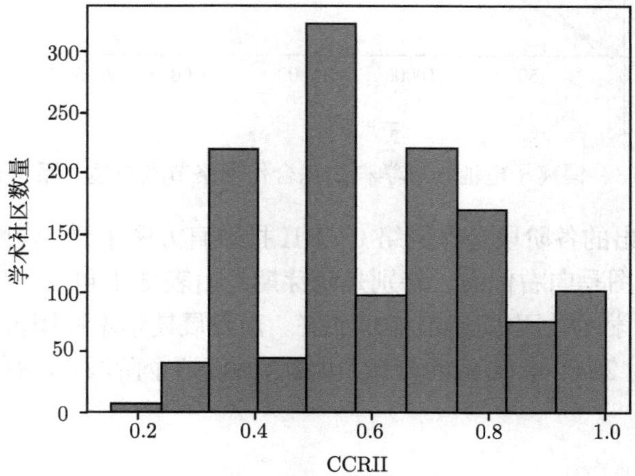

(c) 发展期

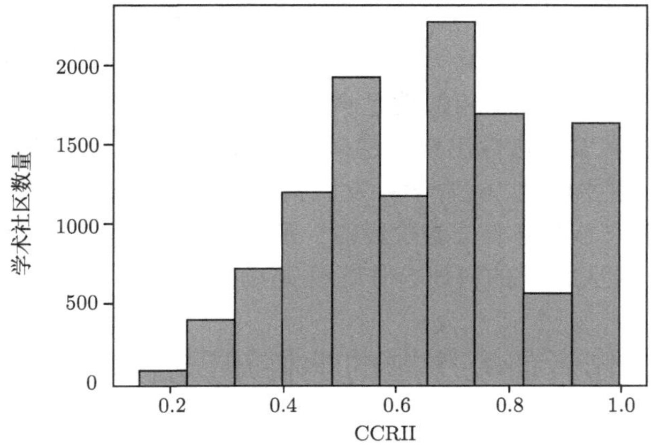

(d)快速发展期

图 5-4　各阶段学科知识合作网络 CCRII 指数直方图

表 5-4　生命周期各阶段学科知识合作网络 CCRII 指数分布情况

萌芽期				成长期			
CCRII 区间分配	社区个数	占比	累积占比	CCRII 区间分配	社区个数	占比	累积占比
0.33~0.4	2	1.43%	1.43%	0.22~0.3	7	1.35%	1.35%
0.4~0.47	4	2.86%	4.29%	0.3~0.38	15	2.88%	4.23%
0.47~0.53	13	9.29%	13.58%	0.38~0.46	42	8.08%	12.31%
0.53~0.6	4	2.86%	16.44%	0.46~0.53	90	17.31%	29.62%
0.6~0.67	25	17.86%	34.30%	0.53~0.61	57	10.96%	40.58%
0.67~0.73	1	0.71%	35.01%	0.61~0.69	93	17.88%	58.46%
0.73~0.8	16	11.43%	46.44%	0.69~0.77	47	9.04%	67.50%
0.8~0.87	19	13.57%	60.01%	0.77~0.84	55	10.58%	78.08%
0.87~0.93	1	0.71%	60.72%	0.84~0.92	14	2.69%	80.77%
0.93~1	55	39.29%	100%	0.92~1	100	19.23%	100%
发展期				快速发展期			
CCRII 区间分配	社区个数	占比	累积占比	CCRII 区间分配	社区个数	占比	累积占比
0.15~0.24	6	0.46%	0.46%	0.14~0.23	90	0.77%	0.77%
0.24~0.32	41	3.17%	3.63%	0.23~0.31	403	3.45%	4.22%
0.32~0.41	219	16.91%	20.54%	0.311~0.4	722	6.18%	10.40%
0.41~0.49	44	3.40%	23.94%	0.4~0.49	1209	10.35%	20.75%
0.49~0.58	324	25.02%	48.96%	0.49~0.57	1923	16.46%	37.21%
0.58~0.66	97	7.49%	56.45%	0.57~0.66	1177	10.07%	47.28%
0.66~0.75	220	16.99%	73.44%	0.66~0.74	2271	19.43%	66.71%
0.75~0.83	169	13.05%	86.49%	0.74~0.83	1694	14.50%	81.21%
0.83~0.92	75	5.79%	92.28%	0.83~0.91	560	4.79%	86%
0.92~1	100	7.72%	100%	0.91~1	1637	14.01%	100%

无论是从全局科学合作来看，还是从分阶段科学合作来看，合作网络的 CCRII 指数均超过 0.6。这说明科学合作团体中所有学者共享超过 60%的研究主题，这足以支持研究主题相似性是科学合作的基础这一论点。从阶段角度来看，合作网络的 CCRII 指数出现先递减后递增的趋势，这说明研究主题相似是早期科研合作的主要机制，随着学科发展其他的合作动机也增加了合作的机会。而当学科发展到一个快速增长的阶段时，研究主题相似性进一步增强，毕竟缺少相同的研究，长久持续的科研合作无法延续。

5.2 整合作者研究主题的学科知识合作网络演化建模

演化机制体现了网络演化的动力，本书主要研究在节点增长机制和节点连接机制两种机制下学科知识合作网络的演化。节点增长机制主要用来刻画网络中的节点随时间的增长规律，节点连接机制主要刻画网络中边随时间的增长规律。结合已有研究成果和 4.4 节的实证研究，在学科知识合作网络演化机制方面，提出两方面的改进和优化。

在节点增长机制方面，从整合作者研究主题的学科知识合作网络实证研究来看，整合作者研究主题的学科知识合作网络节点增长量和边增长量都是近似于线性增长规律，且边的增长明显快于节点的增长（图 4-35）。所以，在网络建模方面要充分考虑到这两个方面。在节点连接机制方面，实证研究表明，整合作者研究主题的学科知识网络的结构属性具有明显的演化规律，节点度分布从学科初期的泊松分布逐渐过渡到成熟期的无标度分布（图 4-38），而网络密度和平均聚类系数均有较明显的递减趋势（图 4-36 和图 4-37），而这些演化规律和基于论文合著的合作网络具有相同的演化规律。这充分表明研究主题相似性是作者产生合作的基本机制。李纲等学者利用关键词集度量个体研究者的研究主题，通过实证研究发现学科知识合作网络中基于研究主题相似的合作研究占有绝对的比例，从而验证了研究主题相似性是科研合作的一个重要动机[166]。而 5.1.2 节中的实证研究也证实，无论是从全局科学合作来看，还是从分阶段科学合作来看，合作网络的 CCRII 指数均超过 0.6。这意味着在学科知识合作中，学者之间的研究主题相似性是一个占有重要地位的合作动机。

实际上，在学科知识合作网络演化过程中，科研合作动机决定了合作网络的演化机制。科研合作是科研人员理性的选择和行为，其目的是为了实现资源的优化配置，并最终实现科研产出最大化。所以，和其他合作一样，科研合作是理性的个体为追求利益最大化而选择的科学研究方式[224]。一个作者选择合作者的过程可能是一个复杂的决策过程，考虑的因素可能有：合作者的科研地位、合作者拥有的科技人力资本、共同的或相似的研究主题等等。学科知识合作网络属于社会关系网络，作者在合作过程中很可能会为了维系和壮大自己的科研地位和关系，综合考虑几种不同的合作动机，进而做出对自身最有利的合作模式。除了接受度优先连接机制外，还考虑了局部连接机制以及研究兴趣优先连接机制，并通过实证分析这些研究机制的存在和合理性。

综合以上分析，以研究主题相似性为切入点，构建一个基于研究主题相似性连接机制的学科知识合作网络演化模型（discipline knowledge collaboration network dynamic model based on research topic similarity, 下简称 RTBA 网络模型），并通过数值模拟网络形成，与实证网络数据相互验证来阐释模型生成合作网络的合理性。

5.2.1　网络演化模型构建过程描述

1）模型描述

在模型中，学者的研究兴趣表示为潜在主题空间中的向量。假设存在 k 个研究主题，则学者的研究兴趣为 k 个研究主题的多项式分布，则学者 au 的研究兴趣 $\mathrm{Topic}_{\mathrm{au}}$ 如式（3-9）所示。

在模型中，可以通过多项式分布的随机抽样来确定每个学者的研究兴趣。假设一个学者的研究兴趣在一定时间范围内具有稳定性和持续性。由于在学科发展初期，一般合作网络是随机网络，所以模型的初始化使用随机网络。

模型的构建步骤如下：

（1）构建初始网络。初始网络有 m_0 个研究者，每个研究者通过多项式分布的随机抽样确定其研究兴趣向量。

（2）节点增长机制。在每个时间步增加一个新节点，每个新节点连接 m 条边到现有合作网络中，$m>1$，以确保边的增长大于节点的增长。

（3）节点连接机制。

①计算新节点与已有节点之间的研究兴趣相似度，根据研究兴趣相似度大小选择 $M\left(M > m\right)$ 个节点作为新节点的“研究兴趣社区”。

②在新节点的“研究兴趣社区”中，按照度择优概率 $\prod_{\mathrm{Interest}}\left(k_i\right)$ 选择 $m(m \leqslant m_0)$ 个成员进行合作。其中，k_i 为节点 i 的度，节点 i 被选择的概率为

$$\prod\nolimits_{\mathrm{Interest}}(k_i) = \frac{M}{m_0 + t}\frac{k_i}{\sum_{j\in\mathrm{Interest}} k_i} \tag{5-2}$$

（4）时间步 t 后，模型变成具有 $N = m_0 + t$ 个节点，mt 条边。

上述演化模型，在新节点的“研究兴趣社区”的构建过程中，新节点依照

与自己研究兴趣相似度的大小进行随机选取，与自己研究兴趣越相似的人被选择的概率越大。这种构建方式考虑到一些研究者在科学合作时并不一定会考虑研究兴趣这种属性，即存在一定概率的特殊情况。另外，每个新增的研究者只在其“研究兴趣社区”里面选择研究者进行合作，而不是从整个网络里选择合作者，这样更加符合学科知识合作网络的实际情况。由于研究者的研究兴趣是通过概率分布来表示的，度量两个概率分布相似性的方法选择 JS 距离。

2）度分布的解析计算

从大量的学科知识合作网络实证分析可以得出，大部分的学科知识合作网络的度分布服从幂律分布，即网络为无标度网络。下面根据物理统计学中的平均场理论，对模型生成网络的度分布进行解析计算。显然，在模型演化的每一步，$m \leqslant M \leqslant m_0 + t$，其中包含两个极端情况，下面就节点度分布进行详细推导。

（1）$M = m$

当 $M = m$ 时，此时意味着新节点将其“研究兴趣社区”里的所有研究者都选为合作对象，度择优机制没有起到作用，此时节点 i 的度变化由以下微分方程确定：

$$\frac{\partial k_i}{\partial t} = A\frac{1}{\lambda(m_0 + t - 1)} \tag{5-3}$$

式中，在每一个时间节点上，整个网络增加的度 $\Delta k = m$，所以，$A = m$；λ表示新节点 i 的“研究兴趣社区”兴趣度占整个网络兴趣度的比例，$\lambda = \dfrac{\sum_{j\in \text{Interest}} D_{\text{JS}}(v_i, v_j)}{\sum_{g\in \text{Global}} D_{\text{JS}}(v_i, v_g)}$，$0 < \lambda < 1$。则第 i 个节点满足以下微分方程初值问题

$$\begin{cases} \dfrac{\partial k_i}{\partial t} = \dfrac{m}{\lambda(m_0 + t - 1)} \\ k_i(t_i) = m \end{cases} \tag{5-4}$$

求得 $$k_i(t) = \frac{m}{\lambda}\left[(\ln(m_0 + t - 1) - \ln(m_0 + t_i - 1)\right] + m \text{。}$$

如此可以求出 $k_i(t)$ 的概率分布函数：

$$\begin{aligned} p(k_i(t) < k) &= p(\frac{m}{\lambda}\left[(\ln(m_0 + t - 1) - \ln(m_0 + t_i - 1)\right] + m < k) \\ &= p(t_i > (m_0 + t - 1)\exp(\lambda - \frac{\lambda k}{m}) - m_0 + 1) \end{aligned} \tag{5-5}$$

而由于每个时间步只有一个节点加入到网络中，所以 t_i 服从均匀分布，即 $p(t_i)=\dfrac{1}{m_0+t}$，所以，

$$p(t_i > (m_0+t-1)\exp(\lambda-\frac{\lambda k}{m})-m_0+1) = 1-\frac{(m_0+t-1)\exp(\lambda-\frac{\lambda k}{m})-m_0+1}{m_0+t} \tag{5-6}$$

$$p(k)=\frac{\partial p(k_i(t)<k)}{\partial k}=\frac{\lambda\left(m_0+t-1\right)\exp(\lambda)}{m(m_0+t)}\exp(-\frac{\lambda k}{m})\sim\frac{\lambda\exp(\lambda)}{m}\exp(-\frac{\lambda k}{m}) \tag{5-7}$$

从计算结果看，此时网络度分布为指数分布，其指数幂为 $-\dfrac{\lambda}{m}$。

（2）$M=m_0+t$

此时新节点将当前的整个网络作为其“研究兴趣社区”，并在研究兴趣社区中，完全按照度择优机制确定其合作对象，此时作者在选择合作伙伴时，实际上完全没有考虑研究兴趣的相似性，节点度的变化与作者的研究兴趣无关，所以，新节点 i 的度变化满足微分方程[227]

$$\frac{\partial k_i}{\partial t}=\frac{k_i}{2t} \tag{5-8}$$

此时网络模型的演化与 BA 无标度网络的演化一致，所以度分布函数为

$$p(k)=\frac{\partial p(k_i(t)<k)}{\partial k}=\frac{2m^2t}{m_0+t}\frac{1}{k^3} \tag{5-9}$$

（3）$m<M<m_0+t$

此时新节点在当前的整个网络中，根据其研究兴趣选择 M 个节点构成“研究兴趣社区”，在研究兴趣社区中再利用度择优机制选择合作者。如此，新节点 i 的度变化不仅与度有关，还与研究兴趣有关，其度变化满足以下微分方程：

$$\frac{\partial k_i}{\partial t}=A\prod\nolimits_{\text{Interest}}\left(k_i\right)=A\frac{M}{m_0+t}\frac{k_i}{\sum_{j\in\text{Interest}}k_j}\approx A\frac{k_i}{\lambda\sum\limits_{j=1}^{m_0+t-1}k_j} \tag{5-10}$$

所以新节点度的变化近似满足以下微分方程初值问题：

$$\begin{cases}\dfrac{\partial k_i}{\partial t} = m\dfrac{k_i}{\lambda 2mt} = \dfrac{k_i}{2\lambda t} \\ k_i(t_i) = m\end{cases} \tag{5-11}$$

解得

$$k_i(t) = m\left(\frac{t}{t_i}\right)^{\frac{1}{2\lambda}} \tag{5-12}$$

$$p(k_i(t) < k) = p(t_i > t\left(\frac{m}{k}\right)^{2\lambda}) = 1 - \frac{tm^{2\lambda}}{k^{2\lambda}(m_0 + t)} \tag{5-13}$$

$$p(k) = \frac{\partial p(k_i(t) < k)}{\partial k} = \frac{2tm^{2\lambda}}{m_0 + t}k^{(1+2\lambda)} \tag{5-14}$$

从以上理论推导过程来看，当$m < M < m_0 + t$时，网络度分布的标度指数近似为$1+2\lambda$，因为$0 < \lambda < 1$，所以$1 < 1+2\lambda < 3$。综合以上分析可以得出，当$M = m$时，网络度分布接近于指数分布，指数幂为$-\dfrac{\lambda}{m}$，与节点的研究兴趣和边增长数量m有关。当$M = m + t$时，网络模型与BA无标度模型的结果相近，为标度指数为3的无标度网络。当$m < M < m_0 + t$时，网络近似为标度指数范围为[1,3]的无标度网络。显然，$M \approx m$时网络度分布更倾向于指数分布，当$M \gg m$时，网络度分布倾向于无标度分布。

5.2.2 网络演化模型的仿真实验及结果分析

为了验证模型的有效性及度分布的理论推导结果，将仿真实验设置为五种情况，为了方便结果的对比分析，将m设置为3，保持不变，通过M的变化观察网络的仿真情况结果（表5-5），同时将仿真后的结果与实证数据进行对比分析（表5-6）。

表5-5 仿真实验参数设置

M	m	n
3	3	10000
4	3	10000
10	3	10000
30	3	10000
$m+t$	3	10000

表 5-6　真实世界中的学科知识合作网络的统计数据

网络	节点个数	平均路径长度	平均聚类系数	分布指数
MEDLINE（95-99）[228]	1520251	4.6	0.066	—
NCSTRL（95-99）[228]	11994	9.7	0.496	—
SPIRES[228]	56627	4.0	0.726	—
LANL[228]	52909	5.9	0.43	—
MATH（Los Alamos）[229]	70975	9.5	0.59	2.4
NS（Los Alamos）[229]	209293	6	0.76	2.1
《JASIST》06-09[76]	1215	—	—	2.379
《情报学报》01-06[230]	963	2.67（五个最大子网的平均值）	0.544（五个最大子网的平均值）	2.5

对于仿真网络的结果分析，采用经典的三种度量指标：度分布（degree distribution）、平均聚类系数（average clustering）和平均最短路径长度（average shortest path length）。模型算法由 Python2.7 编程实现，同时网络度分布、平均聚类系数以及平均最短路径长度由 Python 复杂网络分析包 NetworkX 提供的算法实现计算。

1）RTBA 网络整体性质分析

图 5-5 所示为 $M=30,m=3$ 时演化模型生成的学科知识合作网络图，网络共生成 10000 个节点，图中不同的颜色以及不同大小的节点是根据节点的度生成的，颜色越深、圆面积越大的节点其度值越大。从仿真结果来看，构建的演化模型可以生成少部分度值较大的节点，度值较大的节点均位于网络的中心位置，而度值较小的节点均处于网络的边缘地方，基本上符合无标度网络的结构特点。

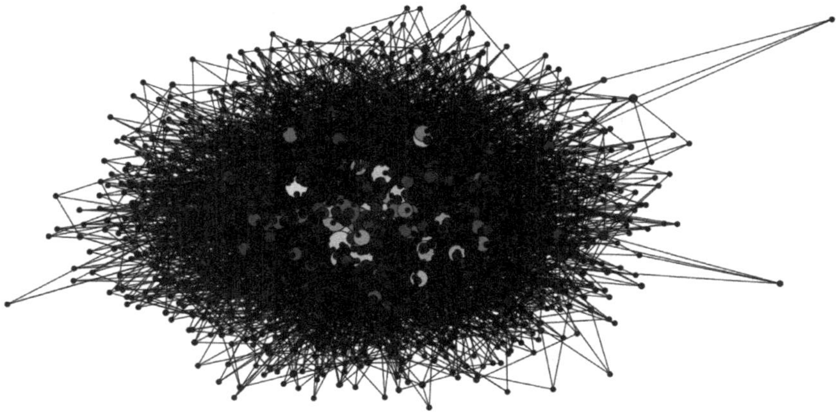

图 5-5　$M=30,m=3,n=10000$ 时，学科知识合作网络仿真示意图

为了验证提出的网络演化模型的有效性，对不同参数下仿真所得网络属性进行计算，包括网络节点度指数，平均最短路径长度和平均聚类系数，并对网络属性进行分析。

表 5-7　不同参数下 RTBA 演化模型生成的网络指标

M	m	n	度指数	最短路径长度	平均聚类系数
3	3	10000	0.228（指数分布）	5.044	0.0125
4	3	10000	0.219（指数分布）	4.918	0.0146
10	3	10000	2.463（幂律分布）	4.604	0.0265
30	3	10000	2.554（幂律分布）	4.339	0.0470
90	3	10000	2.574（幂律分布）	4.300	0.0538
M=m+t	3	10000	2.803（幂律分布）	4.264	0.0566

下面从度分布、平均聚类系数、平均最短路径系数三个指标来解析模型的仿真结果。

（1）度分布

①从图 5-6（a）中可以看出，当 M=m=3 时，网络度分布严格服从指数分布，其指数幂为 0.228；当 M=4，m=3 时，其指数幂为 0.219。实际上，当 M 与 m 比较接近时，网络仿真的结果是趋向于指数分布的。而随着 M 与 m 之间的差距越来越大（图 5-6（d）），网络度分布发生明显的变化，网络的度分布由指数分布向无标度分布过渡（图 5-6（c））。当 M=10，m=3 时，网络已经演化为无标度分布，其标度指数为 2.463；当 M=30，m=3 时，其标度指数为 2.554；当 M=90，m=3 时，其标度指数为 2.574；而当 M=m+t 时，其标度指数为 2.803，近似等于理论推导值 3。结果表明，本书建立的 RTBA 网络模型可以生成由指数分布向无标度网络过渡的合作网络，同时可以生成标度指数在 1~3 之间的无标度合作网络。

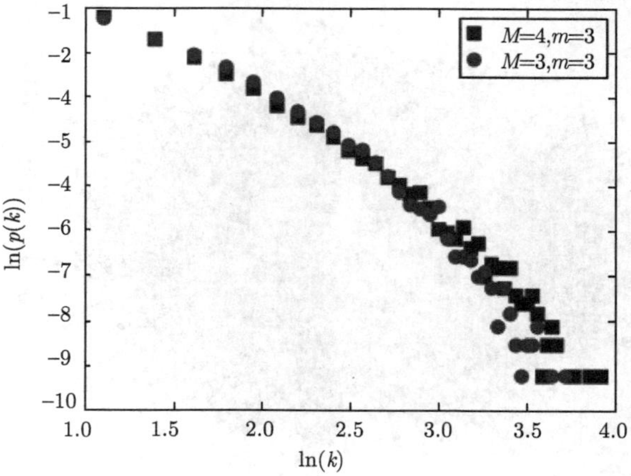

(a)

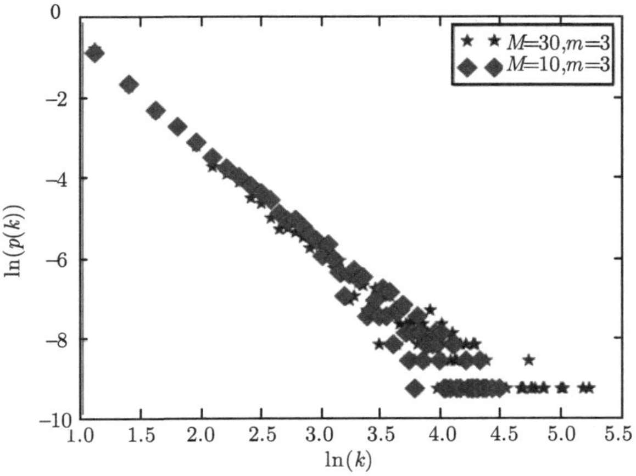

(b)

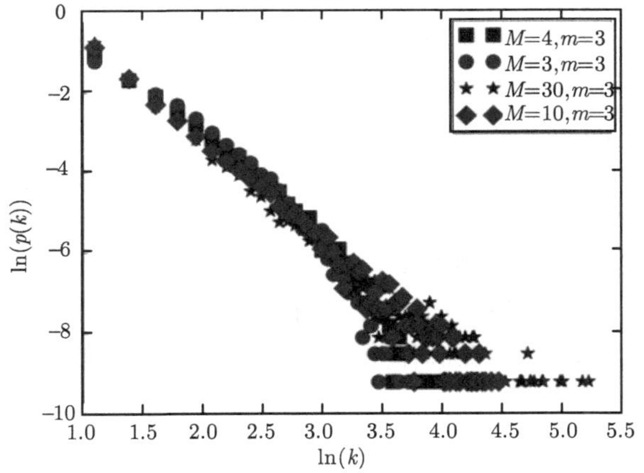

(c)

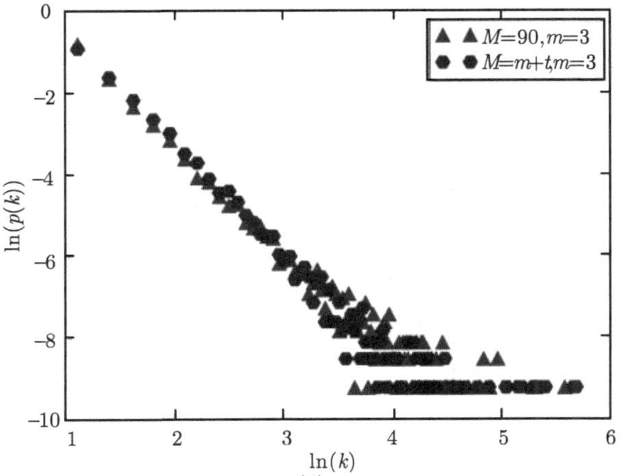

(d)

图 5-6 不同参数下演化模型生成的学科知识合作网络度分布图

②从图 5-6 可以看出，很多实际的学科知识合作网络其标度指数大多在 2~3 之间，而本书提出的 RTBA 演化模型除了两种特殊情况外，可以产生标度指数在 2~3 之间的网络，这说明基于研究主题相似性的网络演化机制是有效的，可以生成符合实际度分布的合作网络。

（2）平均最短路径长度

平均最短路径长度反映了网络信息传播的能力，平均最短路径长度越短表示在该网络中，信息的传播越快越通畅。从表 5-7，可以发现当 M 与 m 的值差距越大时，网络的平均路径长度越小。当网络为指数分布时，网络的平均最短路径长度最大为 5.044，当 M 增大时，网络由指数分布向无标度网络过渡，同时网络的平均最短路径长度递减。由表 5-6 可知，对比实际学科知识合作网络的真实数据，发现实际学科知识合作网络中的最短路径长度在[2,10]之间取值，没有明显的规律。

（3）平均聚类系数

从表 5-7 可以看出，当 M 与 m 差距越大时，网络的平均聚类系数越大，其中 m 是每一个时间点网络增加的连边数，而 M 是新节点的“研究兴趣社区”的大小。当新节点的研究兴趣社区越大时，能够使合作网络的聚类系数越大，增加网络的紧密性，这说明研究兴趣可以使更多的“潜在合作者”聚在一起，增加合作的概率，从而使网络更加紧密。但是通过对比实际网络的数据（表5-6），基于兴趣的演化模型生成的网络平均聚类系数比实际网络的平均聚类系数小，这说明仅仅是基于研究兴趣，科学家之间的合作还不足以能够形成密度较大的网络，还有其他潜在的机制在起作用，才使得网络更加集中。

2）RTBA 网络的演化特性

为了分析仿真网络的演化特性，选择了四个典型的仿真网络：M=4，m=3；M=30，m=3；M=90，m=3；M=m+t，m=3 对网络的演化性质进行分析，以和实证网络进行验证，同样选择度分布、聚类系数和最短路径长度进行分析。

（1）度分布

图 5-6 的网络演化图是按照网络生成的节点个数作为时间段划分依据的，共划分为 5 个阶段，分别对应网络节点个数 n=2000，4000，6000，8000，10000。由图 5-7 可知，通过不同时段的度分布演化分析发现，随着网络节点数的增长，网络的度分布标度指数呈递增变化，这说明网络中无标度分布越来越明显，这与实际网络的数据相吻合（图 4-37）。在学科发展的过程中，学科知识合作网络的规模不断增长，其度分布也发生演化[229]。

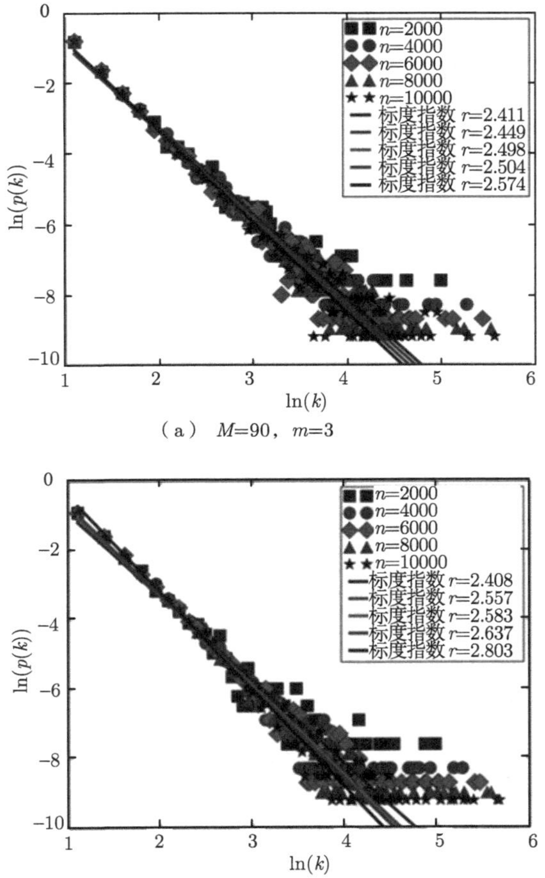

（a） M=90，m=3

（b） M=m+t，m=3

图 5-7　不同参数下 RTBA 模型生成的学科知识合作网络度分布演化图

从图 5-7（a）中可以看出，当 M=90,m=3 时，节点数量从 2000、4000、6000、8000 增加到 10000 时，对应无标度网络的标度指数分别为 r=2.411、r=2.449、r=2.498、r=2.504 和 r=2.4574，呈现明显的递增趋势。从图 5-7（b）中可以看出，当 M=m+t，m=3 时，节点数量从 2000、4000、6000、8000 增加到 10000 时，对应无标度网络的标度指数分别为 r=2.408、r=2.557、r=2.583、r=2.637 和 r=2.803，呈现明显的递增趋势，且大于 M=90，m=3 时的标度指数。

（2）平均聚类系数与平均最短路径长度

从图 5-8 中可以看出，在不同的参数设置下，平均聚类系数与平均最短路径长度均表现出比较一致的演化规律。平均聚类系数随着时间的推移递减，同时随着参数 M 与 m 差距的递增而递增；平均最短路径长度随着时间递减，同

时随着 M 与 m 差距的递增而递减，这与实际网络的演化规律是一致的(图 4-37)。

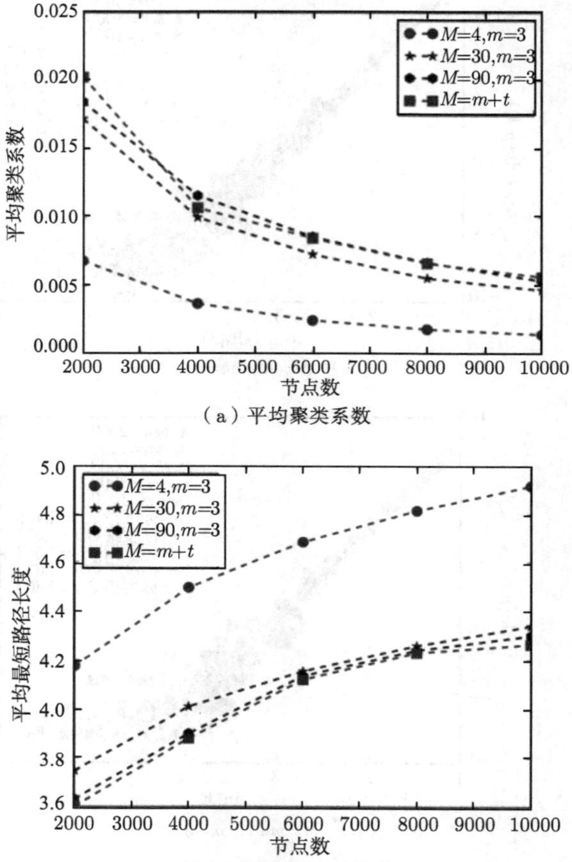

(a) 平均聚类系数

(b) 平均最短路径长度

图 5-8　RTBA 网络平均聚类系数与平均最短路径长度演化图

3) 结果讨论

学科知识合作网络的演化可以反映科学发展的进程与变化，研究兴趣是学科知识合作网络关系中的重要构成。同时，复杂网络的演化建模是研究网络演化动力的有效方法，可以发现推动网络演化的机制。由此，借助于复杂网络演化建模思想，提出了一种基于研究主题相似性连接的学科知识合作网络演化机制，通过建模计算、仿真实验以及与实际学科知识合作网络之间的对比，证实该模型具有以下特征：

(1) 可以生成无标度网络，通过参数调节，其度分布可以在指数分布和无标度分布之间转移，与实际网络的性质相符；

（2）该演化模型可以生成平均最短路径较小的网络，与实际网络性质相符；

（3）该演化模型生成的平均聚类系数较小，表明该模型生成的网络虽然节点间的距离较小，但是节点之间的邻近中心性较小，不能生成小世界网络；

（4）通过演化分析发现，随着时间的推移、网络规模的扩大，网络节点度分布、平均聚类系数以及平均最短路径长度都存在明显的演化规律，其中节点度分布的标度指数递增、平均聚类系数递减、平均最短路径长度递增，均与实际网络的演化规律相符。

当然，促使一个研究者选择合作对象的因素绝不止研究兴趣，其他的因素如个人声望、所在研究机构的声望、从事研究的时间等也是需要考虑的因素。但是从模型构建的角度来看，基于简单规则能够涌现出群体特性正是复杂网络建模所需要的，所以基于研究兴趣的简单连接机制随着网络的演化涌现出学科知识合作网络的无标度分布、短平均路径等特性，说明这种机制是有效的。因此，上述研究结论将有力支撑研究者的研究兴趣是构建学科知识合作网络的主要因素之一，也说明研究兴趣是推动学科知识合作网络演化的动力。同时，其表现出的演化规律与真实数据相一致的研究结论将促进学科知识合作网络演化模型理论探索的深化。

5.3　基于多 Agent 系统的学科知识合作网络知识扩散建模及仿真实验

当前对于知识扩散并无明确、统一的概念形成。Andrew 等认为知识扩散是在特定的网络条件下组织内部的一种知识流动机制，其存在保证了相同知识结构、文化背景的组织成员之间的知识共享和组织认同感[231]。Davenport 等认为知识扩散是知识在个体与组织间传播的过程，是知识转移过程和知识吸收过程的有机统一[232]。Krogh 认为知识扩散是学习的过程，是对现有知识和信息的获取、整合和创造[233]。周素萍认为知识扩散是一个包括知识形成、知识溢出、知识吸收、知识再造和新知识形成的螺旋式上升循环过程[234]。巴志超等认为知识扩散过程受到原发体与接受体自身知识存量、知识势差、学习能力等多种因素的影响[174]。本书认为在科学研究过程中，知识扩散是知识共享、知识转移和知识吸收乃至知识创新的有机统一，很难将这些环节同知识扩散剥离开来，知识扩散的效率主要受到知识扩散系统内部结构、外部环境等诸多因素的影响。

在学科研究创新活动中，科学家将个人隐性知识通过知识孵化转化为科研成果，这些科研成果通过专利、文献等知识载体被记录下来，成为学科领域的创新知识。面对越来越复杂的科学问题，合作已经成为知识创新的主要形式。在合作的过程中，科学家通过面对面的交流或者其他沟通方式进行学术思想的交流和碰撞，共同完成科研项目或科研论文。这个过程实际上包含了知识扩散、知识转移、知识吸收和知识孵化，知识在科学家之间扩散和转移，知识在科学家的头脑中吸收、进化，进而产生新的学术思想和知识，完成知识创新。那么，在合作视角下，知识扩散模式有哪些特征，学科知识合作网络结构对知识扩散造成哪些影响是本节研究的重点。通过研究学科知识合作网络中知识扩散的机制和模式，可以有效解决隐性知识的显性化，促进知识孵化和知识共享，进而提升整个知识转化循环的效率。

5.3.1　多 Agent 系统建模的基本理论

多 Agent 系统（multi-agent system,MAS）起源于 20 世纪 70 年代兴起的分布式人工智能的研究。MIT 的计算机科学家 Minsky 在 *Society of Mind* 一书中将社会与社会行为引入了计算系统，并系统地提出多 Agent 的概念[235]。所谓 Agent 即智能体，在中文中被译为代理或主体。在多 Agent 系统中，Agent 能够模拟人的行为，具有学习性、社会性、适应性等人的特性。一个计算系统中的模拟个体能否判定为 Agent，其基本判断标准是建立的模拟个体是否具有智能，即是否拥有自己的知识库与推理规则，是否能够自主地与系统中其他个体进行交互，个体交互过程中是否有知识的传递[236]。

目前，多 Agent 建模方法已经广泛应用于复杂社会系统的研究，成为社会科学计算实验方法的主流方法。多 Agent 系统建模的优势在于智能体（Agent）具有自主适应性与交互行为，通过建模可以模拟复杂社会系统个体之间的相互影响。正是微观个体之间复杂的交流和反馈作用，才形成了系统宏观的有序或者无序状态，记载一定情况下系统宏观层面出现所谓的“涌现”现象。多 Agent 系统建模是以社会系统为建模对象，以系统科学为指导思想，综合应用社会学、数学、心理学、计算机科学等多学科的理论和知识，构建复杂人工社会（artificial society）的过程。人工社会是在计算技术基础上对现实社会系统的模拟，通过对人工社会系统演化规律及系统中 Agent 行为及交互的分析，揭示系统整体状态变化的演化过程，进一步揭示社会系统演化的一般原理，探索潜在的管理模式和方法。一般来说，多 Agent 系统建模包含五个基本步骤：系统抽象、属性提取、交互机制、演化机制、结果分析。

（1）系统抽象。系统抽象是多 Agent 系统建模的基础。一般是根据具体的研究问题和研究目标，对具体社会系统进行调研和分析，明确系统成员、结构、功能、环境、资源以及系统要实现的目标。

（2）属性提取。属性提取包括社会系统属性和 Agent 属性。社会系统属性主要是指系统的各种状态数据，这些状态数据反映了系统的结构、功能、资源等信息；Agent 属性主要包括心理和行为特征，表示主体的记忆、认知、学习机制以及行为决策信息等。

（3）交互机制。交互机制是多 Agent 系统建模的关键。Agent 在系统演化过程中不仅受到环境的影响，还受到其他 Agent 的影响，这种影响可以是直接的也可以是间接的，如个体之间交换信息、知识，个体之间态度的相互影响等。需要注意的是，个体交互机制应该是建立在被大多数人接受的、基本的、相对简单的假设之上的。

（4）演化机制。Agent 是模型的中心，主体行为规则的设计是系统建模的关键，在模型行为规则的约束下，主体在系统环境中经过多个周期的不断迭代，揭示了系统的演化趋势。一般而言，主体演化规则关注的重点在于 Agent 的记忆、学习、适应、决策规则、遗传和突变等特性。

（5）结果分析。通过多 Agent 系统的仿真实验，研究系统成员个体行为对系统整体特性产生的影响，并在可行情况下将实验结果与现实结果进行比较分析与评价，通过可重复的实验来推断和总结最终行为产生的原因。

多 Agent 系统建模思路如图 5-9[236]所示。

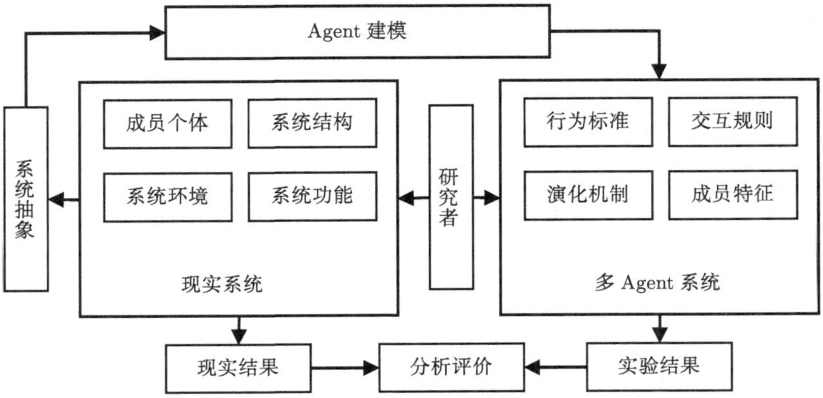

图 5-9　多 Agent 系统建模思路示意图

5.3.2　学科知识合作网络知识扩散模型构建

学科知识合作网络作为复杂网络具有典型的涌现性，合作网络的无标度分布特性是节点之间简单互动行为的结果，如优先连接机制、基于研究主题相似性的连接机制。当前对学科知识合作网络的涌现行为研究主要涉及网络结构和网络整体属性，很少涉及网络知识扩散分析，如学者之间的学术合作模式如何影响知识扩散、不同的网络结构对知识扩散的影响、个体知识吸收能力和知识创新能力对知识扩散的影响等。通过多 Agent 系统建模与仿真，揭示科学合作过程中的知识扩散模式，探寻潜在的科研管理模式，提高知识传播效率，促进网络整体知识创新能力。

1）学科知识合作网络知识扩散的特征分析

知识溢出效应（knowledge spillover effect）是 1986 年 Romer 在经济增长模型中提出的，他认为知识是人力资本积累到一定水平的一般溢出，把知识积累和知识溢出作为经济增长的内生基础[237]。事实上，知识溢出和知识传播都是知识扩散的方式，不同的是知识传播是知识的复制，而知识溢出则是知识的再造。知识溢出过程具有连锁效应、模仿效应、交流效应、竞争效应、带动效应和激励效应。阿格拉沃实证研究证实了知识溢出的效应与接受溢出经济主体认知、吸收和应用新知识的能力有关，这种吸收和应用新知识的能力取决于接受主体必要的预备知识。有些学者则强调地理区域内社会网络的重要性，稳定、可靠的互惠社会网络的形成有利于科技人员的相互交流，促进了知识的溢出和扩散。撒克尼尼对美国硅谷、波士顿等地的经验研究表明，企业之间稳定的社会网络增加了企业的创新能力，降低了交易成本。

学科知识合作网络中知识溢出是知识扩散的主要方式，科学合作的目的在于通过知识交流和共享，达到知识的再造和创新，而不是单纯以知识传播为目的。知识在由高知识水平溢出者扩散到低知识水平接收者时，既有对其原有知识的遗传继承，表现为对已有知识元素构成和固定结构进行复原性的组合，也存在知识节点的突发变异，表现为一种思维主观能动性的批判行为，从而实现创新性的元素重组或结构重组，在已知知识的基础上产生出再生性的新知识[238]。并且，学科知识合作网络在知识溢出方面具有很多优势，如稳定的关联、可靠的互惠性、高效的连通性、高聚类特性等。

学科知识合作网络中个体知识创新能力对知识扩散有直接影响。学者在科研合作过程中，知识结构会出现继承和进化两种属性：一方面，学者通过合作收集知识溢出者的溢出知识，这些溢出知识经过学习和吸收能够很好被继承下来；另一方面，通过与合作者进行正式或非正式交流，思想的碰撞、头脑中闪现的“灵感”都有可能促进知识结构的进化，进而形成创新性知识。

综合以上分析，本书认为学科知识合作网络的知识扩散主要受知识溢出和知识创新的影响，知识溢出使个体能够很好地继承高知识水平学者的溢出知识，而知识创新能力使个体在合作交流的机制下提高个体知识进化能力，进而提高整个网络的知识水平。所以，学科知识合作网络中的知识扩散是知识溢出和知识创新共同作用的结果。知识创新是知识溢出的基础和前提，没有新知识的创造就不会产生知识的溢出，反之，知识溢出促进知识的共享和流动，激发学者的创新灵感，提高知识创新效率，二者相辅相成。

2）知识扩散模型构建

按照多 Agent 系统建模方法，我们通过 5 个步骤对学科知识合作网络知识扩散进行建模和仿真。

（1）学科知识合作网络模型设计

学科知识合作网络是基于科学论文合著而产生的复杂网络，所以学科知识合作网络模块的构建需要利用复杂网络演化建模。而 5.2.2 节的实证分析表明学科知识合作网络的演化规律是从随机网络逐渐过渡到无标度网络，也有的实证研究表明学科知识合作网络是典型的小世界网络。综合以上研究现状，本节提出分别使用 WS 小世界模型和 RTBA 网络模型构建学科知识合作网络模块，并对不同的网络模型上的知识扩散效果进行对比分析。本书提出的 RTBA 模型可以模拟学科知识合作网络由初始随机网络到无标度网络的过渡趋势，接近现实学科知识合作网络的特征。

WS 算法的典型形式是从 2-规则网络开始的，而小世界网络是从 2-规则网络通过随机地重联 pm 条链路涌现出来的，p 为重联概率。典型地，小世界是从纯规则向有点随机 $p^*=0.01\text{~}0.04$ 转换而来的。而当 $p=0$ 时，WS 生成的网络是纯规则网络，当 $p=1$ 时，WS 生成的网络是纯随机网络。所以，只要利用不同的重联概率 p 就可以生成规则网络、小世界网络和随机网络，非常适合不同类型下学科知识合作网络知识扩散效果的对比分析。

RTBA 演化模型将度择优机制、研究主题相似性连接机制以及局域学术社区机制有机结合在一起，符合现实科学合作的模式，能够与学科知识合作网络中的知识扩散机制有机结合。

（2）系统属性及代理 Agent 属性提取

在知识扩散模型中，系统为学科知识合作网络，属性为基本的网络属性，如网络结构、网络聚类系数、节点度分布等；代理科学家 Agent 是学科知识合作网络中的节点，具有真实科学家的基本属性，如知识存量、知识吸收能力和知识创新能力。关于知识存量、知识吸收能力以及知识创新能力三者的关系，本书论述如下：

英国著名的情报学家布 Brooks 给出个体获取的情报作用于知识结构的方程（Brooks 知识方程），该方程阐述了情报与知识的关系，即 $K(S)+\Delta I=K[S+\Delta S]$，其中 $K(S)$为个体原有知识结构，S 为个体拥有的知识存量，ΔI 为个体获取的情报增量，$K[S+\Delta S]$为获取情报增量后个体的新知识结构。蒋新将该方程改造为如下方程，进一步揭示了知识吸收能力与个体学习能力、知识创新能力之间的关系[239]。

$$\frac{\Delta I}{\Delta t}=\frac{K\left[S+\Delta S\right]-K\left[S\right]}{\Delta t}=\frac{K\left[S+\Delta S\right]-K\left[S\right]}{\Delta S}\cdot\frac{\Delta S}{\Delta t} \tag{5-15}$$

令 $\Delta t\to 0$ ，则得新方程 $\frac{\mathrm{d}I}{\mathrm{d}t}=\frac{\mathrm{d}K}{\mathrm{d}S}\cdot\frac{\mathrm{d}S}{\mathrm{d}t}$

式中，$\frac{\mathrm{d}I}{\mathrm{d}t}$ 是情报增量随时间的变化率，亦即情报的吸收能力；$\frac{\mathrm{d}K}{\mathrm{d}S}$ 是知识结构随知识存量的变化率，即个体知识创新能力的反映；$\frac{\mathrm{d}S}{\mathrm{d}t}$ 则是个体吸收知识的速度，即个体的学习能力。该式表明了个体情报吸收能力、知识创新能力和学习能力三者之间的内在关联。假设在学科知识合作网络中学者的学习能力是没有差别的，当学习能力相同时，个体情报吸收能力与知识创新能力是成正比的。

知识存量（knowledge stock）是某阶段内一个组织或经济系统对知识资源的占有总量[240]。假设 t 时刻，个体的知识存量为 $KS_i(t)$。随着科学合作的深入，个体知识存量及其分布也在不断演化，个体知识存量的增长主要由两部分组成：一部分是通过获取“知识溢出主体”溢出的知识，同时加以吸收和利用；一部分是由个体知识创新能力创造的新知识。

（3）知识扩散机制

学科知识合作网络中的知识扩散机制主要包括知识溢出机制和个体知识创新机制。下面主要分析知识溢出效应的影响因素和个体知识创新能力的影响因素。

在知识溢出过程中，高知识存量者和低知识存量者形成知识势差，使知识从高势位学者向低势位溢出。所以，知识溢出效率与知识势差存在显著关联。根据 Brooks 知识方程，个体知识创新能力与个体情报吸收能力成正比，而在学科知识合作网络中，个体情报吸收能力与个体的合作者数量有关。在科学研究过程中，个体拥有的合作者数量越多，参与的学术讨论和交流就越多，获取的信息和情报就越丰富，就越有利于激发个体的创新灵感，从而增强自己的知识创新能力。显然，除了通过合作激发创新灵感外，个体原有的知识存量大小也影响知识创新能力。所以，个体通过知识创新增加的知识存量还应与当前知识存量的大小成正比。孙兆刚、刘则渊也认为知识创新以及知识溢出效应与知识存量间有着紧密的联系，即创新主体的创新能力与其所拥有的知识存量成正相关关系，知识溢出接受主体的知识存量影响着知识溢出效应的产生[241]。

基于以上论述，提出学科知识合作网络中的知识扩散机制，如图 5-10 所示。

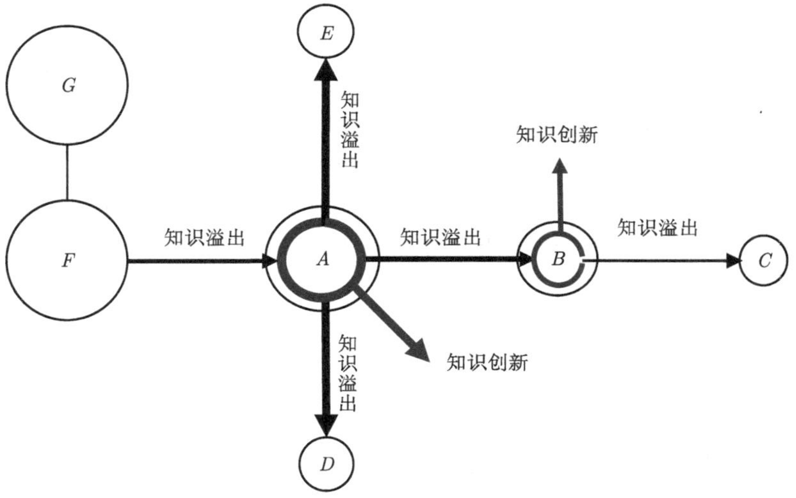

图 5-10　学科知识合作网络知识扩散机制示意图

①知识溢出

在合作网络中，影响知识溢出效率的因素主要有知识势差和知识溢出主体的扩散范围。如图 5-10 所示，节点大小表示节点知识存量的高低，当节点之间存在知识势差时，表明发生了知识溢出，在图中用箭头相连，箭头指向为知识溢出接受体。如节点 A 向节点 B、D、E 扩散，节点 B 向节点 C 扩散，节点 F 向节点 A 扩散，而节点 F 和 G 由于知识存量相同，虽然二者之间存在合作关系但并未发生知识溢出，因而二者之间没有箭头相连。

知识势差，即知识溢出主体和接受体之间知识存量的差值，差值越大则知识溢出的效率越高，如图 5-10 中节点 A 与节点 E 之间的知识势差大于节点 A 与节点 B 之间的知识势差，所以节点 A 向 E 的知识溢出效率高于节点 A 向 B 的知识溢出效率，在图中用箭头的粗细表示。知识溢出范围，即在科学合作中知识溢出对象的数量，该值在网络中为知识存量低于溢出主体的所有邻居节点。当知识溢出范围越大时，知识溢出的效率就越高。如图 5-10 所示，节点 A 存在三条知识溢出路径，而节点 B 只有节点 C 一条知识溢出路径，所以节点 A 向节点 B 溢出的知识效率高于节点 B 向节点 C 溢出的效率，在图中用箭头的粗细表示。

基于以上分析，个体 i 由于知识溢出而增长的知识存量可用公式表示为

$$\Delta KS_i(t+1)=\begin{cases}\gamma\cdot g\big(N(j)\big)\cdot\big(KS_j(t)-KS_i(t)\big), & \text{当 } KS_j(t)>KS_i(t)\\ 0, & \text{当 } KS_j(t)\leqslant KS_i(t)\end{cases} \tag{5-16}$$

式中，个体 j 为 i 的邻居节点；$N(j)$ 为节点 j 的邻居节点中知识存量低于 j 的节点数量；参数 $\gamma\in[0,1]$ 表示网络中知识溢出效率初始因子，该数值越大表明知识溢出的效率越高。个体知识接受能力受到知识溢出效率的影响，这与知识溢出主体 j 的溢出范围有关，$N(j)$ 越大说明知识溢出主题扩散范围越广，其知识溢出效率就越高，那么接受体 i 知识接受效率就越大。所以，个体知识接受能力因子影响函数 $g\big(N(j)\big)$ 可表示为

$$g\big(N(j)\big)=\frac{N(j)}{\max\limits_{i\in N}N(i)} \tag{5-17}$$

式中，N 表示网络中所有节点的集合。

当知识溢出主体的溢出对象越大时，知识扩散效率就越大，默认是拥有最大的扩散范围的溢出主体拥有最大的溢出效率 γ，其他的溢出主体溢出效率均小于 γ。

②知识创新

在学科知识合作网络中，个体知识创新能力与在网络中的合作者数量（节点的度值）有关。以节点 A 和节点 B 为例，节点 A 的度值为 4，有 4 个合作者，节点 B 有 2 个合作者，同时节点 A 的知识存量大于节点 B 的知识存量，所以节点 A 的知识创新能力大于节点 B，在图 5-10 中用线圈的粗细表示个体知识创新能力的高低。因此，个体通过知识创新能力获取的知识存量增量可表示为

$$\Delta KS_i(t+1)=\lambda\cdot f\Big(d\big(i\big)\Big)\cdot KS_i(t) \tag{5-18}$$

式中，参数 $\lambda\in\big[0,1\big]$ 表示网络中个体知识创新能力因子初始值，数值越大表示知识创新能力越强；$d(i)$ 为个体 i 在合作网络中的度值，度值越大的个体表明与其他学者进行科研合作的热情越高，在合作交流过程中有利于促进个体的创新能力，对创新能力因子是一个正向的促进作用，所以个体创新因子的影响函数可表示为

$$f\big(d(i)\big)=\frac{d(i)}{\max(\text{degree})} \tag{5-19}$$

式中，参数 max(degree)为网络中节点的最大度值。当个体度值 $d(i)$=max(degree)

时，$f(d(i))=1$，此时个体的创新能力因子达到网络中个体知识创新因子 λ；当个体节点度值较小时，个体创新能力因子则小于 λ。

经过知识创新和知识扩散，个体在 $(t+1)$ 时刻的知识存量可用公式表示为

$$KS_i(t+1)=\begin{cases}KS_i(t)+\lambda\cdot f\big(d(i)\big)\cdot KS_i(t)+\gamma\cdot g\big(N(j)\big)\cdot\big(KS_j(t)-KS_i(t)\big), & \text{当} KS_j(t)>KS_i(t)\\ KS_i(t)+\lambda\cdot f\big(d(i)\big)\cdot KS_i(t), & \text{当} KS_j(t)\leqslant KS_i(t)\end{cases} \tag{5-20}$$

（4）知识扩散评价指标

学科知识合作网络不仅实现了知识的扩散，同时通过科学家之间正式或非正式交流和合作实现了知识创新。知识扩散增长了个体的知识存量，同时也提升了知识创新能力。为了合理度量学科知识合作网络中的知识扩散绩效，从平均知识存量、知识扩散速率、知识存量分布均衡度等三个方面度量知识扩散绩效。

①平均知识存量（average knowledge stock）

用 t 时刻合作网络中所有科学家的平均知识存量反映知识平均水平，用公式表示为

$$\overline{KS(t)}=\frac{\sum_{i=1}^{N}KS_i(t)}{N} \tag{5-21}$$

②知识扩散速率（knowledge diffusion rate）

在 t 时刻，用合作网络知识平均水平的增长速度（相对于 $(t-1)$ 时刻）衡量知识扩散速率 $\rho(t)$，用公式表示为

$$\rho(t)=\frac{\overline{KS(t)}-\overline{KS(t-1)}}{\overline{KS(t-1)}} \tag{5-22}$$

③知识存量分布均衡度（balance degree of knowledge stock distribution）

用 t 时刻合作网络所有学者知识存量的标准差度量知识水平分布的均衡性，标准差越大知识水平分布越不均衡，主体间的差异也就越大。

$$\sigma(t)=\frac{1}{N}\left[\sum_{i=1}^{N}\left(KS_i(t)-\overline{KS(t)}\right)^2\right] \tag{5-23}$$

$$c(t)=\frac{\sigma(t)}{\overline{KS(t)}} \tag{5-24}$$

5.3.3 学科知识合作网络知识扩散模型仿真实验及结果分析

1）知识扩散仿真算法及实现步骤

仿真算法是在 Python 编程环境下，调用复杂网络分析工具包 NetworkX 实现 NWS 算法，编程实现 RTBA 网络演化模型和仿真算法。算法过程如下：

①设置合作网络知识创新能力因子初值 λ 和知识溢出效率因子初值 γ 的取值，二者皆是介于 0~1 之间。

②对网络进行设置。所有类型网络规模设置为节点数 500 个，NWS 模型重联概率分别设置为 0，0.15，0.9，分别对应规则网络、小世界网络和随机网络。

③选择网络中的 5%节点作为高知识存量学者，设置初始知识存量为 10，其余节点的知识存量服从[0,1]之间的随机分布。高知识存量学者选择方法为选择网络中度值排名前 top 5%学者。

④每个时间步，网络中的每一个节点与其邻居节点进行交互，同时节点知识存量随着知识扩散发生改变。当节点的邻居节点中存在高知识存量节点时，发生知识扩散现象，节点吸收高知识存量邻居节点的知识。仿真次数设置为 1000 次和 3000 次。

⑤计算每一次仿真后，计算网络节点的知识存量平均值、知识扩散速率和知识存量分布均衡度三个指标，并在不同的网络结构和不同的知识扩散参数下进行结果对比分析。

2）数值仿真结果及分析

网络设置，利用 NWS 模型，NWS 模型在 WS 模型的基础上进行改进，可以有效避免孤立节点的生成。分别取随机化加边概率为 0，0.15，0.9 生成规则网络、小世界网络和随机网络。无标度网络采用 RTBA 网络演化模型，该模型基于相似的科学研究兴趣模拟学科知识合作网络生成机制，相比较 BA 模型更加接近学科知识合作网络。设置所有的网络节点数为 500。表 5-8 为 NWS 和 RTBA 模型分别运行 10 次之后的网络属性结果。

为了保证基于 NWS 模型生成的网络更加接近学科知识合作网络，采取基于 4-规则网络进行随机化加边的策略。网络基本属性主要有聚类系数（AC）、平均最短路径长度（ASPL）、最大节点度值（max degree）以及节点度分布情况。从表 5-8 中的结果来看，规则网络的聚类系数为 0.5，最短路径长度为 62.8758，最大节点度值为 4；随机加边概率 p=0.15 生成的小世界网络的聚类系数平均值为 0.3968，最大节点度值平均值 7.7，最短路径长度平均值为 6.1374，符合短路径长度、高聚类系数的小世界特征；随机加边概率 p=0.9 生成的随机网络的聚类系数小于规则网络和小世界网络，其平均值为 0.1431，但是拥有较高的度值；RTBA 网络是基于研究兴趣相似构建的无标度网络，拥有更短的路径长度和更大的节点度值。

表 5-8 NWS 模型和 RTBA 模型生成网络基本属性

网络类型	NWS,p=0:规则网络			NWS,p=0.15:小世界网络			NWS, p=0.9:随机网络			RTBA 网络		
网络属性	AC	ASPL	max degree	AC	ASPL	max degree	AC	ASPL	max degree	AC	ASPL	max degree
实验 1	0.5	62.8758	4	0.3995	6.1654	8	0.1406	3.4358	13	0.0592	2.9594	65
实验 2	0.5	62.8758	4	0.4074	6.4674	8	0.1423	3.4506	14	0.0593	2.9532	84
实验 3	0.5	62.8758	4	0.3862	5.9257	8	0.1443	3.4551	14	0.0606	2.9281	87
实验 4	0.5	62.8758	4	0.3926	5.9716	8	0.1436	3.4572	11	0.0543	2.9411	86
实验 5	0.5	62.8758	4	0.3949	6.0565	7	0.1454	3.4620	13	0.0637	2.9319	100
实验 6	0.5	62.8758	4	0.4005	6.1797	8	0.1420	3.4429	13	0.0524	2.9867	63
实验 7	0.5	62.8758	4	0.3986	6.2257	7	0.1424	3.4423	12	0.0578	2.9616	88
实验 8	0.5	62.8758	4	0.4047	6.3450	8	0.1453	3.4703	12	0.0578	2.9388	76
实验 9	0.5	62.8758	4	0.3953	5.9984	8	0.1407	3.4586	13	0.0566	2.9316	79
实验 10	0.5	62.8758	4	0.3884	6.0384	7	0.1443	3.4629	12	0.0461	2.9501	78
平均值	0.5	62.8758	4	0.3968	6.1374	7.7	0.1431	3.4538	12.7	0.0568	2.9482	80.6

图 5-11 为知识扩散仿真实验合作网络图谱展示效果，小世界网络和随机网络分别在 4-规则网络基础上随机加边生成。从图 5-11 中可以看出，小世界网络的聚类程度较高，RTBA 无标度网络中心节点较多，且从图 5-12 中的节点度分布图中可以看出，RTBA 模型生成标准的无标度网络，且平均聚类系数达到 0.0568，与实际学科知识合作网络结构属性较为一致。

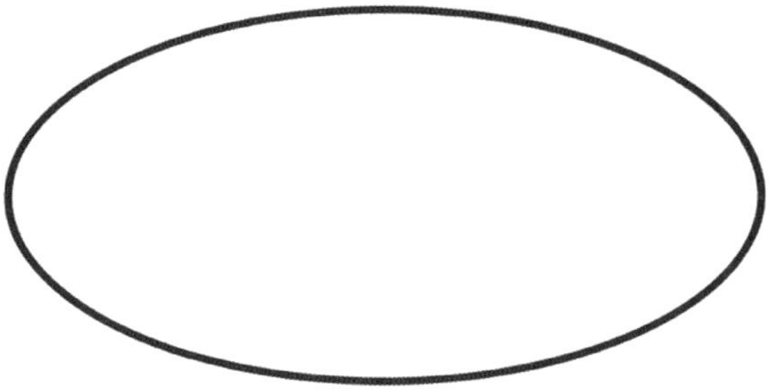

(a) 规则网络

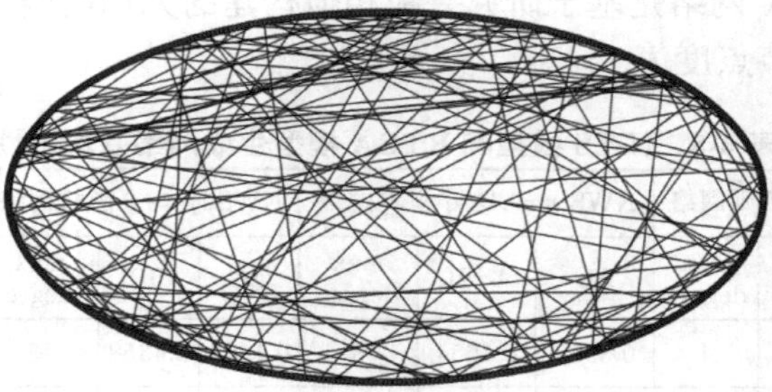

(b) 小世界网络

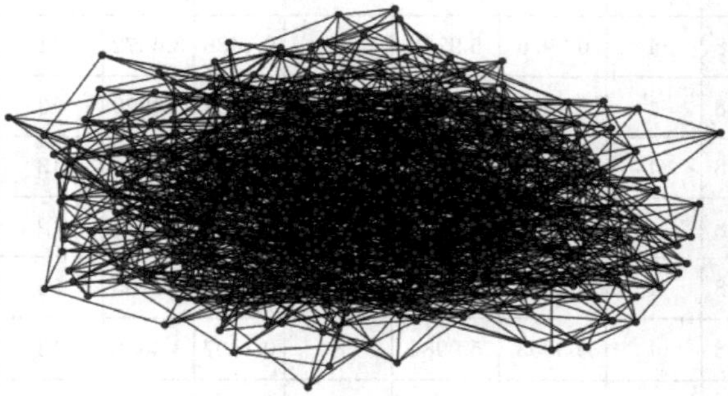

(c) 随机网络

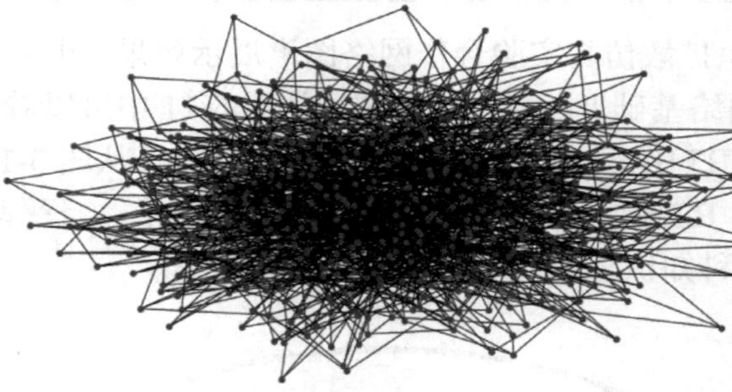

(d) RTBA 网络

图 5-11　知识扩散仿真实验合作网络图谱展示

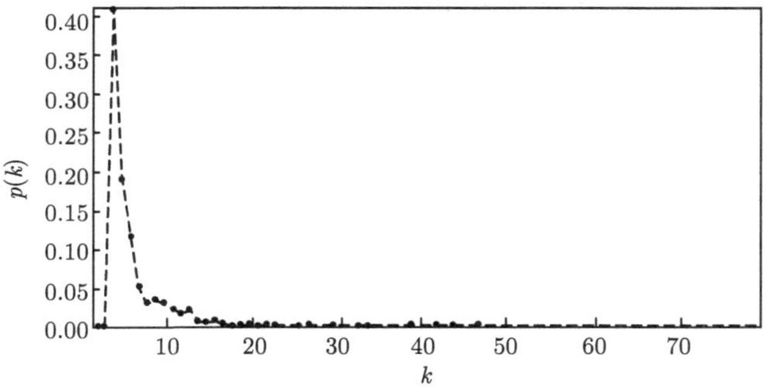

(a) 节点度分布

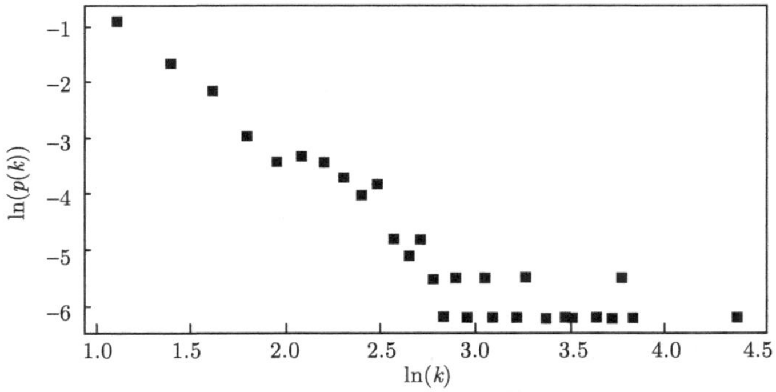

(b) 节点度分布双对数曲线图

图 5-12　RTBA 网络节点度分布图

从图 5-13 中看出，小世界网络和随机网络的节点度分布均为泊松分布，二者分布形状相似，只是随机网络节点度值比小世界网络略高。

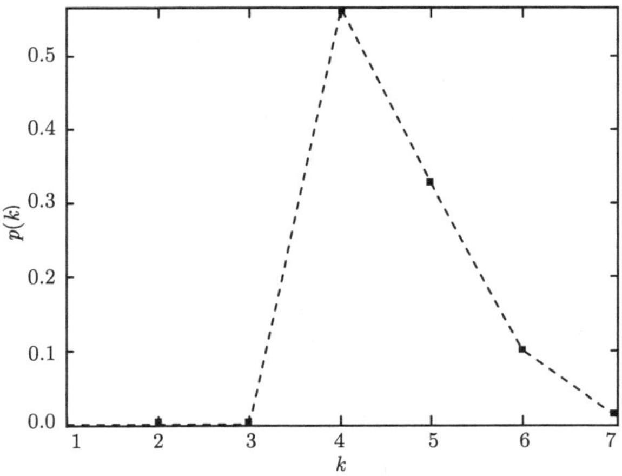

(a) 小世界网络

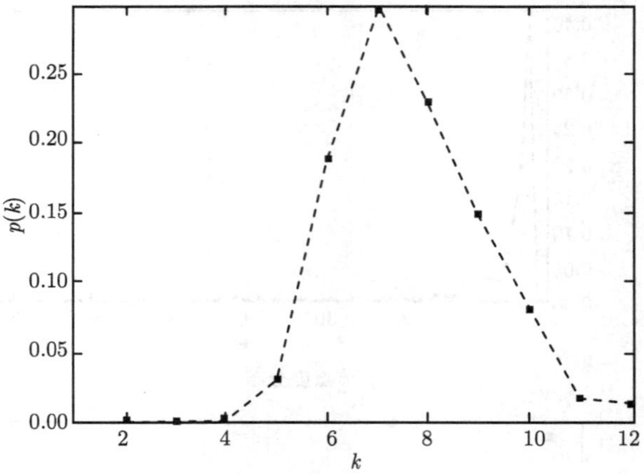

(b) 随机网络

图 5-13　NWS 网络节点度分布

综合以上网络建模演化结果，选取的四种网络结构建模方法均能够生成符合相应网络类型的网络结构属性，在此基础上进行知识扩散的仿真实验具有较高的可靠性和代表性。

（1）网络结构对知识扩散的影响分析

网络结构不仅反映网络的内在属性，而且对网络功能造成影响，如小世界网络高聚类性能够使小世界网络形成稠密的网络社区，无标度网络的无标度分布属性使网络形成较多具有重要影响力的中心节点等。在学科知识合作网络中，知识扩散效率的高低是评价网络结构的重要标准。哪种结构类型的网络拥有较高的知识扩散效率是本书研究的重点。下面将知识扩散演化模型的参数设置为 $\lambda=0.01$，$\gamma=0.2$，并在此基础上评估四种网络结构下知识扩散的效率，分别为网络平均知识存量、知识扩散速率和知识扩散分布均衡度。在四种网络上的知识扩散算法最大运行次数为 3000。由于 NWS 模型和 RTBA 模型在生成网络过程中均具有随机性，如新节点加入网络过程中连边问题。所以，每种网络的知识扩散算法均运行 20 次，平均知识存量、知识扩散速率和知识存量分布均衡度等指标均为运行 20 后取平均值。

从图 5-14 中可以看出，在四种不同的网络中，平均知识存量存在明显差异，在 NWS 模型中，随机加边概率 p 越大，网络中的平均知识存量就越大。从结果来看，随着仿真演化算法的迭代，平均知识存量存在如下规律：规则网络（$p=0$）<小世界网络（$p=0.15$）<随机网络（$p=0.9$）<无标度网络（RTBA）。另外，在迭代 3000 次过程中，当随机加边概率较小时，平均知识存量基本上增长很小，近似于线性增长。当随机加边概率为 0.9 时，平均知识存量的增长速

度加快，但仍近似为线性增长。从小图知识扩散迭代前 1000 次结果可以看出，在知识扩散的初期，随机网络平均知识存量高于 RTBA 网络。而随着演化，RTBA 无标度网络的平均知识存量增长为指数增长形式，在迭代近 129 次后，RTBA 网络的平均知识存量超过随机网络，在迭代 3000 次后为 166.74，远高于随机网络 18.68，而小世界网络和规则网络则分别只有 5.74 和 3.61。

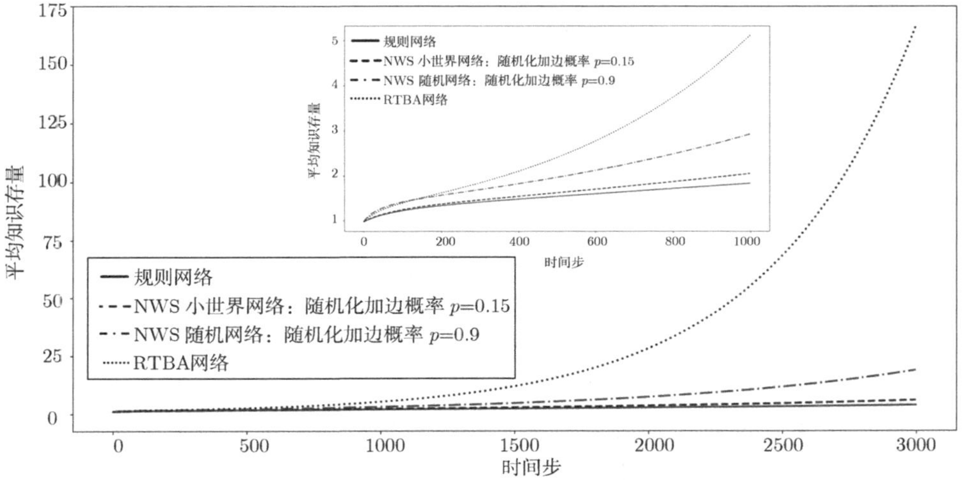

图 5-14　不同网络结构下平均知识存量仿真结果

图 5-14 显示了不同仿真时间步数下，4 种不同网络模型所产生的网络平均知识存量的演化时序图。由图可见，RTBA 网络中平均知识存量增长的最快，其次为随机化加边概率 p=0.9 的 NWS 随机网络和随机化加边概率 p=0.15 的 NWS 小世界网络，而规则网络增长最慢

图 5-15 是在四种不同的网络中，知识扩散速率的演化规律，小图是迭代 1000 次的结果，大图是迭代 3000 次的结果。从图 5-15 中可以看出，无论是哪种网络结构，知识扩散的速率整体上是递减的，随后逐渐收敛。在知识扩散初期，随机网络（p=0.9）的知识扩散速率最高，其次为 RTBA、小世界网络、规则网络。在迭代 32 次后，随机网络（p= 0.9） 的知识扩散速率被 RTBA 网络超越。随着知识扩散的演化，最终网络中的知识扩散速率都收敛到固定的速率，只是收敛的快慢不同。在迭代到 1536 步时，RTBA 网络的知识扩散速率收敛到 0.17%；迭代 1549 步后，随机网络（p= 0.9）知识扩散速率收敛到 0.09%；迭代 1634 步后，小世界网络（p=0.15）收敛到 0.05%；迭代 697 步后，规则网络收敛到 0.035%。可见，到知识扩散到后期，知识扩散速率的规律为：RTBA>随机网络>小世界网络>规则网络。

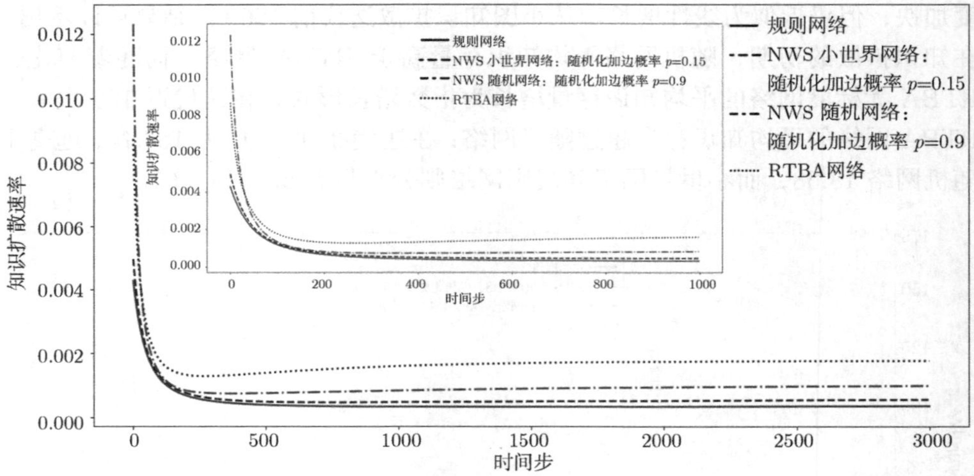

图 5-15　不同网络结构下知识扩散速率仿真结果

图 5-15 显示了不同仿真时间步数下，4 种不同网络模型所产生的网络知识扩散速率的演化时序图。由图可见，随着仿真步数的增长 RTBA 网络中知识扩散速率最快，其次为随机化加边概率 p=0.9 的 NWS 小世界模型和随机化加边概率 p=0.15 的 NWS 小世界模型，而规则网络知识扩散速率最慢

图 5-16 是在四种不同的网络中，知识存量分布均衡度的演化规律，小图是迭代 1000 次的结果，大图是迭代 3000 次的结果。知识存量分布均衡度体现了网络中各节点知识存量的差异，体现知识扩散的效果，知识存量分布均衡度越小，则网络中个体之间知识存量相差就越小。从图中可以看出，各网络知识存量分布均衡度初始值相差不大，均在 4.4 左右。在知识扩散初期，均衡度的大小规律为：随机网络<RTBA<小世界网络<规则网络。在 NWS 网络中，随着随机加边概率的递增，知识存量分布均衡度递减的速度就越快。随着知识扩散算法的演化，各网络中知识存量均衡度均递减接近于 0，特别是 RTBA 无标度网络递减速度超过随机网络，在迭代 1250 次后递减至最小值 0.06895，但随后又递增。究其原因是个体知识存量的增长分为两个机制，一是接受知识溢出者的知识，二是个体知识创新能力。在知识扩散的后期，当网络中个体知识存量均衡度降低至最小值后，个体之间知识存量差异较小，通过接受知识溢出者获得的知识有限，这时个体知识创新能力强的个体依靠较强的知识创新能力获得知识，进一步拉开知识存量之间的差异。在随机网络中也出现类似的情况，在迭代到 2357 次后，网络中的知识存量分布均衡度降至最小值 0.001307，但随后又出现递增的现象。而小世界网络和规则网络由于知识存量分布均衡度递减速度较慢，在迭代 3000 次后，均还未降低至最小值。

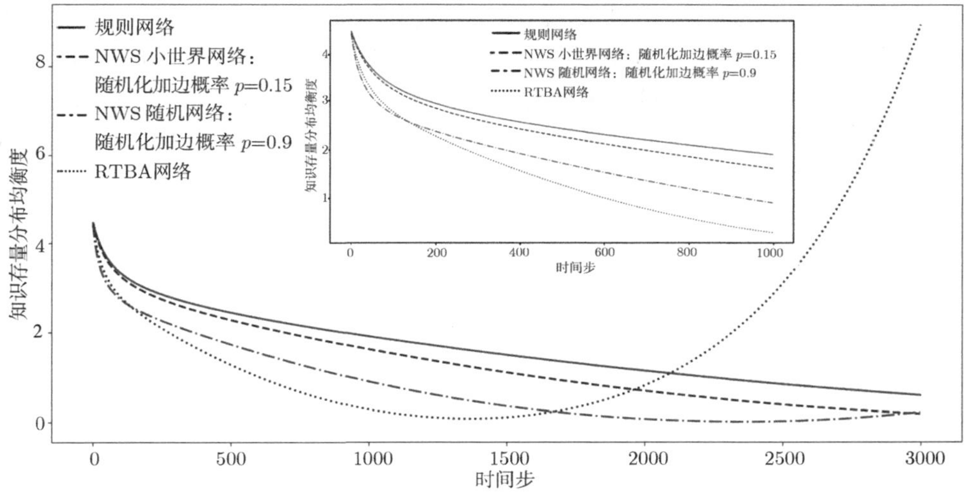

图 5-16　不同网络结构下知识存量分布均衡度仿真结果

图 5-16 显示了不同仿真时间步数下，4 种不同网络模型所产生的网络知识存量分布均衡度的演化时序图。由图可见，在知识扩散的前期，随着仿真步数的增长 4 种不同网络模型所产生的网络知识存量分布均衡度均呈现下降趋势，RTBA 网络下降最快，其次为随机化加边概率 p=0.9 的 NWS 随机网络，随机化加边概率 p=0.15 的 NWS 小世界网络，而规则网络下降最慢。但是，当迭代到 1250 步后，RTBA 网络的知识存量分布均衡度出现快速递增的趋势，超过其他网络

从以上仿真实验结果可以看出，在网络平均知识存量和知识扩散速率方面，RTBA 无标度网络的表现都要优于其他网络结构。在网络知识存量分布均衡度方面，知识扩散的前期 RTBA 无标度网络的均衡度指标表现最好，在扩散的后期由于个体知识创新能力发挥主要作用，网络均衡度指标有所增加。综合以上分析，RTBA 无标度网络在知识扩散效果方面的表现最好，其次是随机网络（NWS,p=0.9），小世界网络（NWS,p=0.15），而表现最差的是规则网络。

（2）知识溢出效率因子对知识扩散的影响分析

知识溢出效应是由于个体之间存在知识势差而产生的知识流动现象，知识存量较低的个体通过吸收、利用高知识存量者的知识，使自身的知识存量得以增长。稳定、可靠的互惠社会网络的形成有利于科技人员的相互交流，能够提高知识溢出效率。所以，设定个体知识创新因子 λ=0.01 不变，考虑不同网络结构中知识溢出效率因子对知识扩散的影响，知识溢出效率因子 γ 分别取值 0.2,0.3,0.4,0.5,0.6,0.7,0.8。

①RTBA 网络结构中知识溢出效率对知识扩散的影响

从图 5-17 所示的平均知识存量图中看出，随着知识溢出效率因子的递增，知识存量是递增的，但是这种递增趋势是减弱的。在 0.2~0.8 的参数变化过程中，γ=0.7 的平均知识存量高于其他参数。从图 5-18 所示的不同知识溢出效率

因子下平均知识存量仿真结果（RTBA 网络，迭代 3000 次）中可以看出，在 RTBA 网络中，知识溢出效率因子的递增并不完全使网络中的平均知识存量一直递增，而是呈现震荡式的上升趋势。这表明，知识溢出效率因子对网络平均知识存量的影响不是稳定的，当知识溢出效率达到一定的程度，如 0.7，再增加就并不一定会使网络中的平均知识存量有所增长。

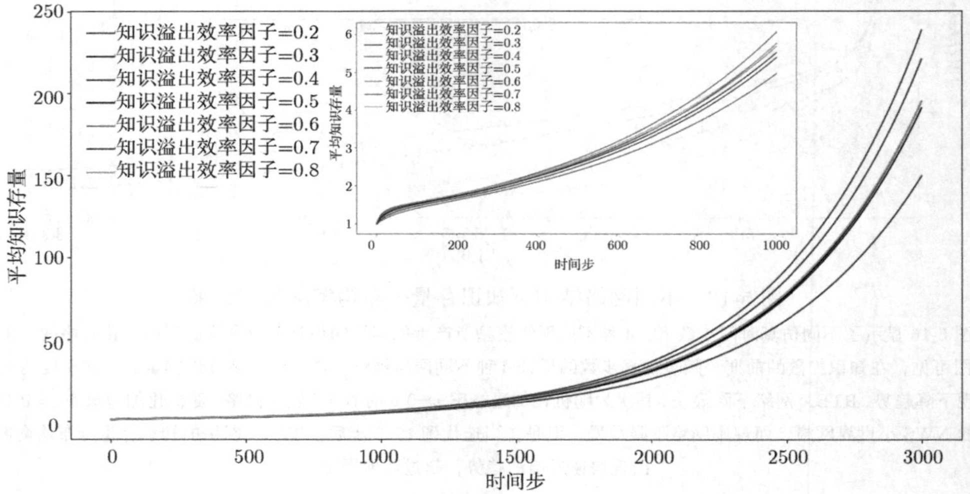

图 5-17　不同知识溢出效率因子下平均知识存量的仿真结果（RTBA 网络）

图 5-17 显示了 RTBA 网络中不同知识溢出效率因子下平均知识存量的演化时序图。从整体来看，随着仿真步数的增加，不同知识溢出效率因子所对应的网络平均知识存量曲线均呈现递增的趋势。从γ对网络平均知识存量的影响来看，当知识溢出效率因子γ从 0.2 递增到 0.8 时，对应的网络平均知识存量曲线是朝着 y 轴正方向移动的。这表明知识溢出效应越强，越有利于网络整体知识存量的提升

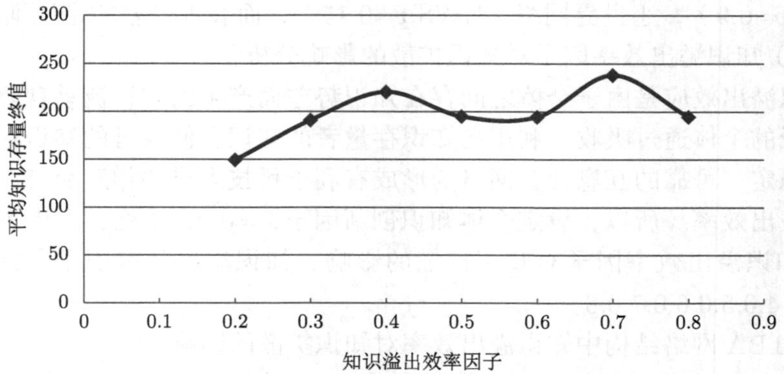

图 5-18　不同知识溢出效率因子下平均知识存量的仿真结果（RTBA 网络，迭代 3000 次）

从图 5-19 中看出，知识溢出效应因子对知识扩散初期有较大影响。知识溢出效率因子大的网络初期知识扩散速率也较高，如：γ =0.8 的网络知识扩散速率达到 2.98%，而 γ =0.2 的网络知识扩散速率只有 0.88%，表现出较大的差异。在知识扩散前期，可以发现知识扩散速率有一个较快的衰减，虽然在前期不同的知识溢出效率因子下，知识扩散速率有较大差异，但是随着知识扩散过程的演化，知识扩散速率均收敛到 0.17%或者 0.18%，相差不大。这表明，在知识扩散后期，知识溢出效率因子对知识扩散的影响较小。

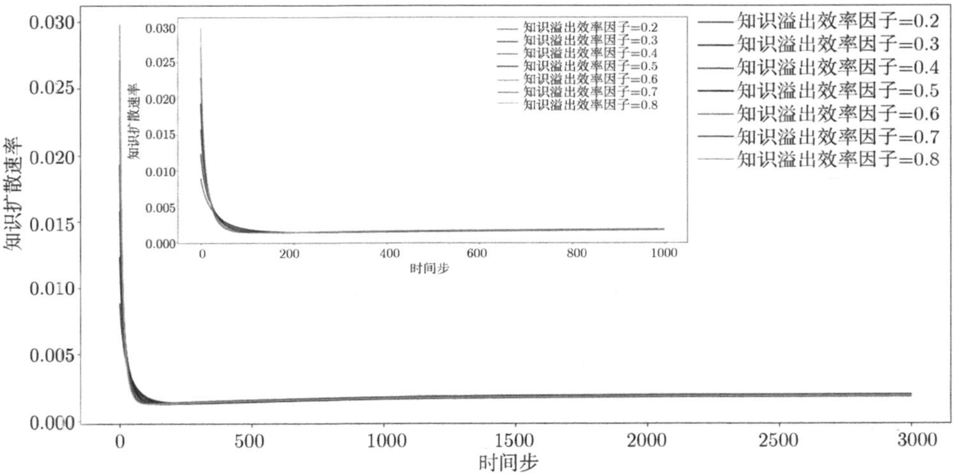

图 5-19　不同知识溢出效率因子下知识扩散速率的仿真结果（RTBA 网络）

图 5-19 显示了 RTBA 网络中不同知识溢出效率因子下知识扩散速率的演化时序图。从整体来看，随着仿真步数的增加，不同知识溢出效率因子所对应的网络知识扩散速率曲线均呈现出递减的趋势，且最后趋于收敛。从γ对网络平均知识存量的影响来看，当知识溢出效率因子γ从 0.2 递增到 0.8 时，对应的网络的知识扩散速率曲线是朝着 y 轴正方向移动的。这表明在知识扩散前期知识溢出效率的增强有利于加速网络知识扩散

从图 5-20 中可以看出，知识溢出效率因子对知识存量分布均衡度的影响在知识扩散的前期和后期具有明显差别。在扩散前期（前 1450 次迭代），知识溢出效率因子越大，知识存量分布均衡度就越小，这说明知识溢出效率提升了低知识存量者的知识水平，使网络的知识势差进一步缩小，并逐渐降低接近 0，最小值分别为 0.074，0.066，0.047，0.053，0.043，0.042，0.044。但是在扩散后期，由于处于网络中心地位的学者拥有较强的知识创新能力，进一步拉大了网络中的知识势差，导致知识溢出效率的降低。从图中可以看出，到了知识扩散后期，知识溢出效率因子越大，知识存量分布均衡度越大。

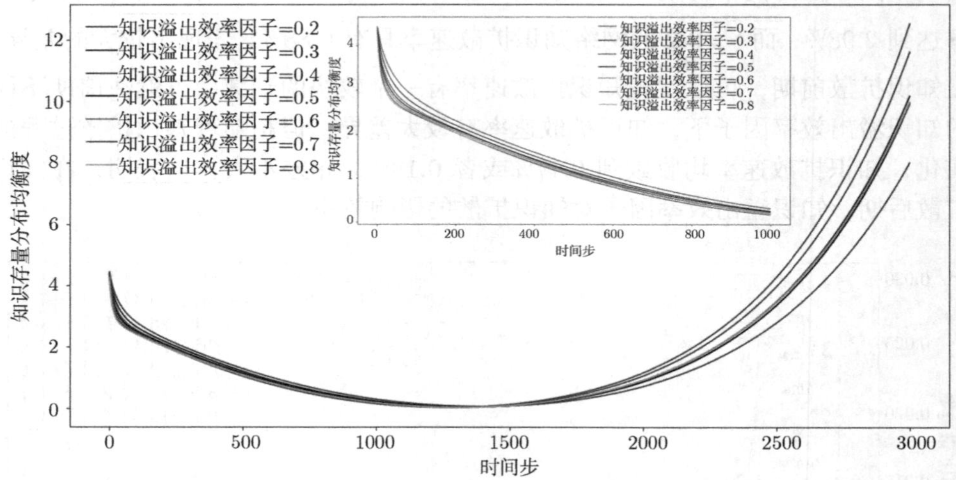

图 5-20 不同知识溢出效率因子下知识存量分布均衡度的仿真结果（RTBA 网络）

图 5-20 显示了 RTBA 网络中不同知识溢出效率因子下知识存量分布均衡度的演化时序图。从整体来看，随着仿真步数的增加，不同知识溢出效率因子所对应的网络知识存量分布均衡度曲线均呈现出先递减后递增的趋势。从γ对网络知识存量分布均衡度的影响来看，知识扩散前期和后期存在明显差别。在知识扩散前期，当知识溢出效率因子γ从 0.2 递增到 0.8 时，对应的网络的知识存量分布均衡度曲线是朝着 y 轴负方向移动的，这表明在知识扩散前期知识溢出效率的增强有利于促进网络中知识存量分布的均衡性，达到知识传播和知识共享的效果。但是，在知识扩散后期（仿真 1450 步后），结论恰好相反

②小世界网络（NWS 模型,p=0.15）结构中知识溢出效率对知识扩散的影响

从图 5-21 中可以看出，知识溢出效率因子对小世界网络中的知识扩散影响较小，无论是迭代 1000 次，还是 3000 次，当知识溢出效率因子从 0.2~0.8 变化时，网络平均知识存量的变化都不是很大，从图 5-22 中可以看出，迭代 3000 次后，平均知识存量呈弱线性递增趋势，增长率仅为 0.88，变化范围为 5.75~6.25。这与知识溢出效率因子对 RTBA 无标度网络的影响不同，在迭代后期，知识溢出效率因子对 RTBA 无标度网络中的平均知识存量差异呈现扩大趋势。

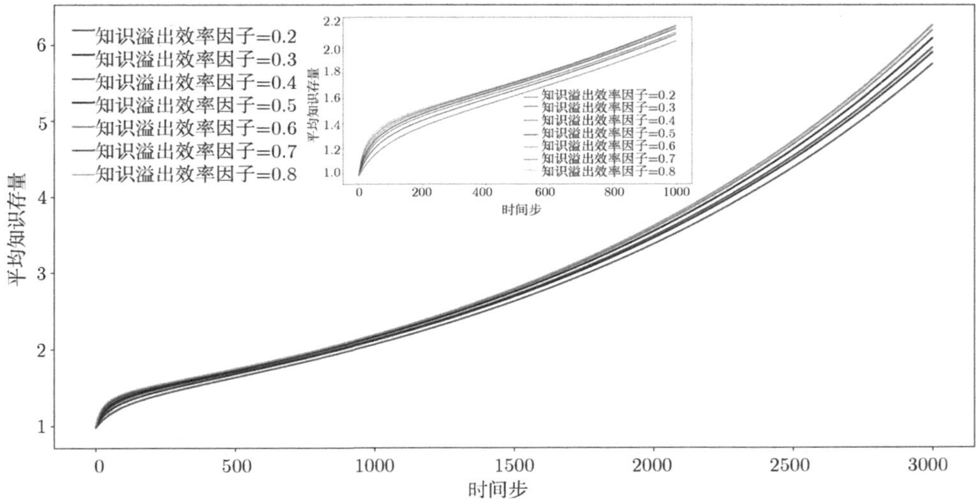

图 5-21　不同知识溢出效率因子下平均知识存量的仿真结果（NWS 网络）

图 5-21 显示了 NWS 网络中不同知识溢出效率因子下平均知识存量的演化时序图。从整体来看，随着仿真步数的增加，不同知识溢出效率因子所对应的网络平均知识存量曲线均呈现出递增的趋势。从γ对网络平均知识存量的影响来看，当知识溢出效率因子γ从 0.2 递增到 0.8 时，对应的网络平均知识存量曲线变化幅度不大，这表明知识溢出效率因子对小世界网络中的知识扩散影响较小

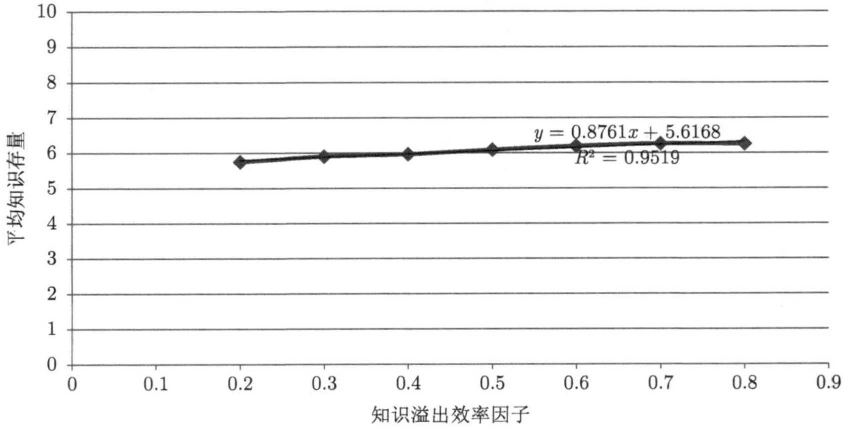

图 5-22　不同知识溢出效率因子下平均知识存量的仿真结果（NWS 网络，迭代 3000 次）

从图 5-23 中可以看出，知识溢出效率因子对小世界网络中的知识扩散速率与 RTBA 无标度网络类似，均只是对知识扩散的前期造成影响，在迭代后期的影响很小。但是总体上来看，小世界网络中的知识扩散速率要小于 RTBA 无标度网络，最终收敛到 0.056%。

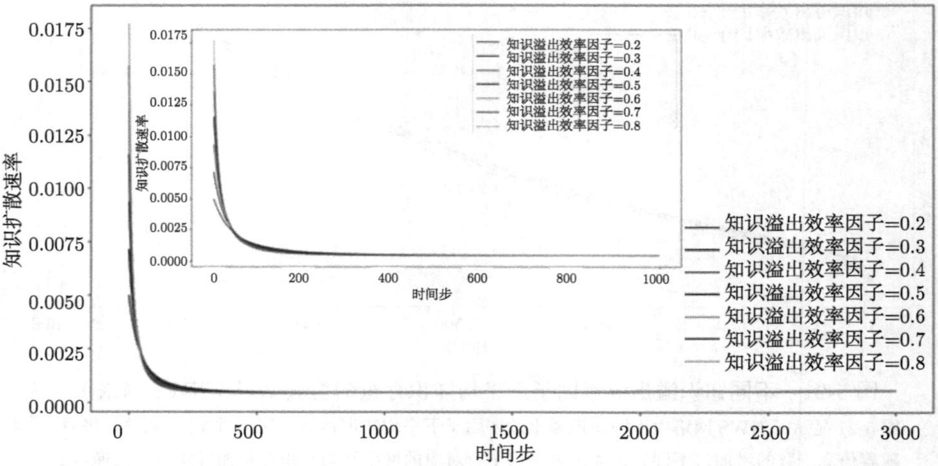

图 5-23　不同知识溢出效率因子下知识扩散速率的仿真结果（NWS 网络）

图 5-23 显示了 NWS 网络中不同知识溢出效率因子下知识扩散速率的演化时序图。从整体来看，随着仿真步数的增加，不同知识溢出效率因子所对应的网络知识扩散速率曲线均呈递减的趋势，且最后趋于收敛。从γ对网络平均知识存量的影响来看，当知识溢出效率因子γ从 0.2 递增到 0.8 时，对应的网络的知识扩散速率曲线是朝着 y 轴正方向移动的。这表明在知识扩散前期知识溢出效率的增强有利于加速网络知识扩散

从图 5-24 中可以看出，知识溢出效率因子对小世界网络中的知识存量分布均衡度的影响是单一的，γ越大，网络中的知识存量分布越均衡，当知识扩散迭代到一定的步数，尽管γ参数取值不同，但是知识存量分布均衡度均逐渐递减至 0。这与 RTBA 无标度网络不同，这种影响是由网络结构不同造成的。在小世界网络中，网络节点度分布比较均衡，很少有度值很大的节点，网络对个体知识创新能力的影响较小。在 RTBA 无标度网络中，中心节点拥有大量的合作者，其个体知识创新能力在知识扩散后期发挥重要作用，进一步扩大了网络知识存量分布的不均衡性。

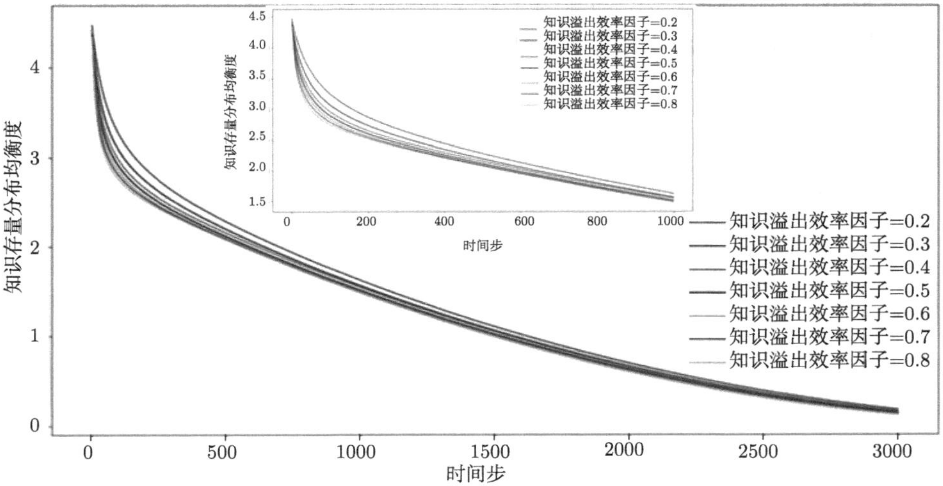

图 5-24　不同知识溢出效率因子下知识存量分布均衡度的仿真结果（NWS 网络）

图 5-24 显示了 NWS 网络中不同知识溢出效率因子下知识存量分布均衡度的演化时序图。从整体来看，随着仿真步数的增加，不同知识溢出效率因子所对应的网络知识存量分布均衡度曲线均呈快速递减的趋势。从γ对网络知识存量分布均衡度的影响来看，当知识溢出效率因子γ从 0.2 递增到 0.8 时，对应的网络的知识存量分布均衡度曲线是朝着 y 轴负方向移动的，这表明知识溢出效率的增强有利于促进网络中知识存量分布的均衡性

（3）个体知识创新因子对知识扩散的影响分析

个体知识创新因子是个体知识增长的重要来源。在科研合作过程中，个体之间的知识势差使个体之间除发生学术合作的事件外，还使个体之间的交互行为发生知识溢出；个体除了接受溢出主体的知识外，还结合个体知识接受能力和应用能力，发生知识创新现象，使个体增长了新知识。所以，设定网络知识溢出效率因子 γ 不变，考虑不同知识创新因子 λ 对知识扩散的影响，λ 取值分别为 0.01,0.02,0.03,0.03,0.04,0.05。

①RTBA 网络结构中个体知识创新因子对知识扩散的影响

从图 5-25 中看出，在 RTBA 网络中，知识创新因子对知识扩散的影响主要体现在知识扩散的后期。在知识扩散的前期，在迭代前 336 步内，不同知识创新因子下，网络的平均知识存量均在 10 以内，且相差不大。但是在后期，随着个体知识创新因子的增长，网络中的平均知识存量急剧增长，特别是当知识创新因子为 0.04 和 0.05 时，网络平均知识存量呈现较快的指数增长趋势。在迭代 3000 次后，知识创新因子在 0.01~0.05 变化时，网络的平均知识存量分别为 149.20，47037.26，16462704.86，2296144249.05，528229808697.68。这说明，

个体知识创新因子对网络平均知识存量的影响主要集中在知识扩散的后期，前期影响较小，并且个体知识创新因子对平均知识存量的影响非常敏感，知识创新因子的微小变化会引起网络平均知识存量的巨大变化。

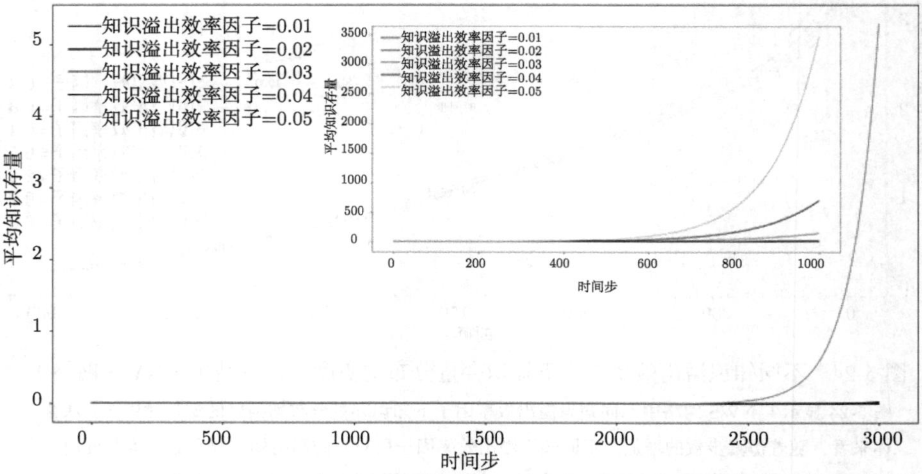

图 5-25　不同知识创新能力下平均知识存量仿真结果（RTBA 网络）

图 5-25 显示了 RTBA 网络中不同知识创新因子下平均知识存量的演化时序图。从整体来看，随着仿真步数的增加，不同知识创新因子所对应的网络平均知识存量均呈现出递增的趋势。从λ对网络平均知识存量的影响来看，当λ从 0.01 递增到 0.05 时，对应的网络平均知识存量曲线是朝着 y 轴正方向移动的，这种趋势在仿真实验后期越来越明显，特别是在仿真实验进行到 336 步后，λ=0.04 和λ=0.05 的网络平均知识存量呈现较快的指数增长趋势，而λ=0.01 和λ=0.02 的网络平均知识存量呈现缓慢的线性增长趋势

从图 5-26 中可以看出，知识创新因子对知识扩散速率的影响十分明显，虽然在知识扩散前期，知识扩散的速率有一个快速的下降，但是在迭代一定步数后，知识扩散速率均有一个快速的上升，并收敛到一个具体的速率。当知识创新因子λ取 0.01 时，知识扩散演化到第 274 时，知识扩散速率取最小值 0.126%，随后逐渐递增并收敛到 0.173%；当λ取 0.02 时，知识扩散演化到第 157 时，知识扩散速率取最小值 0.252%，随后逐渐递增并收敛到 0.362%；λ取 0.03 时，知识扩散演化到第 86 步时，知识扩散速率取最小值 0.370%，随后逐渐递增并收敛到 0.549%；λ取 0.04 时，知识扩散演化到第 86 步时，知识扩散速率取最小值 0.474%，随后逐渐递增并收敛到 0.711%；λ取 0.05 时，知识扩散演化到第 86 步时，知识扩散速率取最小值 0.561%，随后逐渐递增并收敛到 0.876%。从

以上结果可以看出，随着知识创新因子的递增，收敛后的知识扩散速率也是递增的，表明在知识扩散后期，个体知识创新因子的增长有助于提升知识扩散的速率。

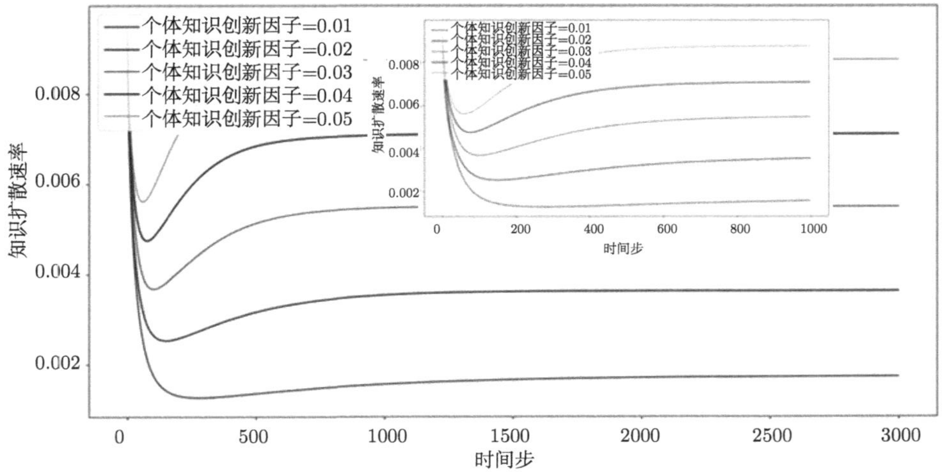

图 5-26　不同知识创新能力下知识扩散速率仿真结果（RTBA 网络）

图 5-26 显示了 RTBA 网络中不同知识创新因子下知识扩散速率的演化时序图。从整体来看，随着仿真步数的增加，不同知识创新因子所对应的网络知识扩散速率均呈先快速衰减后递增，最后趋于稳定收敛状态的趋势。从λ对网络知识扩散速率的影响来看，当λ从 0.01 递增到 0.05 时，对应的网络知识扩散速率曲线是朝着 y 轴正方向移动的，这表明个体知识创新能力越强越有助于提升网络整体知识扩散速率，促进知识扩散

从图 5-27 中可以看出，无论λ取何值，RTBA 网络中的知识存量分布均衡度均经历了一个从递减到递增的变化过程。在知识扩散的前期，网络中的知识存量分布均衡度快速下降，并且λ越大，其下降的速度就越快。当λ取 0.01 时，知识扩散演化至 1390 步时，网络知识存量分布均衡度达到最小值 0.07437；当λ取 0.02 时，知识扩散演化至 696 步时，网络知识存量分布均衡度达到最小值 0.1602；当λ取 0.03 时，知识扩散演化至 463 步时，网络知识存量分布均衡度达到最小值 0.2559；当λ取 0.04 时，知识扩散演化至 353 步时，网络知识存量分布均衡度达到最小值 0.3553；当λ取 0.05 时，知识扩散演化至 290 步时，网络知识存量分布均衡度达到最小值 0.4054。这说明，在知识扩散的前期，个体知识创新因子的增长促进了网络中知识存量的均衡性。但是个体知识创新因子的

增长主要影响了知识扩散的后期，在经历递减后，网络中的知识存量均衡度快速递增，且λ越大，递增的速度越快，随着扩散演化，网络中的知识存量均衡度遭到破坏，且大大超过知识扩散前期的水平。很明显地是，虽然知识创新因子的增长有助于知识扩散速率，但是由于网络中度值较大的节点拥有更高的知识创新水平，所以导致后期网络知识存量分布的不均衡。

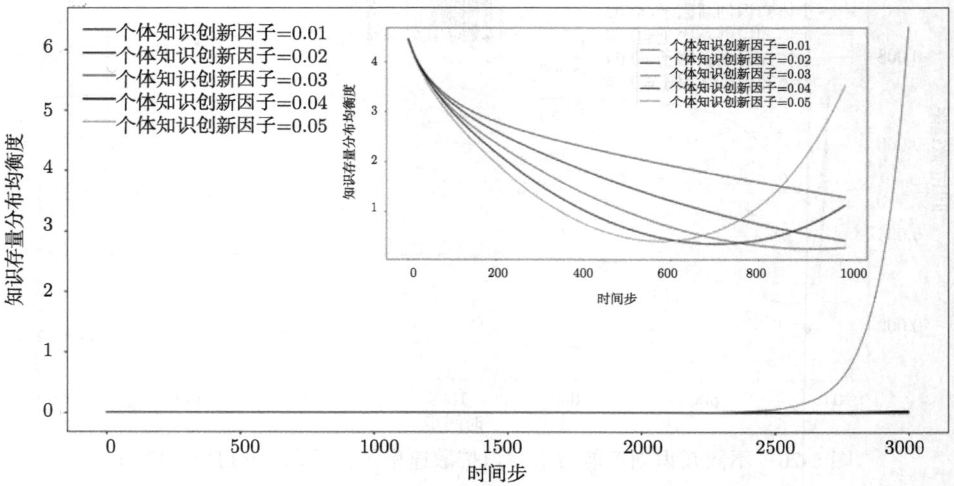

图 5-27　不同知识创新能力下知识存量分布均衡度仿真结果（RTBA 网络）

图 5-27 显示了 RTBA 网络中不同知识创新因子下知识存量分布均衡度的演化时序图。从整体来看，随着仿真步数的增加，不同知识创新因子所对应的网络知识存量分布均衡度曲线均呈现出先递减（图 5-30 中的小图）后递增的趋势。从λ对网络知识存量分布均衡度的影响来看，在仿真实验前期（约仿真 500 步以前），当λ从 0.01 递增到 0.05 时，对应的网络知识存量分布均衡度曲线是朝着 y 轴负方向移动的，这表明在知识扩散前期个体知识创新能力越强越有助于促进网络中知识存量的均衡性。但是，到了知识扩散后期，情况恰好相反，随着个体创新能力的不断提升，个体间知识存量之间的差异化明显，网络知识存量的均衡性遭到破坏，差异进一步扩大

②小世界网络（NWS 模型,p=0.15）结构中知识创新因子对知识扩散的影响

从图 5-28、图 5-29 和图 5-30 可以看出，知识创新因子对小世界网络中知识扩散的影响，基本与 RTBA 无标度网络类似。在知识扩散的前期，知识创新因子均未对平均知识存量、知识扩散速率以及知识存量分布均衡度产生影响。而在知识扩散后期，随着知识创新因子的递增，对网络中的知识扩散影响也越大。

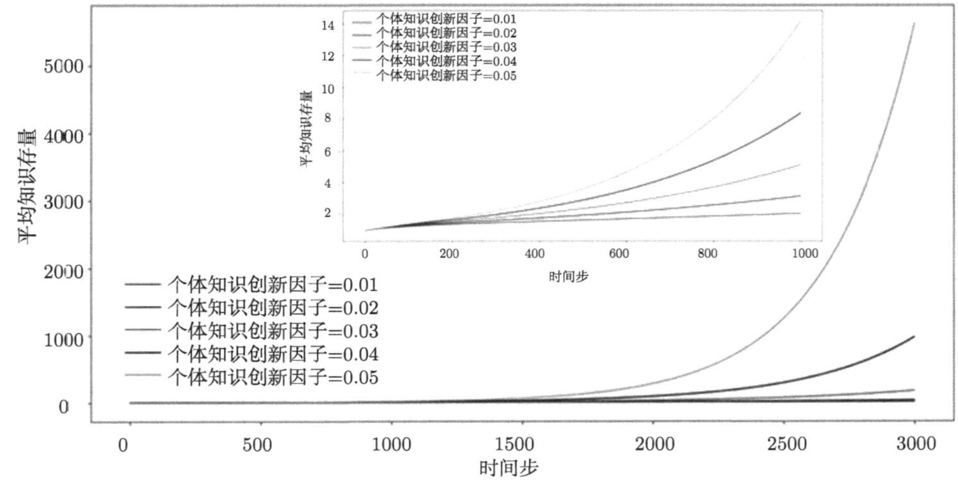

图 5-28　不同知识创新能力下平均知识存量的仿真结果（NWS 网络）

图 5-28 显示 NWS 网络中不同知识创新因子下平均知识存量的演化时序图。从整体来看，随着仿真步数的增加，不同知识创新因子所对应的网络平均知识存量均呈递增的趋势。从λ对网络平均知识存量的影响来看，当λ从 0.01 递增到 0.05 时，对应的网络平均知识存量曲线是朝着 y 轴正方向移动的，这种趋势在仿真实验后期越来越明显，特别是在仿真实验进行到 1500 步后，λ=0.04 和λ=0.05 的网络平均知识存量呈现较快的指数增长趋势，而λ=0.01 和λ=0.02 的网络平均知识存量呈缓慢的线性增长趋势

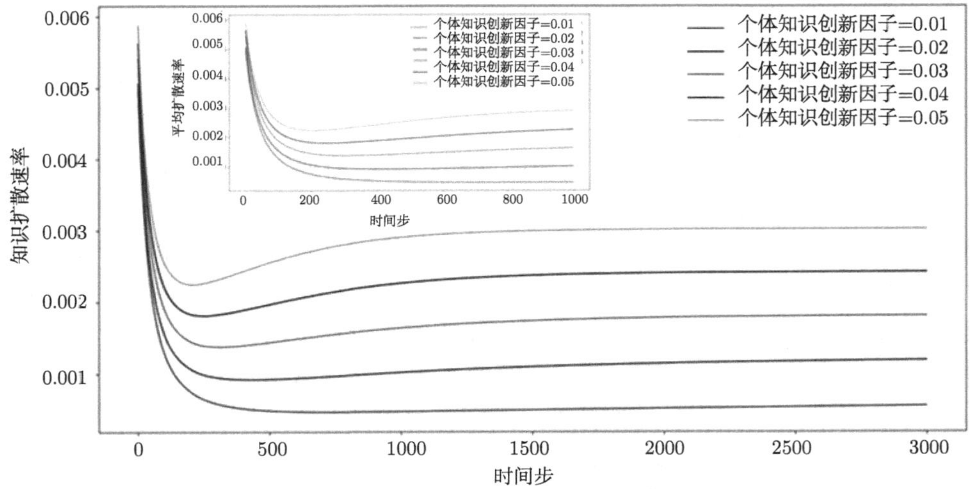

图 5-29　不同知识创新能力下知识扩散速率的仿真结果（NWS 网络）

图 5-29 显示 NWS 网络中不同知识创新因子下知识扩散速率的演化时序图。从整体来看，随着仿真步数的增加，不同知识创新因子所对应的网络知识扩散速率均呈先快速衰减后递增，最后趋于稳定收敛状态的趋势。从λ对网络知识扩散速率的影响来看，当λ从 0.01 递增到 0.05 时，对应的网络知识扩散速率曲线是朝着 y 轴正方向移动的，这表明个体知识创新能力越强越有助于提升网络整体知识扩散速率，促进知识扩散

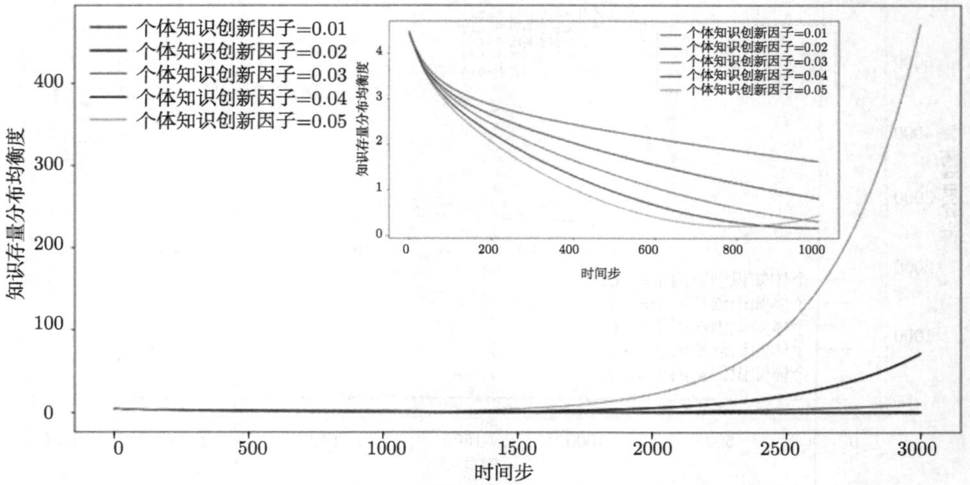

图 5-30　不同知识创新能力下知识存量分布均衡度仿真结果（NWS 网络）

图 5-30 显示 NWS 网络中不同知识创新因子下知识存量分布均衡度的演化时序图。从整体来看，随着仿真步数的增加，不同知识创新因子所对应的网络知识存量分布均衡度曲线均呈现出先递减（图 5-30 中的小图）后递增的趋势。从λ对网络知识存量分布均衡度的影响来看，在仿真实验前期（约仿真 1000 步以前），当λ从 0.01 递增到 0.05 时，对应的网络知识存量分布均衡度曲线是朝着 y 轴负方向移动的，这表明在知识扩散前期个体知识创新能力越强越有助于促进网络中知识存量的均衡性。但是，到了知识扩散后期，情况恰好相反，随着个体创新能力的不断提升，个体间知识存量之间的差异化明显，网络知识存量的均衡性遭到破坏，差异进一步扩大

通过分析知识溢出效率因子和个体知识创新能力因子对知识扩散的影响，我们可以得出以下结论：

（1）知识溢出效率因子主要影响知识扩散的前期，并且不同的网络结构下，知识溢出效率因子的影响有明显不同。在 RTBA 网络中，知识溢出效率越大，网络平均知识存量就越大，而在小世界网络中这种趋势表现得不明显；在 RTBA 网络中，知识扩散的初期，知识溢出效率因子越大，知识扩散速率越大，但是在知识扩散后期，知识扩散速率均收敛到比较稳定的状态。在小世界网络中，知识溢出效率因子对知识扩散速率的影响与 RTBA 无标度网络是类似的；在 RTBA 网络中，知识扩散的前期，知识溢出效率越大，网络知识存量分布均衡度越小，但是当均衡度达到最小值后，出现相反的结果。这说明知识溢出效率因子对知识扩散的影响主要体现在前期，并且起到降低网络知识存量均衡度的作用。在小世界网络中，知识溢出效率因子对网络知识存量均衡度的影响一直持续到知识扩散的后期，并且使均衡度收敛到接近 0。

（2）个体知识创新能力因子主要影响知识扩散的后期，并且对 RTBA 网络和小世界网络造成的影响是一致的。在网络平均知识存量方面，随着个体知

识创新能力因子的递增，在知识扩散的前期，网络平均知识存量变化不明显，只是在知识扩散的后期，个体知识创新能力因子大的网络表现出较强的平均知识存量增长。在知识扩散速率方面，知识扩散前期知识扩散速率快速衰减，到了中期有一个快速的递增，最后收敛到一个稳定的状态，且个体知识创新因子越大，知识扩散的速率就越大。在网络知识存量分布均衡度方面，知识扩散前期，均衡度快速减小，网络的知识存量差异越来越小，这是知识溢出效应的作用，到知识扩散的后期，网络中的知识存量差异逐渐变得越来越大，个体知识创新能力因子的差距加剧个体之间知识存量的不平衡性。

5.4　本章小结

本章考虑到主题及其演化对学者知识创新行为的影响，将作者研究主题整合到学科知识合作网络演化建模中，提出研究主题相似性视角下学科知识合作网络的演化建模方法。为使模型构建更加科学合理，首先，对学科知识合作网络的动态演化建模方法进行系统梳理，提出“实证研究—模型构建—仿真实验”为路径的学科知识合作网络动态演化分析框架。其次，在学科知识合作网络演化机制方面，不同于单纯使用度择优机制，提出基于研究主题相似性的网络演化机制。学者在加入到合作网络时，先通过研究主题相似性构建研究兴趣社区，然后在兴趣社区内采取度择优机制选择合作对象。通过仿真实验以及与实际学科知识合作网络的对比分析，证实该模型可以生成无标度网络，网络节点度分布、平均聚类系数以及平均最短路径长度都存在明显的演化规律，均与实际网络的演化规律相符。最后，本章通过多 Agent 系统仿真建模方法研究学科知识合作网络中的知识扩散现象，构建了知识扩散模型，并通过仿真实验讨论了知识溢出效率因子和个体知识创新能力因子对知识扩散的影响。

第 6 章　总结与展望

大数据背景下，科学研究的交互关联日益复杂，科学知识网络的演化不断加快，重构知识生态，亦改变了学科创新研究的模式，促使面向学科知识创新的知识服务探索更有效的理论和方法。一方面用户对知识整理、序化和组织等层面的工作已成为基本需求，另一方面对知识演化与预测提出更高要求，希望获取更多具有深度揭示学科领域知识结构、演化路径与趋势的新知识。基于此，本书从整合主题的视角出发，综合应用科学计量学、文本挖掘、网络科学等理论与方法，重点解决了学科领域主题挖掘、学科知识网络构建、整合主题的学科知识网络演化建模与仿真实验等问题，围绕学科知识网络建模与演化机理分析开展一项跨学科、创新性的理论探索和实践应用的综合性研究。

6.1　研究结论及建议

6.1.1　主要研究结论

（1）从概念、类型、特征、方法、机制入手，提出学科知识网络构建的基本理论和方法。明确文本挖掘、科学计量学和网络科学等相关学科作为学科知识网络研究的理论基础。对学科知识、学科知识网络等相关概念进行界定，明确其内涵、类型和基本特征。在学科知识网络构建方面，引入动态社会网络建模方法——元矩阵网络描述法，利用科学家、知识单元、文献和学术机构四种不同的网络构成要素以及要素之间的复杂关联，构建多种类型不同的学科知识网络。同时，为了理清不同的分析单元，突出不同的分析目标，提出学科知识网络的层次结构特性，将网络分为微观、中观和宏观三个层次，而整合主题的学科知识网络属于中观层次。在网络演化机制方面，对引起学科知识网络节点和边变化的基本驱动过程进行讨论，并对驱动机制隐含的相关社会理论进行分析，增强理论支撑度。

（2）从语义内容关联与挖掘角度入手，提出将学科研究主题作为知识节点构建中观层次的学科知识网络的思路。主题作为学科知识的语义表征，比关键词具有更加丰富的内涵和演化规律，可有力支撑前沿知识挖掘和预测。而要实现该研究思路，首要解决的问题是主题的表示和挖掘。在明确主题的含义之后，从语义信息丰富度和语义关联度量可行性两个方面考虑，对比分析了常用的主题表示方法，结论表明基于 LDA 的主题表示方法比其他主题表示方法（如词频法、共现聚类法、社区挖掘方法等）更适合学科知识网络建模。

（3）从 LDA 主题模型改进和优化入手，提出学科主题挖掘和作者研究主题挖掘框架和方法。首先，总结了 LDA 在科学文献主题挖掘方面的存在的问题，对主题数目确定、语料库构建和主题抽取效果评价方面进行优化和改进，确保学科主题挖掘的效果。在主题数目确定方面，提出基于困惑度和主题相似度相结合的指标 perplexity-var 来确定主题的最优数目。在语料库构建方面，实证研究发现不同语料下主题抽取效果具有明显的差异性，单纯使用关键词作为 LDA 的语料库并不合适，会导致主题抽取不全、主题语义模糊等问题，当对抽取的主题粒度要求比较细的情况下，关键词+摘要作为语料是比较理想的选择。在主题抽取效果方面，提出了查全率、查准率、F 值以及信息熵等定量评价指标。其次，本书进一步深化主题演化理论和方法，提出作者-研究主题演化分析框架，按照分析流程主要有五个模块：数据采集模块、特征表示模块、知识挖掘模块、知识发现模块和知识演化模块。实证研究表明，该演化分析框架可以测度学科领域内主题演化情况，还可以挖掘作者研究主题及其演化规律，结合这两方面的演化趋势可以发现作者在学科发展中的作用和影响。

（4）从主题与其他学科知识节点之间的语义关联计算入手，系统探究了整合主题的学科知识网络的构建和结构演化分析。分别从一模结构、二模结构和整合作者研究主题的合作网络三个层面研究了整合主题的学科知识网络内涵和构建方法，创新性地提出学科知识网络中主题影响力和作者主题关联影响力的概念及度量方法。首先，在对整合主题的一模学科知识网络的构建和分析中，提出主题网络影响力度量指标，并经过实证研究表明，主题网络影响力指标可作为主题强度指标的有力补充，通过该指标可以挖掘出在学科发展中起到桥梁和纽带作用的关键性主题；同时通过对网络拓扑结构进行分析，显示该类型学科知识网络具有典型的小世界网络特点。其次，在对整合主题的二模学科知识网络的构建和分析中，在分析现有研究方法的特点与局限性的基础上，保留作者、主题两类节点的原始信息，并提出作者主题关联影响力度量方法，实证结果表明作者-主题关联影响力指标可作为学者学术影响力和社会影响力指标的有力补充，可挖掘研究活跃程度高、研究范围广、潜在合作空间大的学者。最后，基于论文合著关系和共同研究主题关系构建整合作者研究主题的学科知识合作网络，以揭示作者之间由共同研究主题作为合作的动机对合作网络的形成和作用机制，实证研究表明该种类型的网络结构具有明显的演化规律。

（5）从研究主题相似性角度入手，提出学科知识合作网络演化的机制和模型。首先，本书基于实证分析和已有研究成果提出研究主题相似性是合作的重要基础，是合作网络演化的基本机制。其次，在学科知识合作网络演化模型构建方面，本书考虑了基于研究主题相似性的节点连接机制，并结合度择优机制构建了学科知识合作网络演化模型（RTBA 模型），仿真实验结果表明模型的可行性和有效性。最后，基于 RTBA 模型和 NWS 小世界模型，对学科知识合作网络中的知识扩散现象进行研究。本书认为学科知识合作网络的知识扩散主要受知识溢出和知识创新两个过程的影响，并据此构建了知识扩散机制。通过分析知识溢出效率因子和个体知识创新能力因子对知识扩散的影响，得出的主要结论如下：知识溢出效率因子主要影响知识扩散的前期，对不同的网络结构比较敏感；个体知识创新能力因子主要影响知识扩散的后期，对不同的网络结构造成的影响是一致的。

6.1.2 建议

本书研究的出发点不仅在于从整合主题的视角对已有学科知识网络理论和方法进行拓展和深入，更重要的是通过整合主题的学科知识网络建模与演化分析研究为“面向学科知识创新的知识服务”提供新的理论研究视角和新的方法工具，更加有效地揭示科学研究的新态势和科学技术发展的新趋势。为此，本书从知识挖掘的视角提出以下建议，以支撑知识创新服务。

（1）学科领域主题挖掘及主题演化分析需要引入文本挖掘、数据科学等新兴数据分析方法与技术。传统的基于科学计量学和文献计量学的主题挖掘方法受限于分析数据规模不大、主题语义信息表示不完整、主题演化分析主观化等问题，已不能适应海量文本分析。本书基于 LDA 主题模型和 AT 主题模型提出的学科领域主题挖掘方法在一定程度上弥补了以上问题。

（2）学科领域中重点、热点主题的探测是知识创新服务的重要方面。传统主题探测常关注于从知识传播的角度，将文献的影响力转移到主题上来，刻画主题的被关注程度，如常用的基于引文的评价指标、基于文献量的主题强度指标等。但以上测度方法着眼于主题的外部因素，忽略了主题与主题之间的语义关联影响因素。提出了学科知识网络中主题影响力概念，并通过构建主题-主题关联的一模学科知识网络实现该影响力度量，研究结果表明主题网络影响力指标可以挖掘出学科领域中的重要基础性主题、热点和前沿主题，以及起到桥梁和纽带作用的关键性主题等，对学科知识创新服务起到重要的辅助决策支持作用。

（3）学者的影响力度量是科研评价的重要一环，公平合理而又行之有效的学术评价是科研管理部门面临的重要课题。当前主要是从学术影响力和社会影响力方面对学者进行评价，均是基于学者研究成果的外部特征的度量方法，是从知识传播和知识共享方面度量学者的重要性，缺少从学者研究内容层面度量其重要影响力的方法和指标。提出学科知识网络中作者主题关联影响力概念，并通过构建作者-主题关联的二模学科知识网络度量该影响力，研究结果表明作者主题关联影响力可以很好地从语义内容层面刻画作者的影响力，如作者的研究活跃程度、对学科领域的熟悉程度以及与其他学者潜在合作和交流的前景等，是基于引文的学术影响力和社会影响力指标的有力补充。

（4）探索学科知识网络的演化机理对于理解学科发展内生动力机制、把握学科发展脉络和演化趋势具有重要的参考价值。科研合作的动机研究一直是知识管理和知识服务领域的研究热点，对于提升学科领域知识扩散和知识创新效率具有重要的辅助决策支持作用。对于科研合作的动机研究不能仅仅停留在定性分析方面，还需进一步扩展研究路径，为此，提出一种演化建模与仿真实验相结合的研究方法。不同于基于社会关系、社会地位以及学术影响力的科研合作机制，提出基于学者研究主题相似性的合作机制，并构建整合作者研究主题的学科知识合作网络演化模型，实验表明该模型的仿真结果与真实合作网络的网络属性较为吻合，验证了模型的有效性。

6.2　研究不足与展望

整合主题视角下的学科知识网络构建与演化分析研究是一个复杂的系统工程，涉及多个学科理论与方法的交叉融合。当前专门针对学科知识网络建模与演化分析的相关研究较为缺乏，更鲜有将主题整合到学科知识网络建模与演化分析的思路与案例，因此本书的研究是在新视角下一种探索性尝试，再加上学识和能力的局限，在某些方面的研究深度仍存在欠缺之处，还需要进一步深入研究。

6.2.1　研究不足

（1）LDA 的相关问题的优化和改进还需要进一步的评估

本书对 LDA 进行了两方面的优化和改进。一方面是针对原始 LDA 模型无法自动确定最优主题数目的问题，提出基于困惑度和主题相似度相结合的思路确定最优主题数。在实证分析时，针对科技文献数据进行方法有效性验证，没有针对其他类型的数据集进行方法的验证，如微博短文本、XML 文档等。

对 LDA 的另一个改进提出主题抽取效果评价指标，以对语料库的构建进行评估。但是本书对 LDA 主题抽取效果的评价是面向科学文献主题挖掘的，并没有考虑到 LDA 的其他应用，如文本聚类、文本分类、文本自动摘要等等。另外，本书选取的实验数据是国内风能领域的科学文献，偏重于技术和方法，对于其他实验数据还需要进一步验证结论的有效性。

（2）整合主题的学科知识网络建模与演化分析还需进一步扩展研究范围

根据元矩阵网络描述法，将主题作为知识节点嵌入到学科知识网络建模，至少可以构建四种类型的学科知识网络，本书限于时间仓促，个人能力和精力有限，只对其中的三类网络的构建方法和演化方法进行讨论，分为是主题-主题关联的一模学科知识网络、作者-主题关联的二模学科知识网络和整合作者研究主题的学科知识合作网络。实际上，主题与文献、主题与学术机构之间的关联也可以构建知识网络，且在潜在知识结构的挖掘与预测方面发挥重要作用。

（3）学科知识合作网络的演化建模与演化机制分析还存在进一步改进的空间

网络演化机制的研究是复杂网络研究的热点问题，学者总是希望通过简单的演化机制涌现出网络的整体特性。网络演化机制包括节点增长机制和节点连接机制，本书在节点连接机制方面提出新的思路，将研究主题相似性作为主要的连接机制，但是在节点增长机制方面仍然沿用 BA 无标度网络的构建方法，节点随时间是线性增长的，实际上这不符合学科知识合作网络的实际情况。事实上，本书实证研究表明，学科知识合作网络的节点增长是低指数幂的指数函数，而边的增长量又是节点增长量的数倍。但是限于技术手段，还未能实现节点的指数增长形式以及在此基础上的网络结构指标的测算，这将是后续进一步努力的方向。

（4）学科知识合作网络的知识扩散模型未涉及高知识存量学者的研究

本书构建的学科知识合作网络知识扩散模型中，高知识存量学者是知识溢出主体，当网络中的两个相邻节点存在知识势差时，便发生了知识扩散。该模型对于高知识存量学者的处理是选择网络中度值排名前 5%学者。事实上，高知识存量学者的选择问题以及高知识存量学者对知识扩散的影响还可以进行更加深入的分析。

6.2.2　研究展望

（1）进一步验证和评估本书对 LDA 主题模型的改进效果

后续的研究将从两个方面进一步验证和评估本书对 LDA 主题模型的改进效果：一方面，扩大实验数据集的类型，在本书中仅针对科技文献数据进行了方法有效性验证，下一步将针对更多类型的文本数据集进行验证，如 Web 文本、微博文本、论坛文本，乃至科技文献全文本数据集等；另一方面，扩大主题挖掘任务的范围，在本书中主题挖掘任务主要是科技文献的研究主题抽取，下一步将扩大到文本分类、文本聚类、个性化推荐等文本挖掘任务。

（2）进一步深化和扩展整合主题的学科知识网络研究范围

本书仅对与主题直接关联的三种学科知识网络进行构建和结构演化分析。实际上与主题关联的学科知识节点很多，可构建的网络类型也很多。后续研究将把重点放在主题-学术期刊、主题-机构之间的关联上。主题与学术期刊之间的学科知识网络可以发现学术期刊的主题分布情况，可以度量学术期刊在知识网络中的影响力，从而发现每种学术期刊的热点主题及其演化情况，也可提出新的学术期刊影响因子度量方法；主题与机构之间的学科知识网络可以度量机构的主题分布，挖掘学术机构研究热点，并对研究趋势进行预测。

（3）进一步探讨学科知识合作网络的演化机制和演化模型

如前所述，本书在节点连接机制方面提出新的思路，将研究主题相似性作为主要的节点连接机制。但实际上科学合作的动机非常复杂，学者在合作过程中很可能会为了维系和壮大自己的科研地位和关系，综合考虑几种不同的合作动机，进而选择对自己最有利的合作模式。所以，还需结合心理学和社会学的相关理论进一步探讨合作的机制。另外，实证研究表明节点和边的增长是指数增长的，实现节点的指数增长形式以及在此基础上的网络结构指标的测算，这将是后续进一步努力的方向。

（4）进一步完善学科知识网络中知识扩散模型的构建

在知识扩散模型构建方面，针对高知识存量学者对知识扩散的影响后续将从以下两个方面进一步完善。一方面，高知识存量学者的比例是否会影响知识扩散的效率是值得研究的问题，可以通过设置高知识存量学者的比例进行对比分析；另一方面，对于高知识存量学者的选择也存在进一步深入讨论的必要，在小世界网络和随机网络中，度值较高的中心节点并不总是存在，可以考虑随机选择高知识存量学者的方法。基于以上思考提出的研究方案会对合作网络中的知识扩散产生怎样的影响是后续进一步努力的方向。

参考文献

[1] 张晓林. 重新认识知识过程和知识服务[J]. 图书情报工作, 2009, 53(1): 6.
[2] 陈仕吉. 科学研究前沿探测方法综述[J]. 现代图书情报技术, 2009, 25(9): 28-33.
[3] 王曰芬. 文献计量法与内容分析法的综合研究[D]. 南京: 南京理工大学, 2007.
[4] 邱均平, 王曰芬. 文献计量内容分析法[M]. 北京: 国家图书馆出版社, 2008: 4-5.
[5] Price D J D S. Networks of scientific papers[J]. Science, 1965, 149(3683): 510-515.
[6] Garfield E. Citation indexes for science. A new dimension in documentation through association of ideas[J]. Science, 1955, 122(3159): 108-111.
[7] Garfield E. "Science citation index"—A new dimension in indexing[J]. Science, 1964, 144(3619): 649.
[8] Small H, Griffith B C. The structure of scientific literatures I: Identifying and graphing specialties[J]. Science Studies, 1974, 4(1): 17-40.
[9] Kessler M M. Bibliographic coupling between scientific papers[J]. American Documentation, 1963, 14: 10-25.
[10] 刘林青. 作品共被引分析与科学地图的绘制[J]. 科学学研究, 2005, (02): 155-159.
[11] 白如江, 冷伏海, 廖君华. 科学研究前沿探测主要方法比较与发展趋势研究[J]. 情报理论与实践, 2017, 40(05): 33-38.
[12] 邱均平, 张晓培. 基于 CSSCI 的国内知识管理领域作者共被引分析[J]. 情报科学, 2011, 29(10): 1441-1445.
[13] 祝清松, 冷伏海. 基于引文主路径文献共被引的主题演化分析[J]. 情报学报, 2014, 33(5): 498-506.
[14] Sugiyama K, Kumar T, Kan M Y, et al. Identifying Citing Sentences in Research Papers Using Supervised Learning[C]. International Conference on Information Retrieval & Knowledge Management. IEEE, 2010: 67-72.
[15] 赵蓉英, 王建品. 引用内容分析与引文著录分析的比较研究[J]. 图书情报工作, 2017(10): 110-115.
[16] 赵蓉英, 曾宪琴, 陈必坤. 全文本引文分析——引文分析的新发展[J]. 图书情报工作, 2014, 58(9): 129-135.
[17] Liu L, Mei S. Visualizing the GVC research: A co-occurrence network based bibliometric analysis[J]. Scientometrics, 2016, 109: 1-25.
[18] 蒋颖. 1995 ~ 2004 年文献计量学研究的共词分析[J]. 情报学报, 2006, 25(4): 504-512.
[19] 唐果媛, 张薇. 基于共词分析法的学科主题演化研究进展与分析[J]. 图书情报工作, 2015, 59(5): 128-136.
[20] 叶春蕾, 冷伏海. 基于共词分析的学科主题演化方法改进研究[J]. 情报理论与实践, 2012, 35(3): 79-82.
[21] Leydesdroff L. Words and co-words as indicators of intellectual organization[J]. Research Policy, 1989, 18(4): 209-223.
[22] 傅柱, 王曰芬. 共词分析中术语收集阶段的若干问题研究[J]. 情报学报, 2016, 35(7): 704-713.
[23] Donohue J C. Understanding Scientific Literatures: A Bibliometric Approach[M]. Cambridge: the MIT press, 1973: 39-50.
[24] Zhang S, Liu C, Chang Y. Selection research of keywords in co-word clustered based on the G-index of word frequency——Taking educational technology master thesis as an example[J].

Modern Educational Technology, 2013, 23(10): 54-57.
[25] 李纲, 巴志超. 共词分析过程中的若干问题研究[J]. 中国图书馆学报, 2017, 43(4): 93-113.
[26] Salton G, Wong A, Yang C, et al. A vector space model for information retrieval[J]. Communications of the ACM, 1975, 18(11): 613-620.
[27] Blei D M. Probabilistic topic models[J]. Communications of the ACM, 2012, 55(4): 77-84.
[28] Deerwester S, Dumais S T, Furnas G W, et al. Indexing by latent semantic analysis[J]. Journal of the Association for Information Science & Technology, 1990, 41(6): 391-407.
[29] Hofmann T. Probabilistic Latent Semantic Indexing[C]. International ACM SIGIR Conference on Research and Development in Information Retrieval. ACM, 1999: 50-57.
[30] Blei D M, Ng A Y, Jordan M I. Latent dirichlet allocation[J]. Journal of Machine Learning Research, 2003, 3: 993-1022.
[31] Thomas L G, Mark Steyvers. Finding scientific topics[J]. Proceedings of the National Academy of Sciences of the United States of America. 2004, 101(Suppl 1): 5228-5235.
[32] Boyd-Graber J L, Blei D M, Zhu X. A Topic Model for Word Sense Disambiguation[C]. EMNLP-CoNLL. 2007: 1024-1033.
[33] Gerrish S, Blei D M. A Language-Based Approach to Measuring Scholarly Impact[C]. Proceedings of the 27th International Conference on Machine Learning (ICML-10). 2010: 375-382.
[34] Steyvers M, Smyth P, Rosen-Zvi M, et al. Probabilistic Author-Topic Models for Information Discovery[C]. Tenth ACM SIGKDD International Conference on Knowledge Discovery and Data Mining. New York: ACM, 2004: 306-315.
[35] 崔凯. 基于 LDA 的主题演化研究与实现[D]. 长沙: 国防科学技术大学, 2010.
[36] Blei D M, Lafferty J D. Dynamic Topic Models[C]. International Conference. DBLP, 2006: 113-120.
[37] Wang X, Mccallum A. Topics over Time: A Non-Markov Continuous-Time Model of Topical Trends[C]. ACM SIGKDD International Conference on Knowledge Discovery and Data Mining. ACM, 2006: 424-433.
[38] 曾利, 李自力, 谭跃进. 基于动态 LDA 的科研文献主题演化分析[J]. 软件, 2014, (5): 102-107.
[39] Hassan S U, Haddawy P. Analyzing knowledge flows of scientific literature through semantic links: A case study in the field of energy[J]. Scientometrics, 2015, 103(1): 33-46.
[40] 王萍. 基于概率主题模型的文献知识挖掘[J]. 情报学报, 2011, 30(6): 583-590.
[41] 叶春蕾, 冷伏海. 基于引文-主题概率模型的科技文献主题识别方法研究[J]. 情报理论与实践, 2013, 36(9): 100-103.
[42] 王平. 基于层次概率主题模型的科技文献主题发现及演化[J]. 图书情报工作, 2014, 58(22): 70-77.
[43] 张晗, 徐硕, 乔晓东. 融合科技文献内外部特征的主题模型发展综述[J]. 情报学报, 2014(10): 1108-1120.
[44] Ginsparg P. Creating a global knowledge network[C]. Second Joint ICSU Press-UNESCO Expert Conference on Electronic Publishing in Science, Paris. 2001: 19-23.
[45] Beckmann M J. Economic Models of Knowledge Networks[M]. Networks in Action. Springer Berlin Heidelberg, 1995: 159-174.
[46] 顾东蕾. 论学科知识网络[J]. 情报杂志, 2008, 27(9): 50-55.
[47] 张金柱, 韩涛, 王小梅. 复杂网络在图情领域的研究和应用综述[J]. 情报学报, 2012, 31(9): 907-914.
[48] 邱均平. 利用知识网络深化网络信息计量学研究[J]. 图书情报工作, 2007, 51(9): 5.

[49] 赵蓉英, 邱均平. 知识网络研究(I)——知识网络概念演进之探究[J]. 情报学报, 2007(2): 198-209.
[50] 赵蓉英. 知识网络研究(II)——知识网络的概念、内涵和特征[J]. 情报学报, 2007, 26(3): 470-476.
[51] 顾东蕾. 基于生物信息学的学科知识网络及其应用研究[D]. 南京大学, 2007.
[52] 顾东蕾. 论学科知识网络的理论基础[J]. 图书情报工作, 2008, 52(9): 32-35.
[53] 周晓英. 情报学进展系列论文之五知识网络、知识链接和知识服务研究[J]. 情报资料工作, 2010, 31(2): 6-11.
[54] 王旻霞, 赵丙军. 科学知识网络的结构特征及演化动力[J]. 情报杂志, 2014(5): 88-95.
[55] Garfield E. Citation indexes in sociological and historical research[J]. American Documentation, 1963, 14(4): 289-291.
[56] Price D D. A general theory of bibliometric and other cumulative advantage processes[J]. Journal of the American Society for Information Science, 1976, 27(5): 292-306.
[57] Simon H A. On a class of skew distribution functions[J]. Biometrika, 1955: 425-440.
[58] Bradford S C. Sources of information on specific subjects[J]. Journal of Information Science, 1985, 10(4): 173-175.
[59] Zunde P. Structural models of complex information sources[J]. Information Storage and Retrieval, 1971, 7(1): 1-18.
[60] Doreian P. A measure of standing of journals in stratified networks[J]. Scientometrics, 1985: 341-363.
[61] Chen P, Xie H, Maslov S, et al. Finding scientific gems with Google's pagerank algorithm[J]. Journal of Informetrics, 2007, 1(1): 8-15.
[62] Ma N, Guan J, Zhao Y, et al. Bringing pagerank to the citation analysis[J]. Information Processing and Management, 2008, 44(2): 800-810.
[63] Bollen J, Rodriguez M A, van de Sompel H. Journal status[J]. Scientometrics, 2006, 69(3): 669-687
[64] 吴海峰, 孙一鸣. 引文网络的研究现状及其发展综述[J]. 计算机应用与软件, 2012, 29(2): 164-168.
[65] Otte E, Rousseau R. Social network analysis: A powerful strategy, also for the information sciences[J]. Journal of Information Science, 2002, 28(6): 441-453.
[66] Girvan M, Newman M E. Community structure in social and biological networks[J]. Proceedings of the National Academy of Sciences of the United States of America, 2002, 99(12): 7821-7826.
[67] 韩毅, 张克菊, 金碧辉. 引文网络分析的方法整合研究进展[J]. 中国图书馆学报, 2010, 36(4): 83-89.
[68] 贾思媛, 许勇, 赵海, 等. DBLP 科学合作网络的建模与拓扑特征分析[J]. 东北大学学报(自然科学版), 2013, 34(10): 1396-1399.
[69] 张学义, 胡兴雨, 吴俊, 等. 基于兴趣的科学合作网络演化模型[J]. 计算机工程与应用, 2010, 46(30): 104-107.
[70] 胡枫, 赵海兴, 何佳倍, 等. 基于超图结构的科学合作网络演化模型[J]. 物理学报, 2013, 62(19): 539-546.
[71] 孙晓玲, 林鸿飞. 合作网络视角下的学科演化模型[J]. 情报学报, 2014(9): 936-943.
[72] 苗蕊, 刘鲁. 科学家合作网络中的社区发现[J]. 情报学报, 2011, 30(12): 1312-1318.
[73] 张聪, 沈惠璋. 复杂网络重叠社团结构的发现及在情报信息领域的应用[J]. 情报学报, 2012, 31(7): 730-736.
[74] 刘萍, 彭博. 科学合作网络的可视分析——从节点属性角度[J]. 情报理论与实践, 2014, 37(9): 74-78.

[75] 梁艳琪, 彭博, 高劲松. 基于 JASIST 的科研合著网络可视化研究[J]. 情报杂志, 2015(8): 87-91.
[76] 邱均平, 李佳靓. 基于社会网络分析的作者合作网络对比研究——以《情报学报》、《JASIST》和《光子学报》为例[J]. 情报杂志, 2010, 29(11): 1-5.
[77] 吕鹏辉, 刘盛博. 学科知识网络实证研究(Ⅳ)合作网络的结构与特征分析[J]. 情报学报, 2014(4): 367-374.
[78] 王晓光. 科学知识网络的形成与演化(Ⅰ): 共词网络方法的提出[J]. 情报学报, 2009, 28(4): 599-605.
[79] Shiffrin R M, Borner K. Mapping knowledge domains. [J]. Proceedings of the National Academy of Sciences of the United States of America, 2004: 5183-5185.
[80] Callon M, Courtial J, Turner W, et al. From translations to problematic networks: An introduction to co-word analysis[J]. Social Science Information, 1983, 22(2): 191-235.
[81] 张斌. 共词网络的结构与演化: 概念与理论进展[J]. 情报杂志, 2014(7): 103-109.
[82] 胡昌平, 陈果. 领域知识网络的层次结构与微观形态探证——基于 k-core 层次划分的共词分析方法[J]. 情报学报, 2014, 33(2): 130-139.
[83] 赵一鸣, 吕鹏辉. 学科知识网络研究(Ⅲ)共词网络的结构、特征与演化[J]. 情报学报, 2014(4): 358-366.
[84] 方锦清, 汪小帆, 郑志刚等. 一门崭新的交叉科学: 网络科学(上)[J]. 物理学进展, 2007, 27(4): 361-448.
[85] Erdös P, Rényi A. On the evolution of random graphs[J]. Publ. Math. Inst. Hungar. Acad. Sci, 1960, (5): 17-61.
[86] 刘向, 马费成, 陈潇俊, 等. 知识网络的结构与演化——概念与理论进展[J]. 情报科学, 2011(6): 801-809.
[87] Milgram S. The small world problem[J]. Psychology Today, 1967, 2(1): 60-67.
[88] Watts D J, Strogatz S H. Collective dynamics of ‘Small-World’ networks[J]. Nature, 1998, 393(6684): 440-442.
[89] Newman M E, Watts D J. Renormalization group analysis of the small-world network model[J]. Physics Letters A, 1999: 341-346.
[90] Barabási A, Albert R. Emergence of scaling in random networks[J]. Science, 1999, 286(5439): 509-512.
[91] Can cho F I, Sole R V. The small world of human language[J]. Proceedings of The Royal Society B: Biological Sciences, 2001, 268(1482): 2261-2265.
[92] 刘知远, 郑亚斌, 孙茂松. 汉语依存句法网络的复杂网络性质[J]. 复杂系统与复杂性科学, 2008, 5(2): 37-45.
[93] 王晓光. 博客社区内的非正式交流: 基于网络链接的实证分析[J]. 情报学报, 2009, 28(2): 248-256.
[94] 韦洛霞, 李勇, 李伟等. 汉字网络的 3 度分隔与小世界效应[J]. 科学通报, 2004, 49(24): 2615-2616.
[95] 刘盛博. 中国科技管理领域科技合作复杂网络分析[J]. 情报学报, 2010, 29(1): 177-183.
[96] 林敏, 李南, 季旭. 研发团队知识交流网络的小世界特性分析与证明[J]. 情报学报, 2010, 29(4): 732-736.
[97] Bianconi G, Barabasi A. Bose-einstein condensation in complex networks[J]. Physical Review Letters, 2001, 86(24): 5632-5635.
[98] Biglu M H. The influence of references per paper in the SCI to impact factors and the Matthew effect[J]. Scientometrics, 2008, 74(3): 453-470.

[99] Krapivsky P L, Redner S. Network growth by copying[J]. Physical Review E, 2005, 71(3): 036118.
[100] Dorogovtsev S N, Mendes J F. Effect of the accelerating growth of communications networks on their structure[J]. Physical Review E, 2001, 63(2): 25101.
[101] Shi D, Chen Q, Liu L, et al. Markov chain-based numerical method for degree distributions of growing networks[J]. Physical Review E, 2005, 71(3): 140.
[102] 马费成, 刘向. 知识网络的演化(Ⅰ): 增长与老化动态[J]. 情报学报, 2011, 30(8): 787-795.
[103] 马费成, 刘向. 知识网络的演化(Ⅱ): 增长老化与知识产生时点的关系[J]. 情报学报, 2011, 30(9): 916-921.
[104] 马费成, 刘向. 科学知识网络的演化模型[J]. 系统工程理论与实践, 2013, 33(2): 437-443.
[105] 马费成, 刘向. 知识网络的演化(Ⅲ): 连接机制[J]. 情报学报, 2011, 10(10): 1015-1021.
[106] 涂存超, 杨成, 刘知远, 孙茂松. 网络表示学习综述[J]. 中国科学: 信息科学, 2017, 47(08): 980-996.
[107] 陈维政, 张岩, 李晓明. 网络表示学习[J]. 大数据, 2015, 1(03): 8-22+7.
[108] Nallapati R M, Ahmed A, Xing E P, et al. Joint Latent Topic Models for Text and Citations[C]. ACM SIGKDD International Conference on Knowledge Discovery and Data Mining, Nevada , 2008: 542-550.
[109] Mikolov T, Yih W, Zweig G, et al. Linguistic Regularities in Continuous Space Word Representations[C]. North American Chapter of the Association for Computational Linguistics, 2013: 746-751.
[110] Perozzi B, Al-Rfou R, Skiena S. Deepwalk: Online Learning of Social Representations[C]. ACMSIGKDD International Conference on Knowledge Discovery and Data Mining, New York, 2014: 701-710.
[111] Mikolov T, Sutskever I, Chen K, et al. Distributed representations of words and phrases and their compositionality[J]. Advances in Neural Information Processing Systems, 2013, 26: 3111-3119.
[112] Li J, Zhu J, Zhang B. Discriminative Deep Random Walk for Network Classification[C]. Meeting of the Association for Computational Linguistics. 2016: 1004-1013.
[113] Tang J, Qu M, Wang M, et al. LINE: Large-scale Information Network Embedding[C]. International World Wide Web Conferences Steering Committee, 2015: 1067-1077.
[114] Tu C, Liu H, Liu Z, et al. CANE: Context-Aware Network Embedding for Relation Modeling[C]. Meeting of the Association for Computational Linguistics. 2017: 1722-1731.
[115] 钱学森. 科学学、科学技术体系学、马克思主义哲学[J]. 哲学研究, 1979, (01): 20-27.
[116] 刘则渊, 陈悦, 朱晓宇. 普赖斯对科学学理论的贡献——纪念科学计量学之父普赖斯逝世 30 周年[J]. 科学学研究, 2013, 31(12): 1761-1772.
[117] 刘则渊. 科学学理论体系建构的思考——基于科学计量学的中外科学学进展研究报告[J]. 科学学研究, 2006, (01): 1-11.
[118] Hood W, Wilson C. The literature of bibliometrics, scientometrics, and informetrics[J]. Scientometrics, 2001, 52(2): 291-314.
[119] 赵红州, 蒋国华. 普赖斯与科学计量学[J]. 科学学与科学技术管理, 1984, (09): 9-10.
[120] Wilson C S. Informetrics[J]. Annual Review of Information Science and Technology (ARIST), 1999, 34: 107-247.
[121] Tague-Sutcliffe J. An introduction to informetrics[J]. Information Processing & Management, 1992, 28(1): 1-3.
[122] 袁军鹏. 科学计量学高级教程[M]. 北京: 科学技术文献出版社, 2010: 14.
[123] 赵蓉英, 郭凤娇, 赵月华. 科学计量学主流研究领域与热点前沿研究[J]. 图书情报工作, 2015,

59(02): 66-74.
[124] Börner K, Chen C, Boyack K W. Visualizing knowledge domains[J]. Annual Review of Information Science and Technology, 2003, 37(1): 179-255.
[125] Cobo M J, López, Herrera A G, HerreraViedma E, et al. Scimat: a new science mapping analysis software tool[J]. Journal of the Association for Information Science and Technology, 2012, 63(8): 1609-1630.
[126] 肖明, 邱小花, 黄界等. 知识图谱工具比较研究[J]. 图书情报工作, 2013, 32(3): 61-69.
[127] 杨思洛, 韩瑞珍. 国外知识图谱绘制的方法与工具分析[J]. 图书情报知识, 2012, (6): 101-109.
[128] 陈必坤. 学科知识可视化分析研究[D]. 武汉: 武汉大学, 2014: 14-20.
[129] Chen C. Citespace II: Detecting and visualizing emerging trends and transient patterns in scientific literature[J]. Journal of the Association for Information Science and Technology, 2006, 57(3): 359-377.
[130] 陈悦, 陈超美, 刘则渊, 等. CiteSpace 知识图谱的方法论功能[J]. 科学学研究, 2015, 33(2): 242-253.
[131] Fayyad U M, Piatetskyshapiro G, Smyth P, et al. From Data Mining to Knowledge Discovery: an Overview[C]. Knowledge Discovery and Data Mining, 1996: 1-34.
[132] Feldman R, Dagan I. Knowledge Discovery in Textual Databases (KDT)[C]. Knowledge Discovery and Data Mining, 1995: 112-117.
[133] Hearst M A. Untangling Text Data Mining[C]. Meeting of the Association for Computational Linguistics, 1999: 3-10.
[134] Hotho A, Nurnberger A, Paass G, et al. A brief survey of text mining [J]. Ldv Forum, 2005: 19-62.
[135] Baharudin B, Lee L H, Khan K, et al. A review of machine learning algorithms for text-documents classification[J]. Journal of Advances in Information Technology, 2010, 1(1): 4-20.
[136] 薛为民, 陆玉昌. 文本挖掘技术研究[J]. 北京联合大学学报(自然科学版), 2005, (04): 59-63.
[137] 奉国和, 郑伟. 国内中文自动分词技术研究综述[J]. 图书情报工作, 2011, 55(02): 41-45.
[138] Xue N. Chinese word segmentation as character tagging[J]. Computational Linguistics and Chinese Language Processing, 2003, 8(1): 29-48.
[139] Gupta V, Lehal G S. A survey of text mining techniques and applications[J]. Journal of Emerging Technologies in Web Intelligence, 2009, 1(1): 60-76.
[140] 汪小帆. 复杂网络理论及其应用[M]. 北京: 清华大学出版社, 2006.
[141] 方锦清. 网络科学的诞生与发展前景[J]. 广西师范大学学报(自然科学版), 2007, 25(3): 2-6.
[142] Ted G. Lewis. 网络科学: 原理与应用[M]. 陈向阳, 巨修练, 译. 北京: 机械工业出版社, 2011.
[143] Brandes U, Robins G, McCranie A, et al. What is network science?[J]. Network Science, 2013, 1(1): 1-15.
[144] Barabási A L. The network takeover[J]. Nature Physics, 2012, 8(1): 14-16.
[145] 方锦清. 中国网络科学的若干进展与挑战——2014 年网络科学论坛十周年纪念[J]. 复杂系统与复杂性科学, 2015, 12(2): 1-8.
[146] 王昊, 邓三鸿, 苏新宁. 我国图书情报学科知识结构的建立及其演化分析[J]. 情报学报, 2015, 34(2): 115-128.
[147] 高丹丹. 学科知识本体的构建及其应用[D]. 成都: 电子科技大学, 2014.
[148] Boghossian P. Fear of Knowledge: Against Relativism and Constructivism[M]. Clarendon Press, 2007.
[149] 卡尔 · 波普尔. 猜想与反驳 : 科学知识的增长: Conjectures and Refutations : the Growth of

Scientific Knowledge[M]. 傅季重, 纪树立, 周昌忠, 等, 译. 上海：上海译文出版社, 1987: 318.
[150] 郭元林. 复杂性科学知识论[D]. 中国社会科学院研究生院, 2003.
[151] 邱均平, 刘国徽. 基于共现关系的学科知识深度聚合研究[J]. 图书馆杂志, 2014(6): 14-23.
[152] 陈超美. 科学前沿图谱: 知识可视化的探索[M]. 陈悦, 王贤文, 胡志刚, 等,译. 2 版. 北京: 科学出版社, 2014.
[153] 许国志. 系统科学[M]. 上海：上海科技教育出版, 2000: 18.
[154] Carley K M. Dynamic Network Analysis[C]. In the Summary of the NRC Workshop on Social Network Modeling and Analysis, 2003: 1-13.
[155] Carley K M. Inhibiting Adaptation[R]. Carnegie-Mellon Univ Pittsburgh Pa Hj Heinz Iii School of Policy and Management, 2002: 1-11.
[156] Coleman J. Social capital in the creation of human capital[J]. American Journal of Sociology (Supplement), 1988 , 94: 95 -120.
[157] Granovetter M. The strength of weak ties[J]. American Journal of Sociology , 1973, 78: 1360 -1380.
[158] Burt R S. Structural holes and good ideas[J]. American Journal of Sociology, 2004, 110(2): 349-399.
[159] Crane D, Kaplan N, Crane D, et al. Invisible colleges: Diffusion of knowledge in scientific communities[J]. Physics Today, 1973, 26(1): 72-73.
[160] Maksim Tsvetovat, Alexander Kouznetsov. Social Network Analysis for Startups - Finding Connections on the Social Web[M]. O'Reilly Media, 2011.
[161] Contractor N S, Wasserman S, Faust K. Testing multitheoretical, multilevel hypotheses about organizational networks: An analytic framework and empirical example[J]. Academy of Management Review, 2006, 31(3): 681-703.
[162] 储荷婷. 语义网与信息检索[J]. 图书情报知识, 2009, (01): 30-32.
[163] Krackhardt D. Cognitive social structures[J]. Social Networks, 1987, 9(2): 109-134.
[164] Heider F. The Psychology of Interpersonal Relations. [J]. American Sociological Review, 1958, 23(6): 170.
[165] 吴江. 社会网络的动态分析与仿真实验[M]. 武汉：武汉大学出版社, 2012.
[166] 李纲, 李岚凤, 毛进, 等. 作者合著网络中研究主题相似性实证研究[J]. 图书情报工作, 2015, (2): 75-81.
[167] Saramäki J, Kivelä M, Onnela J P, et al. Generalizations of the Clustering Coefficient to Weighted Complex Networks[J]. Physical Review E Statistical Nonlinear & Soft Matter Physics, 2007, 75(2 Pt 2): 027105.
[168] Robins, G, Alexander M. Small Worlds Among Interlocking Directors: Network Structure and Distance in Bipartite Graphs[J]. Computational & Mathematical Organization Theory, 2004, 10(1): 69-94.
[169] Matthieu, Latapy, Clémence Magnien, Nathalie Del Vecchio. Basic Notions for the Analysis of Large Two-Mode Networks[J]. Social Networks, 2008, 30(1): 31-48.
[170] Merler S, Ajelli M. The Role of Population Heterogeneity and Human Mobility in the Spread of Pandemic Influenza[J]. Proceedings Biological Sciences, 2010, 277(1681): 557-565.
[171] Newman M E J. The Structure of Scientific Collaboration Networks[J]. Proceedings of the National Academy of Sciences, 2001, 98(2): 404-409.
[172] Cowan R, Jonard N. Network Structure and the Diffusion of Knowledge[J]. Journal of Economic Dynamics & Control, 2004, 28(8): 1557-1575.

[173] Morone P, Taylor R. Knowledge Diffusion Dynamics and Network Properties of Face-To-Face Interactions[J]. Journal of Evolutionary Economics, 2004, 14(3): 327-351.

[174] 李纲, 巴志超. 科研合作超网络下的知识扩散演化模型研究[J]. 情报学报, 2017, 36(3): 274-284.

[175] 岳增慧, 许海云, 方曙. 基于个体行为的科研合作网络知识扩散建模研究[J]. 情报学报, 2015, 34(8): 819-832.

[176] 岳增慧, 许海云, 方曙. 基于微分动力学的科研合作网络知识扩散模型及影响机制研究[J]. 情报学报, 2015, 34(11): 1132-1142.

[177] 巴志超, 李纲, 朱世伟. 科研合作网络的知识扩散机理研究[J]. 中国图书馆学报, 2016, 42(5): 68-84.

[178] 夏昊翔, 王国秀, 宣照国, 等. 针对科研合作网络演化建模的基于 Agent 实验平台原型[J]. 情报学报, 2010, 29(4): 634-640.

[179] Sun X, Kaur J, Milojevi S, et al. Social Dynamics of Science[J]. Scientific Reports, 2013, 3(1): 1069-1069.

[180] 王曰芬, 宋爽, 苗露. 共现分析在知识服务中的应用研究[J]. 现代图书情报技术, 2006, 04: 29-34.

[181] 邱均平. 信息计量学(五)第五讲文献信息词频分布规律——齐普夫定律[J]. 情报理论与实践, 2000, 05: 396-400.

[182] 崔雷, 郑华川. 关于从 MEDLINE 数据库中进行知识抽取和挖掘的研究进展[J]. 情报学报, 2003, 22(4): 425-433.

[183] Palla G, Derenyi I, Farkas I J, et al. Uncovering the overlapping community structure of complex networks in nature and society[J]. Nature, 2005, 435(7043): 814-818.

[184] 李纲, 王忠义. 基于语义的共词分析方法研究[J]. 情报杂志, 2011(12): 145-149.

[185] 范云满, 马建霞. 基于 LDA 与新兴主题特征分析的新兴主题探测研究[J]. 情报学报, 2014, 33(7): 698-711.

[186] He Q, Chen B, Pei J, et al. Detecting Topic Evolution in Scientific Literature: How Can Citations Help?[C]. In: Proceedings of the 18th ACM Conference on Information and Knowledge Management. ACM, 2009: 957-966.

[187] Alsumait L, Barbará D, Domeniconi C. On-line LDA: Adaptive Topic Models for Mining Text Streams with Applications to Topic Detection and Tracking[C]. Eighth IEEE International Conference on Data Mining. IEEE, 2008: 3-12.

[188] 刘彤, 杨冠灿, 蒋继娅, 等. 基于多重关系的专利网络演化特征与动态分析——以锂离子电池领域为例[J]. 情报学报, 2014, 33(12): 1288-1301.

[189] 贺亮, 李芳. 科技文献话题演化研究[J]. 现代图书情报技术, 2012(4): 61-67.

[190] Wu Q Q, Zhang C D, Hong Q Q, et al. Topic Evolution Based on LDA and HMM and Its Application in Stem Cell Research[J]. Journal of Information Science, 2014, 40(5): 611-620.

[191] Teh Y, Jordan M, Beal M, et al. Hierarchical DirichletProcesses[J]. Journal of the American Statistical Association, 2007, 101(476): 1566-1581.

[192] Arun R, Suresh V, Madhavan C E V, et al. On Finding the Natural Number of Topics with Latent Dirichlet Allocation: Some Observations[C]. Pacific-Asia Conference on Advances in Knowledge Discovery and Data Mining. Springer-Verlag, 2010: 391-402.

[193] 曹娟, 张勇东, 李锦涛, 等. 一种基于密度的自适应最优 LDA 模型选择方法[J]. 计算机学报, 2008, 31(10): 1780-1787.

[194] Duda R O, Hart P E, Stork D G. Pattern Classification[M]. John Wiley & Sons, 2012.

[195] Lin J. Divergence Measures Based on Shannon Entropy[J]. IEEETransactions on Information Theory, 1991, 37(1): 145-151.

[196] 李湘东，张娇，袁满. 基于 LDA 模型的科技期刊主题演化研究[J]. 情报杂志, 2014, (7): 115-121.
[197] 蒋宏春. 风力发电技术综述[J]. 机械设计与制造, 2010, (9): 250-251.
[198] 王丹丹. 科技论文关键词使用中存在的问题及解决方法[J]. 出版发行研究, 2013, (4): 102-104.
[199] Mccallum A, Corrada-Emmanuel A, Wang X. The Author-Recipient-Topic Model for Topic and Role Discovery in Social Networks, with Application to Enron and Academic Email[J]. Computer Science Department FacultyPublication Series, 2005, 44: 1-17.
[200] Jeong Y S, Lee Sang-Hun, Gweon G. Discovery of Research Interests of Authors Over Time Using a Topic Model[C]. International Conference on Big Data and Smart Computing. Hong Kong : IEEE, 2016: 24-31.
[201] 冯小东，武森，王佳晔. 基于作者引用文献关系的潜在研究兴趣主题发现[J]. 中国科技论文, 2014(01): 65-70.
[202] Jeroen B Guinee, Reinout Heijungs, Gjalt Huppes, et al. Life Cycle Assessment: Past, Present, and Future[J]. Environmental science & technology. 2010, 45(1): 90-96.
[203] 邱均平. 信息计量学[M]. 武汉：武汉大学出版社, 2007: 36-66.
[204] 李纲，徐健，毛进，周利琴. 合著作者研究主题相似性分布研究[J]. 图书情报工作，2017, (6): 92-98.
[205] 郭自强. 用水溶液电解质的可充锂电池[J]. 船电技术, 1994, (4): 61-64.
[206] 普赖斯 D. 小科学，大科学[M]. 宋剑耕，戴振飞，译. 北京：世界科学社, 1982.
[207] Mann G S, Mimno D, Mccallum A. Bibliometric Impact Measures Leveraging Topic Analysis[C]. Digital Libraries, 2006. Jcdl '06. Proceedings of the, Acm/ieee-Cs Joint Conference on. IEEE, 2006: 65-74.
[208] 祝娜，王芳. 基于主题关联的知识演化路径识别研究——以 3D 打印领域为例[J]. 图书情报工作, 2016(5): 101-109.
[209] Sabidussi G. The Centrality of a Graph[J]. Psychometrika, 1966, 31(4): 581.
[210] Freeman L C. A Set of Measures of Centrality based on Betweenness. [J]. Sociometry, 1977, 40(1): 35-41.
[211] 肖利芬. 锂离子电池若干应用基础问题研究[D]. 武汉大学, 2003：13-23.
[212] 庄全超，徐守冬，邱祥云，崔永丽，方亮，孙世刚. 锂离子电池的电化学阻抗谱分析[J]. 化学进展, 2010, 22(06): 1044-1057.
[213] 李泓，郑杰允. 发展下一代高能量密度动力锂电池——变革性纳米产业制造技术聚焦长续航动力锂电池项目研究进展[J]. 中国科学院院刊, 2016, 31(9): 1120-1127+971.
[214] Morris S A, Yen G G. Construction of Bipartite and Unipartite Weighted Networks from Collections of Journal Papers[J]. Physics, 2005, 0503061v1: 1-18.
[215] 吴亚晶，张鹏，狄增如，等. 二分网络研究[J]. 复杂系统与复杂性科学, 2010, 7(1): 1-12.
[216] 王妍，郭舒，张建勇. 学者影响力评价指标的相关性研究[J]. 图书情报工作，2015, 59(5): 106-112+127.
[217] Borgatti S P, Halgin D S. Analyzing Affiliation Networks[J]. The Sage handbook of social network analysis, 2011, 1: 417-433.
[218] 晓帆，闫佳丽，汪雪锋，等. 基于署名顺序的作者活跃度比较研究[J]. 情报杂志，2013, 32(11)：51-54.
[219] 徐建中，王名扬. 文献影响力的综合评价指标体系研究[J]. 情报理论与实践，2014，37(5)：69-72, 56.
[220] Hagen N T. Harmonic Allocation of Authorship Credit: Sourcelevelcorrection of Bibliometric Bias Assures Accurate Publication and Citation Analysis[J]. PLoS ONE, 2008, 3(12)：e4021.

[221] 杨善林, 吕鹏辉, 李晶晶, 等. 大科学时代下的科学合作网络[J]. 西安交通大学学报(社会科学版), 2016, 36(5): 94-100.

[222] 吕琳媛, 陆君安, 张子柯, 等. 复杂网络观察[J]. 复杂系统与复杂性科学, 2010, 07(2): 173-186.

[223] A Gazni, F Didegah. Investigating Different Types of Research Collaboration and Citation Impact: A Case Study of Harvard University's Publications[J]. Scientometrics, 2011, 87(2): 251-265.

[224] 赵蓉英, 温芳芳. 科研合作与知识交流[J]. 图书情报工作, 2011, (20): 6-10+27.

[225] 李纲, 徐健, 毛进, 等. 合著作者研究主题相似性分布研究[J]. 图书情报工作, 2017, (06): 92-98.

[226] Bron C and Kerbosch J. Algorithm 457: finding all cliques of an undirected graph [J]. Communications of the ACM, 1973, 16(9): 575-577.

[227] Barabási A L, Albert R, Jeong H. Mean-Field Theory for Scale-Free Random Networks[J]. Physica A: Statistical Mechanics and its Applications, 1999, 272(1): 173-187.

[228] Newman M E J. Scientific collaboration networks. I. Network construction and fundamental results[J]. Physical review E, 2001, 64(1): 016131.

[229] Barabâsi A L, Jeong H, Néda Z, et al. Evolution of the social network of scientific collaborations[J]. Physica A: Statistical mechanics and its applications, 2002, 311(3): 590-614.

[230] 王福生, 杨洪勇. 《情报学报》作者科研合作网络及其分析[J]. 情报学报, 2007, 26(5): 659-663.

[231] Andrew C I, Adva D. Knowledge Management Processes and International Joint Ventures[J]. Organization Science, 1998, 9(4): 454-468.

[232] Davenport T H, Klahr P. Managing Customer Support Knowledge[J]. California Management Review, 1998, 40(3): 195-208.

[233] Krogh G V. Care in Knowledge Creation[J]. California Management Review, 1998, 40(3): 133-153.

[234] 周素萍. 高科技中小企业集群知识扩散模型构建及阶段分析[J]. 企业经济, 2013(1): 77-80.

[235] Minsky M L. Society of Mind[M]. Simon and Schuster, New York , 1986.

[236] 盛昭瀚, 张军, 杜建国. 社会科学计算实验理论与应用[M]. 上海：三联书店, 2009.

[237] 1986. Romer, Paul M. Increasing Returns to Scale and Long-Run Growth[J]. Economics Letters , 1986, 100(1): 83-86.

[238] 赵蓉英, 张洋, 邱均平. 知识网络研究(III) ———知识网络的特性探析[J]. 情报学报, 2007, 26(4): 583-587.

[239] 蒋新. 布鲁克斯基本方程的数学引伸[J]. 情报科学, 1988, (3): 6-8.

[240] 杨志锋, 邹珊刚. 知识资源, 知识存量和知识流量: 概念, 特征和测度[J]. 科研管理, 2000, 21(4): 105-111.

[241] 孙兆刚, 刘则渊. 知识产生溢出效应的分析[J]. 科学学与科学技术管理, 2004, 25(3): 57-61.

附录 A　实证分析的主要程序（片段）

1. 锂离子电池领域主题抽取

```
from __future__ import division
# -*- coding:utf-8 -*-
__version__=         "1.0.0.0"
__author__=           "Guan Peng"
__date__=              "Sun Dec 11 16:33 GMT+8 2016"
__copyright__=
import re
import xlrd
import logging
import numpy as np
from ptm import AuthorTopicModel
from ptm.utils import convert_cnt_to_list, get_top_words
from gensim import corpora,models,similarities
import nltk
from nltk.stem.lancaster import LancasterStemmer
logger = logging.getLogger ('AuthorTopicModel')
logger.propagate=False
#1.读取原始数据
data=xlrd.open_workbook ('Li_WOS.xlsx')
table=data.sheets( )[0]
Title=table.col_values(8)[1:]
AU=table.col_values(1)[1:]
KW=table.col_values(19)[1:]
AB=table.col_values(20)[1:]
AUS=[au.split(';') for au in AU]
#2.数据预处理，分词并去停用词
TI_AB=[Title[i]+AB[i] for i in xrange(len(AB))]
files=open('english-stopwords.txt').readlines( )
```

```
EnglishStopWords=[w.strip('\n') for w in files]
TI_AB= [re.sub(r, '', text) for text in TI_AB]
raw_texts=[re.split(r'[ \t\n]+',doc) for doc in TI_AB]
Trainingsets=[[w for w in doc if re.search(pattern,w)] for doc in raw_texts]
trainingset = [[word for word in text if word not in words_once] for text in Trainingsets]
rainingset=[list(set(text)) for text in trainingset ]
#3.构造语料库
dictionary = corpora.Dictionary(trainingset)
voca_id=dictionary.token2id
ic_voca={value:key for key, value in voca_id.items( )}
voca=[id_voca[i] for i in xrange(len(id_voca))]
corpus_old = [dictionary.doc2bow(text) for text in trainingset]
doc_ids=[[d[0] for d in doc] for doc in corpus_old]
doc_cnt=[[d[1] for d in doc] for doc in corpus_old]
corpus = convert_cnt_to_list(doc_ids, doc_cnt)
#作者数据预处理
dictionary_au = corpora.Dictionary(AUS)
author_name=dict(dictionary_au)
corpus_au = [dictionary_au.doc2bow(au) for au in AUS]
doc_author=[[a[0] for a in au] for au in corpus_au]
#4.ATM 模型训练
n_doc = len(corpus)
n_topic = 30
n_author = len(author_name)
n_voca = len(voca)
max_iter = 300
model = AuthorTopicModel(n_doc, n_voca, n_topic, n_author)
model.fit(corpus, doc_author, max_iter=max_iter)
#5.主题抽取结果
author_topic=model.AT
doc_topic=model.DT
topic_word=model.TW
```

2. 主题-主题关联的一模学科知识网络构建

```
from __future__ import division
```

```
# -*- coding:utf-8 -*-
__version__=         "1.0.0.0"
__author__=           "Guan Peng"
__date__=              "Sun Dec 27 16:19 GMT+8 2016"
__copyright__=
import numpy as np
import networkx as nx
import matplotlib
import matplotlib.pyplot as plt
from matplotlib.ticker import MultipleLocator,FormatStrFormatter
#1.读取文档-主题矩阵数据
doc_topic=open('doc-topic-output_mengyaqi.txt','r').readlines( )
doc_topic=[line.strip('\n').split('\t') for line in doc_topic]
doc_topic=[[float(i) for i in line] for line in doc_topic]
#2. 文档-主题矩阵归一化预处理
doc_topic_uniform=doc_author_distribution_uniform(doc_topic)
#3.计算主题与主题之间在文档中的共现强度，以此构建主题网络
topic_support={}
topic_support=topic_support.fromkeys(range(topic_num))
for key in topic_support.iterkeys( ):
        topic_support[key]=sum([1 for i in xrange(doc_num)if doc_topic_ uniform[i,key]>0.2])
ts_sum=sum(topic_support.values( ))
topic_cooccur={}
topic_cooccur=topic_cooccur.fromkeys([(i,j) for i in xrange(topic_num) for j in xrange(topic_num) if i <j])
##共现的强度通过改进的 IE 指数计算
for key in topic_cooccur.iterkeys( ):
        c=sum([1 for i in xrange(doc_num) if doc_topic_uniform[i,key[0]]>0.2 and doc_topic_uniform[i,
        key[1]]>0.2])  topic_cooccur[key]=  (c**2/(topic_support  [key[0]]*topic_support[key[1]]))*np.log(doc_
        num** 2/ (topic_support [key[0]]*topic_support [key[1]]))
for key in topic_cooccur.iterkeys( ):
          if topic_cooccur[key]==None:
                   topic_cooccur.pop(key)
Topic_Topic_G=nx.Graph( )
for i in xrange(topic_num):
        Topic_Topic_G.add_node(i,label="Topic 1-"+str(i))
```

```
for key in topic_cooccur.keys( ):
        if topic_cooccur[key]>=np.mean(np.array(topic_ cooccur.values( ))):
                Topic_Topic_G.add_weighted_edges_from([(key[0], key[1],topic_ cooccur[key])])
```

3. 作者-主题关联的二模学科知识网络构建

```
rom __future__ import division
# -*- coding:utf-8 -*-
__version__=        "1.0.0.0"
__author__=         "Guan Peng"
__date__=           "Sun Dec 27 16:19 GMT+8 2016"
__copyright__=
import numpy as np
import networkx as nx
import matplotlib
import matplotlib.pyplot as plt
from matplotlib import mlab
from matplotlib import rcParams
#1.读取作者-主题矩阵数据
author_topic=open('author-topic-output_mengyaqi.txt','r').readlines( )
author_topic=[line.strip('\n').split('\t') for line in author_topic]
author_topic=[[float(i) for i in line] for line in author_ topic]
#2.作者-主题矩阵的归一化预处理
author_topic_uniform=doc_author_distribution_uniform(author_topic)
author=open('author-output.txt','r').readlines( )
vocab=open('voca-output.txt','r').readlines( )
topic_num=author_topic_uniform.shape[1]
Author_Topic_G=nx.Graph( )
topic_id=range(len(author),len(author)+topic_num)
Author_Topic_G=nx.Graph( )
for i in xrange(len(author)):
        for j in range(len(author),len(author)+topic_num):
                if author_topic_uniform[i,j-len(author)]>=0.2:
                        Author_Topic_G.add_node(i,label=author[str(i)].decode("utf-8"))
                        Author_Topic_G.add_node(j,label="Topic 1-" +str(j-len(author)))
                        Author_Topic_G.add_weighted_edges_from([(i, j,author_topic_ uniform[i,j-len(author)])])
```

4. 基于研究主题相似性的科学合作网络建模（RTBA 演化模型）

```
def interested_barabasi_albert_graph(n,m,m0,M):
    G=empty_graph(m0)
    targets={}
    targets=targets.fromkeys(range(m0))
    for i in targets.keys( ):
    targets[i]=(np.random.multinomial(20,[1/6.]*6, size=1)/20+0.001)/1.001
    repeated_targets=targets.copy( )
    repeated_nodes_degree=[]
    source=m0
    while source<n:
        G.add_edges_from(zip([source]*m,targets.keys( )))
        repeated_nodes_degree.extend(targets.keys( ))
        repeated_nodes_degree.extend([source]*m)
        source_interest={source:(np.random.multinomial(20, [1/6.]*6, size=1)/20+0.001)/1.001}
        targets={}
        interest_similar={}
        interest_community={}
        interest_community_degree=[]
        for t in repeated_targets.keys( ):
            interest_similar[t]=JSDistance(source_interest[source],repeated_targets[t])
        interest_similar_inverse = {v:k for k, v in interest_similar. items( )}
        for v in sorted(interest_similar_inverse.keys( ))[:M]:

interest_community[interest_similar_inverse[v]]=repeated_targets[interest_similar_inverse[v]]
        for u in interest_community.keys( ):
            interest_community_degree.extend([u]*repeated_nodes_degree.count(u))
        while len(targets)<m:
            x=np.random.choice(interest_community_degree)
            targets[x]=repeated_targets[x]
        repeated_targets[source]=source_interest[source]
        source += 1
    return G
```

5. 基于多 Agent 系统的学科知识合作网络知识扩散仿真实验

```
from __future__ import division
# -*- coding:utf-8 -*-
__version__=        "1.0.0.0"
__author__=         "Guan Peng"
__date__=           "Sat Aug 18 21:12 GMT+8 2017"
__copyright__=
import random as r
import operator
import numpy as np
import networkx as nx
from pylab import *
from copy import deepcopy
```

"""①设置合作网络知识创新能力因子初值λ和知识溢出效率因子初值γ的取值，二者皆是介于 0~1 之间。

②对网络进行设置。所有类型网络规模设置为节点数 500 个，NWS 模型重联概率分别设置为 0,0.15,0.9，分别对应规则网络、小世界网络和随机网络。

③选择网络中的 5%节点作为高知识存量学者，设置初始知识存量为 10，其余节点的知识存量服从[0,1]之间的随机分布。高知识存量学者选择方法为选择网络中度值排名前 top5%学者。

④在每个时间步，网络中的每一个节点与其邻居节点进行交互，同时节点知识存量随着知识扩散发生改变。当节点的邻居节点中存在高知识存量节点时，发生知识扩散现象，节点吸收高知识存量邻居节点的知识。仿真次数设置为 1000 次和 3000 次。

⑤计算每一次仿真后，计算网络节点的知识存量平均值、知识扩散速率和知识存量分布均衡度三个指标，并在不同的网络结构和不同的知识扩散参数下进行结果对比分析。"""

#1.构建主体 agent

```
class Person(object):
        def __init__(self,id):
                self.id=id
                self.ks=r.random( )
                self.eks=self.ks
                self.lambna=0.01
                self.gama=0.2
        def __str__(self):
```

```
        return(str(self.id))
```

#2.定义节点交互和演化函数

```
    def step(self):
        degree=G.degree(self)
        neighbors=list(G[self])
        Nmax=
        degree_g=nx.degree(G)
      maxdegree=
        s=0
        for node in Nmax:
            neighbors1=list(G[node])
            Nmin=
            N=len(Nmin)
            s=s+   #由知识扩散增加的知识存量
        self.eks=self.eks+self.lambna*(degree/maxdegree)*self.eks+s
```

#3.在网络中添加“高知识存量者”

```
class Influencer(Person):
    def __init__(self,id):
        self.id=id
        self.ks=10
        self.eks=self.ks
        self.lambna=0.01
        self.gama=0.2
    def step(self):
        pass
```

#4.构建一个以 Person 为节点的科学合作网络

```
s=nx.random_graphs.newman_watts_strogatz_graph(500,4,0)
s=nx.random_graphs.newman_watts_strogatz_graph(500,4,0.15)
s=nx.random_graphs.newman_watts_strogatz_graph(500,4,0.9)
s= nx.random_graphs. interested_barabasi_albert_graph (500,4,5,10)
aus=dict( )
for node in s.nodes( ):
    aus[node]=s.degree(node)
aus_sort=sorted(aus.items( ),key= lambda e:e[1], reverse=True)
high_ks=
```

```
low_ks=
g=nx.Graph( )
for au in low_ks:
    p=Person(au)
    g.add_node(p)
for au in high_ks:
    p=Influencer("Hks"+str(au))
    g.add_node(p)
new_nodes=g.nodes( )
fcr x in new_nodes:
    for y in new_nodes:
        if x.id < y.id and (x.id,y.id) in s.edges( ):
            g.add_edge(x,y)
```

#5.定义网络评估指标

```
def KD_index(g):
    ks=[node.eks for node in g.nodes( )]
    mks=sum(ks)/len(ks)    #合作网络平均知识水平
    kss=[(a-mks)**2 for a in ks]
    ksss=sum(kss)/len(ks)
    ct=ksss/mks        #知识水平分布均衡指标
return mks,ct
```

附录 B　锂离子电池领域萌芽期主题抽取结果

Topic 1-0	Topic 1-1	Topic 1-2	Topic 1-3	Topic 1-4	Topic 1-5	Topic 1-6	Topic 1-7	Topic 1-8	Topic 1-9
exhibited	mechanical	battery	quality	offers	recorded	cell	circuit	spinel	combined
efficiency	appears	lithium	high-voltage	depended	simplified	energy	features	limn2o4	application
focused	volumetric	ion	limited	firstly	issue	batteries	diagram	chemical	maximum
channel	copolymer	capacity	frequency	w/kg	employed	cells	fine	electron	route
condition	ppp	electrochemical	dry	sector	scanned	battery	utilization	conditions	hysteresis
substrate	requirements	lithium-ion	integrity	applicationsthe	fresh	development	double	content	pyrolyzed
reached	polyparaphenylene	material	unit	volume	pyrolysis	system	short-range	electrochemically	received
operated	interaction	materials	hydrogen	heat	numerous	applications	lif	microscopy	laminated
controlling	random	cathode	overview	decreased	spring	developed	critical	powders	anatase
radiation	strength	anode	improves	mentioned	proceeds	lithium-ion	property	deposition	sonar
mhz	efficiency	electrode	accuracy	graphitizable	light	technology	concentrations	lattice	width
additional	large-scale	discharge	contraction	millimeter	durability	power	versus	manganese	tio2
plateaus	plasticized	performance	intense	reversibility	business	design	edges	tested	local
final	principal	graphite	elemental	property	reactivity	density	doping	films	reduce

续表

Topic 1-0	Topic 1-1	Topic 1-2	Topic 1-3	Topic 1-4	Topic 1-5	Topic 1-6	Topic 1-7	Topic 1-8	Topic 1-9
region	citric	properties	slight	fundamental	neutron	rechargeable	compositions	formed	equipped
treatment	co-doping	carbon	mechanisms	telemetry	signal	electric	simulation	investigation	deformation
frequency	parallel	electrodes	interference	methods	successful	current	transitions	reveal	li1+xmn2-yo4
leakage	overcharge	li-ion	simultaneous	binders	observation	storage	understand	xrd	multilayered
off-center	atmospheres	temperature	half	hydride	gap	life	strong	oxygen	palladium
lightweight	additive	electrolyte	length	parameterization	microscopic	vehicle	theory	air	packed
fets	week	cycle	survey	filters	wearable	safety	nearest-neighbor	lead	underwater
detail	three-dimensional	oxide	compare	mcmb25-28	occurring	voltage	pitch	microstructure	autonomous
power-added	remain	structure	acceptable	ecws	theory	potential	remaining	interactions	casting
enable	nickelate	batteries	stentor	anomaly	dive	including	numerical	prepared	reflectivity
regions	xafs	cycling	materialthe	co-n	viewpoint	type	methods	cation	wires
double-doped	suppressing	characteristics	inactive	prediction	drive	cost	calculated	laser	focus
hard	ordinary	initial	contribute	die	li4v3o79	commercial	respect	control	alcohol
construction	crosslinking	intercalation	aqueous	half-cells	navigation	performance	propose	process	inductance
stabilization	cycle-life	investigated	batteriesreversible	thin-layer	including	achieved	nonanalytic	synthesize	bellcore's
two-stage	inherent	surface	mixtures	intensity	neighboring	future	laplace	polyparaphenylene-based	graphite-coated

附录 C　锂离子电池领域成长期主题抽取结果

Topic 2-0	Topic 2-1	Topic 2-2	Topic 2-3	Topic 2-4	Topic 2-5	Topic 2-6	Topic 2-7
battery	battery	develop	spinel	lithium-ion	electrolyte	ion	anode
energy	electrode	electrical	structure	battery	carbonate	film	composite
batteries	lithium	common	manganese	power	electrolytes	carbon	materials
performance	lithium-ion	cellular	oxide	design	polymer	thin	carbon
life	electrochemical	concept	limn2o4	system	conductivity	deposition	storage
lithium	graphite	amount	oxides	voltage	ethylene	surface	composites
capability	spectroscopy	types	ions	applications	solvent	anode	tin
cell	anode	real	lattice	li-ion	lipf6	graphite	reduction
developed	electrodes	elements	data	technology	ionic	coulombic	insertion
power	electrolyte	field	x-ray	low	stability	efficiency	oxides
development	investigated	internal	lithium	provide	performance	cycle	reversible
cells	intercalation	distribution	transition	current	solution	performed	alloy
electric	negative	independent	structural	devices	batteries	result	reported

续表

Topic 2-0	Topic 2-1	Topic 2-2	Topic 2-3	Topic 2-4	Topic 2-5	Topic 2-6	Topic 2-7
capacity	batteries	sufficient	compounds	control	salt	films	matrix
discharge	surface	resolution	observed	portable	gel	modification	electrodes
storage	solid	property	crystal	proposed	liquid	vapor	volume
ion	anodes	adding	cathode	cells	propylene	chemical	methods
source	formation	reaching	oxygen	cell	impedance	modified	cycles
systems	carbon	sealed	cathodes	data	mixture	volume	mechanical
hybrid	capacity	purpose	revealed	management	film	raman	produced
cycle	decomposition	introduced	structures	load	dimethyl	deposited	nanotubes
system	voltammetry	observation	method	charge	solvents	copper	close
applications	cyclic	market	single	experimental	diethyl	foil	alloying
cycles	reversible	led	range	output	films	fluorine	milling
conventional	irreversible	features	chemical	pack	solutions	low	alloys
specific	potential	hours	positive	mobile	libf4	reversible	mah/g
vehicle	situ	light	carried	supply	salts	electrodes	sno2
conditions	reaction	approach	secondary	developed	evaluated	natural	dispersed
application	li-ion	autonomous	spinels	requirements	addition	elemental	anodes
weight	charge	supplied	fine	converter	stable	thin-film	silicon

续表

Topic 2-8	Topic 2-9	Topic 2-10	Topic 2-11	Topic 2-12	Topic 2-13	Topic 2-14
experimental	employing	unit	processes	density	li-ion	battery
model	positive	factors	contact	energy	thermal	capacity
simulation	redox	published	production	functional	cells	electrochemical
time	capabilities	included	phase	studies	temperature	lithium
charge	type	affect	commercially	calculated	battery	material
proposed	nanostructured	understanding	batterya	determined	cell	ion
function	environment	spacecraft	effective	ion	measurements	properties
determine	occur	operate	increased	calculations	cycling	prepared
process	slow	developing	metals	basis	observed	cathode
parameters	coupled	environmental	optimal	molecular	lithium-ion	materials
voltage	materials	rechargeable	removal	theoretical	increase	performance
designed	annealed	future	licoo2	electronic	rate	method
circuit	framework	earth	values	methods	impedance	lithium-ion
operating	inserted	previous	enhancing	energies	low	discharge
behavior	window	testing	recovery	products	loss	synthesized
method	control	possibility	reducing	interaction	compared	x-ray

续表

Topic 2-8	Topic 2-9	Topic 2-10	Topic 2-11	Topic 2-12	Topic 2-13	Topic 2-14
response	metals	radiation	steps	theory	temperatures	diffraction
models	consists	chosen	transitions	reductive	range	cycle
depends	thin-film	mass	fabrication	effective	increased	batteries
experiments	grains	selection	reduces	vinylene	resistance	structure
single	compounds	involved	uniformity	undergo	test	synthesis
complete	molybdate	extremely	decreasing	calculation	cycled	investigated
modeling	family	sensor	zro2	comparison	heat	phase
performed	embedded	mission	levels	specific	analysis	temperature
set	limited	separate	peroxide	favorable	batteries	initial
typical	spherical	analysis	product	thermodynamic	society	size
techniques	scan	field	applied	mechanisms	electrolyte	electron
losses	polyanion	rare	compact	trend	batteriesthe	cycling
account	soft-combustion	detection	comparable	strong	degreesc	particle
region	inductively	focus	increase	conductors	charged	reaction

附录 D　锂离子电池领域发展期主题抽取结果

Topic 3-0	Topic 3-1	Topic 3-2	Topic 3-3	Topic 3-4	Topic 3-5	Topic 3-6	Topic 3-7	Topic 3-8	Topic 3-9
temperature	degrees	energy	surface	battery	electrolyte	structure	model	energy	li-ion
field	process	electronic	result	electrochemical	electrolytes	structural	battery	power	time
ion	solution	density	behavior	solid	carbonate	material	lithium-ion	system	batteries
conditions	treatment	calculations	critical	electrode	ionic	cathode	developed	hybrid	compared
cobalt	size	functional	range	li-ion	polymer	oxide	proposed	battery	system
increasing	particles	theoretical	particle	formation	conductivity	range	current	electric	efficient
hydrogen	ratio	potential	volume	lithium	lithium	phase	parameters	storage	performance
concentration	aqueous	experimental	change	reaction	liquid	x-ray	modeling	vehicle	approach
gas	particle	level	particles	investigated	graphite	transition	method	applications	provide
extraction	precursor	structures	size	intercalation	solvent	observed	system	development	finally
magnetic	powders	theory	charge/discharge	lithium-ion	salt	lithium	simulation	cell	demonstrate
pure	effective	determined	increased	observed	temperature	layered	data	technology	efficiency
iron	addition	calculated	sizes	electrodes	ethylene	spinel	soc	systems	response
laser	pyrolysis	molecular	grown	metal	stable	ions	extended	management	simulations

续表

Topic 3-0	Topic 3-1	Topic 3-2	Topic 3-3	Topic 3-4	Topic 3-5	Topic 3-6	Topic 3-7	Topic 3-8	Topic 3-9
simply	spray	energies	charging	interface	decomposition	lattice	charge	design	secondary
cathodic	acid	interaction	densities	chemical	battery	oxidation	experimental	vehicles	conventional
fraction	mixture	lithium	increasing	analysis	ion	manganese	estimation	control	discharging
high-temperature	porous	method	mechanical	situ	lipf6	oxides	applied	cost	optimal
producing	spherical	previous	highly	mechanism	propylene	crystal	circuit	fuel	typical
recovery	water	atoms	contact	reduction	membrane	materials	estimated	cells	achieve
scale	composed	lower	battery	sei	organic	change	conditions	life	complete
environment	heating	calculation	suggests	formed	addition	substitution	internal	lithium-ion	difference
product	crystallinity	average	gas	reactions	gel	spectroscopy	accurate	density	standard
acid	preparation	free	stress	irreversible	additive	voltage	constant	source	applied
factors	heat	atomic	fiber	spectroscopy	solvents	parameters	electric	components	rapid
applied	phase	interactions	strain	discussed	salts	studies	models	batteries	optimization
process	shape	candidate	tensile	published	low	cation	measurement	future	result
carried	air	combining	profile	form	voltammetry	phases	operating	methods	bulk
separation	produce	properties	induced	layer	solid	absorption	behavior	electronics	function
air	society	coordination	decreasing	concentration	film	revealed	electrical	requirements	derived

续表

Topic 3-10	Topic 3-11	Topic 3-12	Topic 3-13	Topic 3-14	Topic 3-15	Topic 3-16	Topic 3-17	Topic 3-18	Topic 3-19
electrode	improved	developed	electron	lithium-ion	battery	thermal	nanoparticles	anode	battery
electrodes	batteries	battery	x-ray	cell	capacity	heat	synthesis	capacity	voltage
negative	electrochemical	data	diffraction	batteries	electrochemical	analysis	hydrothermal	battery	current
li-ion	performance	rechargeable	scanning	battery	cathode	studies	application	ion	proposed
materials	surface	system	microscopy	cells	lithium	increase	synthesized	lithium	power
low	impedance	systems	characterized	cathode	prepared	method	mechanism	reversible	design
positive	battery	device	spectroscopy	degrees	method	oxygen	diameter	composite	li-ion
material	cycling	power	transmission	discharge	ion	temperature	formation	carbon	control
rechargeable	coating	wireless	properties	capacity	discharge	calorimetry	route	electrochemical	charging
specific	cyclic	light	morphology	thermal	performance	peak	reaction	electrode	lithium-ion
carbon	improve	test	synthesized	performance	synthesized	differential	nanostructures	batteries	process
potential	charge	sensor	oxide	characteristics	material	treatment	time	lithium-ion	designed
cells	rate	module	analysis	temperature	structure	presence	structures	performance	experimental
conventional	attributed	communication	material	safety	materials	decomposition	applications	prepared	efficiency
rates	layer	signal	voltammetry	cycle	properties	degrees	method	materials	charge
insertion	discharge	time	powder	lithium	lithium-ion	air	size	graphite	low

续表

Topic 3-10	Topic 3-11	Topic 3-12	Topic 3-13	Topic 3-14	Topic 3-15	Topic 3-16	Topic 3-17	Topic 3-18	Topic 3-19
density	coated	network	microscope	tests	cycles	stability	porous	cycling	supply
rate	diffusion	driven	electrochemical	voltage	initial	charged	exhibited	anodes	converter
organic	capability	frequency	surface	effects	investigated	exothermic	demonstrated	film	circuit
poor	material	digital	materials	licoo2	xrd	behavior	morphology	mah	output
titanium	ion	single	characterization	application	rate	data	highly	cycles	implemented
power	increased	standard	method	performances	synthesis	oxidation	process	cycle	series
influence	process	sensors	particles	compared	degrees	peaks	nanowires	silicon	maximum
suitable	electrolyte	processing	measurements	potential	charge-discharge	appears	promising	particles	performance
lithium	increase	analysis	simple	stability	mah	values	facile	thin	devices
considered	lithium	low-cost	infrared	charge	retention	ratio	nanostructure	efficiency	mode
type	improvement	noise	galvanostatic	tested	reaction	mass	storage	deposition	achieved
single	investigated	microcontroller	uniform	temperatures	temperature	solutions	oxide	compared	applications
achieved	resistance	rate	photoelectron	life	sample	generation	excellent	films	controller
behaviour	electronic	detection	potential	test	samples	remarkable	growth	composites	connected

附录 E　锂离子电池领域快速发展期主题抽取结果

Topic 4-0	Topic 4-1	Topic 4-2	Topic 4-3	Topic 4-4	Topic 4-5	Topic 4-6	Topic 4-7
battery	energy	batteries	electrolyte	anode	synthesis	lithium-ion	battery
structure	batteries	temperature	electrolytes	silicon	synthesized	battery	degrees
phase	applications	lithium-ion	carbonate	electrode	formation	proposed	properties
material	power	battery	battery	anodes	mechanism	estimation	prepared
x-ray	storage	cell	investigated	electrodes	method	model	phase
structural	design	thermal	decomposition	film	growth	method	lithium
cathode	development	lithium	formation	capacity	reaction	charge	li-ion
materials	battery	safety	sei	battery	hydrothermal	soc	ion
diffraction	low	cells	solid	thin	time	voltage	investigated
li-ion	density	ion	additive	deposition	application	accuracy	size
lithium	technology	analysis	organic	films	nanostructures	electric	materials
observed	life	characteristics	ethylene	surface	oxide	algorithm	material
metal	provide	test	spectroscopy	layer	simple	circuit	particles
electrode	ion	addition	electrochemical	cycle	facile	experimental	amount

续表

Topic 4-0	Topic 4-1	Topic 4-2	Topic 4-3	Topic 4-4	Topic 4-5	Topic 4-6	Topic 4-7
transition	application	resistance	lithium	li-ion	diameter	system	temperature
ions	devices	conditions	ion	ion	products	parameters	solid
absorption	systems	internal	liquid	cycles	controlled	management	samples
situ	future	investigated	interface	performance	nanoparticles	batteries	carbon
spectroscopy	advanced	increased	film	stable	morphology	equivalent	chemical
formation	lithium-ion	compared	salt	deposited	properties	current	observed
oxygen	key	degrees	interphase	current	alpha-fe2o3	accurate	increasing
analysis	cost	temperatures	lipf6	cycling	as-prepared	state	characteristics
reactions	promising	charging	stability	electrochemical	nanorods	vehicles	analysis
mechanism	system	measured	graphite	substrate	morphologies	filter	atmosphere
crystal	fast	increase	formed	volume	water	dynamic	addition
studies	potential	observed	solvent	formation	process	cell	particle
phases	electric	loss	cycling	coating	length	estimate	conductivity
redox	attention	heat	degrees	copper	treatment	parameter	increased
lattice	li-ion	effects	ionic	collector	precursor	kalman	li4ti5o12
positive	limited	published	surface	coated	route	extended	powder

续表

Topic 4-8	Topic 4-9	Topic 4-10	Topic 4-11	Topic 4-12	Topic 4-13	Topic 4-14	Topic 4-15
approach	energy	structure	thermal	capacity	battery	performance	lithium
model	nanotubes	process	temperature	cathode	process	capacity	electrode
battery	carbon	battery	model	electrochemical	lithium-ion	battery	charge
models	hybrid	lithium-ion	heat	cell	lithium	lithium	battery
data	electrodes	materials	battery	lithium-ion	aqueous	ion	ion
method	storage	volume	cell	lithium	production	rate	electrochemical
modeling	flexible	method	developed	battery	method	cycling	potential
prediction	graphene	carbon	experimental	cycling	acid	conductivity	batteries
parameters	nanotube	capacity	system	cells	material	electrochemical	electrolyte
optimization	applications	structures	cells	performance	batteries	batteries	diffusion
lithium-ion	specific	nanoparticles	conditions	batteries	water	capability	solid
optimal	materials	structural	current	li-ion	result	composite	measurements
degradation	nanostructures	lithium	generation	voltage	developed	electrode	concentration
systems	anodes	shell	effects	cathodes	ratio	improved	low
time	conductive	metal	simulation	rate	cobalt	enhanced	range
simulation	demonstrated	hollow	management	electrodes	analyzed	cycles	transfer

续表

Topic 4-8	Topic 4-9	Topic 4-10	Topic 4-11	Topic 4-12	Topic 4-13	Topic 4-14	Topic 4-15
dynamics	electrical	batteries	li-ion	active	system	material	values
life	achieved	ion	discharge	discharge	binder	anode	processes
predict	transport	density	design	anode	product	surface	determined
proposed	approach	surface	electric	stable	values	stability	negative
demonstrate	directly	capacities	modeling	lifepo4	recovery	oxide	positive
control	demonstrate	anode	lithium-ion	specific	organic	carbon	calculated
equations	potential	material	distribution	charge	environmentally	cycle	rate
analysis	compared	provide	numerical	energy	cellulose	mah	rates
capacity	simple	unique	cooling	current	recycling	lithium-ion	increases
applications	robust	initial	behavior	cycles	industrial	excellent	transport
methods	efficient	performance	performance	demonstrated	electrode	coating	energy
framework	charge	core-shell	temperatures	iron	carried	exhibits	single
set	three-dimensional	discharge	pack	phosphate	proposed	retention	coefficient
batteries	mechanical	hierarchical	maximum	materials	slurry	compared	measured

续表

Topic 4-16	Topic 4-17	Topic 4-18	Topic 4-19	Topic 4-20	Topic 4-21	Topic 4-22	Topic 4-23	Topic 4-24
anode	energy	electrode	polymer	discharge	calculations	time	power	electron
capacity	electric	battery	conductivity	capacity	functional	data	system	x-ray
battery	vehicle	electrodes	ionic	cathode	density	characterization	voltage	microscopy
cycles	power	material	electrolyte	electrochemical	theory	applied	li-ion	scanning
reversible	hybrid	particle	properties	method	electronic	techniques	proposed	diffraction
excellent	battery	stress	battery	material	structure	range	battery	spectroscopy
batteries	system	particles	thermal	performance	li-ion	performed	control	transmission
lithium-ion	storage	mechanical	separator	battery	energy	components	efficiency	characterized
rate	systems	lithiation	stability	synthesized	materials	aging	current	impedance
current	vehicles	lithium-ion	membrane	initial	properties	processes	converter	morphology
cycling	lithium-ion	diffusion	temperature	lithium	experimental	measurements	charging	electrochemical
materials	management	evolution	lithium-ion	cycles	battery	commercial	energy	cyclic
synthesis	fuel	transport	prepared	prepared	atoms	parameters	design	analysis
performance	control	observed	liquid	rate	first-principles	measurement	designed	galvanostatic
facile	cost	lithium	lithium	structure	investigated	influence	circuit	voltammetry
synthesized	grid	surface	compared	materials	theoretical	conditions	output	surface
electrochemical	performance	volume	mechanical	ion	effects	systems	charge	investigated
lithium	lifetime	situ	cell	lithium-ion	batteries	laser	low	properties

续表

Topic 4-16	Topic 4-17	Topic 4-18	Topic 4-19	Topic 4-20	Topic 4-21	Topic 4-22	Topic 4-23	Topic 4-24
mah	renewable	model	separators	mah	transition	determine	operation	microscope
stability	operation	induced	membranes	synthesis	molecular	processing	device	characterization
storage	developed	concentration	porous	properties	structures	spectroscopy	experimental	samples
specific	automotive	phase	performance	degrees	understanding	highly	devices	raman
material	cell	electrochemical	batteries	charge	potential	tool	connected	structure
hydrothermal	load	size	porosity	charge-discharge	calculated	technique	storage	energy
density	test	distribution	ion	improved	stability	studies	time	photoelectron
ion	plug-in	stresses	composite	cycle	energies	batteries	source	tem
nanoparticles	strategy	influence	degrees	particle	promising	published	integrated	xrd
capability	demand	interface	improved	retention	result	development	implemented	powder
method	electricity	mechanisms	gel	size	investigate	times	supply	synthesized
prepared	analysis	active	assembled	sample	structural	quality	charger	prepared

附录 F 锂离子电池领域全局主题抽取结果

Topic 0	Topic 1	Topic 2	Topic 3	Topic 4	Topic 5	Topic 6	Topic 7	Topic 8	Topic 9
electrode	capacity	electrolyte	process	battery	film	electron	model	capacity	calculations
electrochemical	electrochemical	surface	laser	lithium-ion	films	electrochemical	battery	discharge	functional
battery	performance	lithium	electrodes	batteries	thin	microscopy	simulation	battery	lithium
lithium	rate	graphite	electrical	cells	deposition	capacity	modeling	lithium	electronic
anode	li4ti5o12	ion	size	cell	surface	x-ray	models	ion	density
capacity	limn2o4	layer	processing	performance	electrode	mah	cell	cycle	materials
lithium-ion	discharge	battery	microstructure	lithium	deposited	scanning	electric	charge	structure
electrolyte	degrees	performance	conductivity	life	copper	diffraction	lithium-ion	current	energy
cell	temperature	anode	active	safety	substrate	lithium	parameters	temperature	theory
electrodes	spinel	cathode	transport	applications	electrodes	composite	vehicle	degrees	properties
performance	cycles	electrode	volume	ion	tin	material	control	graphite	atoms
binder	initial	electrochemical	analysis	development	layer	performance	system	surface	ions
cathode	mah	solid	quality	electric	alloy	anode	electrical	increased	ion
cycling	structure	formation	materials	tests	foil	battery	approach	characteristics	diffusion

续表

Topic 0	Topic 1	Topic 2	Topic 3	Topic 4	Topic 5	Topic 6	Topic 7	Topic 8	Topic 9
material	cathode	sei	cathodes	systems	thin-film	transmission	data	performance	li-ion
composite	synthesized	cycling	cathode	developed	fabricated	spectroscopy	experimental	low	structures
batteries	cycling	coating	properties	technology	collector	discharge	dynamic	density	calculated
li-ion	improved	interface	distribution	testing	li-ion	ion	time	increase	mechanism
mah	retention	spectroscopy	battery	vehicles	investigated	characterized	conditions	investigated	intercalation
ionic	battery	film	licoo2	commercial	oxide	structure	aging	rate	first-principles
rate	capability	carbon	three-dimensional	density	technique	cycles	hybrid	resistance	experimental
negative	samples	additive	parameters	li-ion	electrodeposition	lithium-ion	analysis	lithium-ion	phase
liquid	cyclic	impedance	investigated	application	lithium	batteries	optimal	batteries	energies
cycles	lithium	capacity	microstructural	power	annealing	synthesized	current	initial	formation
low	lithium-ion	cell	manufacturing	characteristics	anode	morphology	systems	cycles	structural
polymer	sample	decomposition	continuous	design	sputtering	cyclic	pack	charge/discharge	theoretical
lifepo4	size	batteries	grain	conventional	observed	current	proposed	charging	potential
conductivity	material	formed	coating	type	properties	prepared	developed	reaction	molecular
properties	excellent	improved	porosity	characterization	all-solid-state	initial	optimization	behavior	thermodynamic
active	charge-discharge	reaction	techniques	evaluation	substrates	cycling	design	observed	crystal

续表

Topic 10	Topic 11	Topic 12	Topic 13	Topic 14	Topic 15	Topic 16	Topic 17	Topic 18	Topic 19
cathode	carbon	polymer	electrolyte	graphene	silicon	lithium	battery	battery	electrode
electrochemical	composite	electrolyte	carbonate	carbon	capacity	ion	estimation	voltage	electrochemical
material	anode	separator	electrolytes	ion	anodes	process	soc	charging	electrodes
materials	prepared	conductivity	lithium	composite	battery	batteries	method	proposed	li-ion
method	materials	membrane	lipf6	performance	anode	cobalt	model	current	charge
lifepo4	nanofibers	ionic	cells	rate	electrodes	acid	lithium-ion	li-ion	lithium-ion
prepared	particles	gel	ethylene	tio2	cycling	materials	proposed	charge	impedance
synthesized	powders	lithium	solvent	nanoparticles	ion	battery	algorithm	circuit	active
structure	electrochemical	membranes	stability	oxide	cycles	recovery	charge	power	material
capacity	properties	separators	salt	capacity	lithiation	recycling	voltage	converter	battery
discharge	composites	ion	organic	lithium	nanowires	method	filter	cell	batteries
properties	material	temperature	decomposition	hybrid	li-ion	time	batteries	control	degradation
performance	capacity	properties	li-ion	anode	volume	copper	kalman	efficiency	transport
synthesis	nanoparticles	thermal	reduction	nanotubes	amorphous	spent	parameters	design	method
carbon	size	stability	graphite	nanocomposite	nanowire	solution	prediction	system	diffusion
lithium	structure	composite	solvents	surface	carbon	extraction	accuracy	charger	processes

续表

Topic 10	Topic 11	Topic 12	Topic 13	Topic 14	Topic 15	Topic 16	Topic 17	Topic 18	Topic 19
battery	degrees	liquid	thermal	capability	coating	metal	estimate	balancing	measurements
particle	electrospinning	electrolytes	lithium-ion	material	stable	waste	data	lithium-ion	cycling
dot	matrix	battery	investigated	conductive	cycle	chemical	approach	equalization	potential
size	graphite	degrees	ionic	composites	performance	leaching	circuit	output	negative
particles	powder	prepared	analysis	nanotube	mah/g	cathode	management	cells	situ
lifepo4/c	nanofiber	mechanical	degrees	enhanced	lithium	concentration	parameter	time	lithium
coating	phase	performance	salts	nanosheets	expansion	water	accurate	mode	formation
ion	milling	porous	solutions	excellent	capacities	ratio	capacity	method	surface
xrd	alloy	batteries	liquid	conductivity	deposition	metals	online	experimental	spectroscopy
sample	pyrolysis	lithium-ion	additives	specific	rate	reaction	equivalent	connected	solid
center	tin	porosity	additive	li-ion	coated	developed	adaptive	process	concentration
samples	amorphous	uptake	propylene	flexible	process	powder	state-of-charge	low	current
precursor	synthesized	polyethylene	temperature	storage	stability	treatment	error	designed	observed
reaction	particle	copolymer	products	nanocomposites	chemical	applied	state	dc-dc	positive

续表

Topic 20	Topic 21	Topic 22	Topic 23	Topic 24	Topic 25	Topic 26	Topic 27	Topic 28	Topic 29
x-ray	energy	capacity	power	stress	energy	cathode	system	thermal	synthesis
structure	materials	anode	system	mechanical	storage	material	power	temperature	nanorods
diffraction	batteries	lithium-ion	hybrid	electrode	battery	materials	data	battery	alpha-fe2o3
phase	battery	performance	fuel	diffusion	system	lithium	sensor	heat	nanostructures
spectroscopy	li-ion	porous	energy	particles	power	electrochemical	device	cell	hydrothermal
absorption	density	battery	cell	particle	electric	oxide	wireless	cooling	nanoparticles
situ	applications	lithium	battery	lithium	cost	licoo2	detection	li-ion	formation
structural	storage	cycles	control	lithiation	systems	layered	battery	management	synthesized
ions	low	electrochemical	vehicle	stresses	grid	battery	developed	generation	properties
transition	power	structure	electric	induced	vehicles	cathodes	solar	cells	reaction
analysis	specific	mah	design	model	batteries	spinel	devices	degrees	morphology
reaction	devices	cycling	source	fracture	vehicle	lithium-ion	electronics	system	degrees
samples	approach	rate	test	strain	life	phase	harvesting	rate	mechanism
lithium	demonstrate	batteries	vehicles	lithium-ion	technology	manganese	mobile	temperatures	growth
spectra	conversion	ion	load	surface	electricity	structural	signal	pack	structures
crystal	promising	current	designed	phase	management	li-ion	communication	discharge	oxide
neutron	development	reversible	solar	concentration	demand	limn2o4	sensors	distribution	size
battery	design	excellent	li-ion	deformation	lifetime	metal	rechargeable	lithium-ion	time

续表

Topic 20	Topic 21	Topic 22	Topic 23	Topic 24	Topic 25	Topic 26	Topic 27	Topic 28	Topic 29
nmr	metal	stability	operation	volume	environmental	capacity	interface	internal	hematite
magnetic	potential	electrode	management	elastic	analysis	voltage	portable	air	facile
measurements	demonstrated	hollow	storage	battery	li-ion	stability	electronic	batteries	surface
observed	systems	materials	pack	reaction	cycle	structure	monitoring	experimental	sno2
solid	advanced	density	electrical	charging	production	reaction	low	change	iron
local	provide	facile	efficiency	effects	generation	oxides	transmission	runaway	route
data	simple	nanoparticles	sources	failure	emissions	surface	implantable	conditions	magnetic
oxidation	attention	process	drive	spherical	wind	properties	piezoelectric	maximum	nanocrystals
content	application	hierarchical	device	evolution	renewable	studies	unit	phase	simple
change	voltage	storage	bus	ion	impact	synthesized	products	developed	method
distribution	nanostructured	microspheres	development	finite	costs	oxygen	flexible	module	exhibit
insertion	current	method	series	electrodes	economic	cycling	neural	test	precursor

索 引

其他